"十三五"国家重点研发计划"畜禽养殖智能装备与信息化技术研发"项目（2018YFD0500700）

绿色低碳畜禽舍
——模块化装配式建筑图集

LÜSE DITAN CHUQINSHE——MOKUAIHUA ZHUANGPEISHI JIANZHU TUJI

李保明　王　阳　主编

中国农业出版社
北　京

图书在版编目（CIP）数据

绿色低碳畜禽舍：模块化装配式建筑图集／李保明，
王阳主编．—北京：中国农业出版社，2023.12
ISBN 978-7-109-30966-1

Ⅰ.①绿…　Ⅱ.①李…②王…　Ⅲ.①畜禽—养殖场
—建筑设计—图集　Ⅳ.①S815-64

中国国家版本馆 CIP 数据核字（2023）第 147421 号

中国农业出版社出版

地址：北京市朝阳区麦子店街 18 号楼
邮编：100125
责任编辑：周锦玉
版式设计：杨　婧　责任校对：吴丽婷
印刷：北京中科印刷有限公司
版次：2023 年 12 月第 1 版
印次：2023 年 12 月北京第 1 次印刷
发行：新华书店北京发行所
开本：787mm×1092mm　1/8
印张：25.5　插页：6
字数：470 千字
定价：190.00 元

编 写 人 员

主　编　李保明　王　阳

副主编　李修松　郑炜超

参　编（以姓氏笔画排序）

王　琦　王美芝　尹　鹏　李欣瑜

汪开英　张志豪　秦家利　葛绍娟

曹　楠　梁宗敏　魏永祥

　　随着畜禽养殖规模化的快速发展，畜禽舍的环境条件成为影响畜禽健康与优良遗传性能发挥的关键制约因素，而良好的畜禽舍建筑是保障畜禽环境可控的基础。传统的开放式、半开放式（有窗式）与砖混结构密闭式畜禽舍，因其气密性差，加上保温隔热性能缺乏设计标准，在畜禽舍常用的负压通风状态下，舍内环境的均匀性和稳定性得不到保障，畜禽舍内温差大，导致局部环境应激问题严重，畜禽呼吸道疾病难控。为此，"十三五"国家重点研发计划"畜禽重大疾病防控与高效安全养殖综合技术研发"重点专项，专门设立了"畜禽养殖智能装备与信息化技术研发"项目，重点研发畜禽规模化养殖设施、环境自动化调控技术、智能化养殖装备以及智慧信息管理系统。该项目以畜禽舍建筑设计参数研究与热环境调控技术研发为抓手，创新建筑设计参数和配套的热环境耦合调控方法，解决了我国畜禽舍建筑简陋、保温隔热和气密性差、养殖设施与环境控制不匹配等关键技术问题；创新气流场与温度场耦合理论，调控畜禽舍热舒适性与均匀性，突破了北方寒冷地区通风与保温矛盾、南方高温高湿地区环境控制等技术瓶颈；基于畜禽空间环境需求和新型建材，研发了猪、鸡、鸭、牛、羊的标准化、模块化低能耗的装配式畜禽舍；最终总结形成装配式畜禽舍建筑、轻简化结构、构造设计图册——《绿色低碳畜禽舍——模块化装配式建筑图集》。

　　该图集包括在不同区域气候特点下，适于不同生理生长阶段和生产规模使用的畜禽舍保温隔热性能和气密性参数，以及气流场和温度场耦合的综合热环境调控技术；轻型装配式畜禽舍的风荷载体型系数，轻简化结构设计及标准化构件、构造与连接做法；基于母猪及保育生长育肥猪分段式新型饲养工艺的妊娠猪舍、分娩母猪舍、一体化综合母猪舍、保育及生长育肥舍等模块化装配式猪舍，以及设施设备配置方案；蛋鸡栋舍规模 1 万～3 万只的新型福利化网上栖架立体散养模式，3 万～5 万只的 4 层 H 形叠层笼养和 10 万只以上的 8 层 H 形叠层笼养模式，肉鸡栋舍规模 3 万～5 万只的4 层 H 形叠层笼养和 8 万～10 万只的 8 层 H 形叠层笼养模式，以及肉鸭笼养模式；基于奶牛舍饲散栏饲养工艺构建的奶牛舍建筑方案，以及高效、经济、节能的热环境控制技术方案，北方寒冷地区和南方高温地区模块化装配式奶牛舍；适于北方寒冷地区的肉牛舍、肉羊舍建筑方案和热环境控制技术的北方寒冷地区模块化装配式肉牛舍、肉羊舍等内容。

　　参与该图集研究和编制的人员有中国农业大学李保明教授、梁宗敏副教授、王美芝副教授、郑炜超教授、秦家利高级工程师、王阳副教授，博士生魏永祥、张志豪、王琦、尹鹏、葛绍娟，硕士生李欣瑜；以及农业农村部规划设计研究院曹楠正高级工程师，青岛大牧人机械（胶州）有限公司副总裁李修松，浙江大学汪开英教授等。

　　图集中的不足之处在所难免，敬请读者批评指正。

李保明

2023 年 10 月

1 | 模块化装配式畜禽舍结构设计说明

1.1　结构体系

畜禽舍采用装配化轻型钢结构体系，由横向平面体系、纵向平面体系与支撑体系组成空间结构，基础体系为钢筋混凝土独立基础＋基础梁的复合基础体系。

禽舍和羊舍横向为门式刚架结构，纵向为刚架柱＋柱间支撑＋柱顶连系梁组合成的连续刚架结构体系，支撑体系包括屋盖支撑体系与柱间支撑体系。屋盖体系为轻型屋面板有檩体系，自上而下为彩钢夹芯屋面板＋屋面檩条＋屋面支撑体系＋门式刚架梁。墙体结构分为上下两部分：上部为装配式保温墙体，由彩钢夹芯墙面板＋墙面檩条＋柱间支撑＋刚架柱/抗风柱组成，墙体荷载由檩条传递至门式刚架柱；下部砖墙外加保温层，墙体荷载由基础梁承重并传递至门式刚架柱下独立基础。

牛舍横向为多跨钢框架结构，纵向为框架柱＋柱顶连系梁组合成的多跨连续框架结构体系，支撑体系包括屋盖支撑体系与柱间支撑体系。屋盖体系为轻型屋面板有檩体系，由彩钢夹芯屋面板＋屋面檩条＋屋面支撑体系＋钢框架梁组成。墙体结构分为上下两部分：上部为装配式保温墙体，由彩钢夹芯墙面板＋墙面檩条＋钢柱组成，墙体荷载由檩条传递至钢柱；下部钢筋混凝土矮墙外加保温层，墙体荷载由基础梁承重并传递至框架柱下独立基础。

猪舍横向为钢柱＋梯形屋架组合而成的排架结构，纵向为钢柱＋柱间支撑＋柱顶连系梁组合成的刚架结构体系，支撑体系包括屋盖支撑体系与柱间支撑体系。屋盖为双层结构体系，上层结构为上层屋面板＋屋面檩条体系＋屋面支撑体系（横向水平支撑、纵向水平支撑、垂直支撑）＋屋架上弦；下层结构为屋架下弦＋吊顶龙骨体系（吊顶檩条体系）＋下层屋面板（相当于吊顶板）。墙体结构分为上下两部分：上部为装配式保温墙体，由彩钢夹芯墙面板＋墙面檩条＋柱间支撑＋刚架柱/抗风柱组成；下部砖墙加外保温墙体，由钢筋混凝土短柱＋基础梁＋砖墙组成。

1.2　设计标准

安全等级为二级，基础混凝土部分设计使用年限 50 年，钢结构部分设计使用年限为 25 年。抗震设防分类为丙类建筑，基础设计为丙级，钢构件耐火极限 1.5 h，屋面檩条与屋面板等耐火极限 1 h。

1.3　荷载标准

禽舍、牛舍和羊舍屋面恒载 0.3 kN/m²，包括屋面支撑体系、檩条、屋面板、保温层、安装于屋顶的通风设备等重力所引起的荷载。猪舍屋面恒载 0.4 kN/m²，包括钢屋架、支撑体系、檩条、屋面板、吊顶檩条与吊顶龙骨、吊顶板、保温层、吊顶内的通风设备等重力所引起的荷载。其中，0.2 kN/m² 作用于屋架上弦，0.2 kN/m² 作用于屋架下弦。

屋面活载 0.3 kN/m²，包括施工检修人员和小型工机具等重力所引起的荷载。

风荷载：标准化设计划分为 A、B、C、D 四个基本风压分区等级，结构细化设计时取项目建设所在地区 30 年重现期的基本风压，标准化对应表 1-3-1。

表 1-3-1　基本风压分区标准

风荷载等级	A 级	B 级	C 级	D 级
基本风压（kN/m²）	0.3	0.5	0.7	0.9

雪荷载：标准化设计分为 A、B、C 三个雪载等级，结构细化设计时取项目建设所在地区 30 年重现期的基本雪压，标准化对应表 1-3-2。

表 1-3-2　基本雪压分区标准

雪荷载等级	A 级	B 级	C 级
基本雪压（kN/m²）	0.3	0.5	0.7

注：各地 30 年重现期的基本风压和基本雪压可根据《建筑结构荷载规范》中规定的各地 10 年和 100 年重现期的基本风压和基本风压换算得到。换算公式：$x_{30} = x_{10} + 0.477 \times (x_{100} - x_{10})$。

1.4　材料标准

混凝土强度等级不低于：基础垫层 C15，独立基础 C25，短柱、基础梁等 C25。
钢筋强度等级不低于：箍筋 HPB300，纵筋与主要受力钢筋 HRB400。
钢材强度等级不低于：门式刚架、钢柱、钢屋架、钢支撑、拉条、隅撑等为 Q235B，檩条 Q345。
砖墙强度等级不低于：砌块强度等级 Mu10，砂浆强度等级 M7.5/M10。

1.5　结构制作安装

主要受力构件的主要部位采用二级焊缝，其余采用三级焊缝。采用全装配式钢结构，全部为工厂制作，现场安装采用螺栓或自攻螺钉安装，无现场焊接。

钢构件运输安装过程应采取必要措施，防止构件的变形过大，必要时要在现场安装前校正变形。安装就位后，及时连接相关构件，保证已安装构件的稳定性和避免过大变形。

1.6　钢结构喷涂

钢构件涂装前表面抛丸除锈，达到 Sa2.5 级，2 h 内做环氧富锌底漆 2 道，现场再喷涂 2 道面漆；檩条、支撑、隅撑、拉条等均采用热镀锌防锈处理，镀锌量不小于 160 g/m²。

门式刚架、钢框架的梁和柱、钢柱、钢屋架等主要承重结构需喷涂防火涂料，保证满足应有的耐火极限。

钢结构安装完毕后，立柱根部二次浇筑 150 mm 厚混凝土保护层，提高钢柱脚的防腐蚀性能。

1.7　结构创新点

1.7.1　整体结构装配化

通过柱脚半刚接试验和数值模拟分析，该项目提出了半刚接设计方法，使得门式刚架柱和梁的受力更为均匀，降低了钢结构造价。刚架、檩条、支撑、隅撑、拉条、连系梁等均采用标准化与装配化设计，构件均在工厂预制，现场安装全部采用螺栓连接或自攻钉连接，可大幅度提高工程质量和速度，减少现场劳动量和强度，降低工程造价。

1.7.2　屋盖结构优化

屋盖采用双层彩钢板内夹保温层做法，自上而下分别为上层肋形彩钢板→防火阻燃保温材料→屋面檩条→下层彩钢板，中间有空气夹层作为室内外换气的缓冲层。彩色压型钢板接缝处采用专门锁扣＋密封条的构造做法，改善气密性，避免冷桥，加强保温效果。

1.7.3　墙体结构优化

下部墙体采用砖墙或钢筋混凝土矮墙外加保温层做法，增强保温。上部墙体采用双层彩钢板中夹保温层做法，自外而内分别为外墙面板→墙面木檩条→墙内空气夹层→墙面檩条→内墙面板。内外墙面板均采用整体式彩色压型钢板，接缝处采用专门锁扣＋密封条的构造做法，改善气密性，避免冷桥，加强保温效果。

1.7.4　柱脚抗腐蚀优化

柱脚采用二次包浇混凝土保护层的做法，提高其耐腐蚀性能，并针对二次包浇混凝土进行抗裂性能试验研究，对比不同厚度包浇混凝土以及配钢筋网片对抗裂性能的影响，进行优化设计。

1.8　结构设计可参考的国家标准

《建筑结构可靠度设计统一标准》（GB 50068—2018）

《建筑设计防火规范》[GB 50016—2014（2018年版）]

《建筑结构荷载规范》（GB 50009—2012）

《砌体结构设计规范》（GB 50003—2011）

《钢结构设计规范》（GB 50017—2017）

《混凝土结构设计规范》[GB 50010—2010（2015年版）]

《建筑抗震设计规范》[GB 50011—2010（2016年版）]

《建筑地基基础设计规范》（GB 50007—2011）

《冷弯薄壁钢结构技术规范》（GB 50018—2002）

《钢结构工程施工质量验收规范》（GB 50205—2020）

《门式刚架轻型房屋钢结构技术规程》（GB 51022—2015）

《钢结构高强度螺栓连接的设计、施工与验收规程》（JGJ 82—91）

《钢结构通用规范》（GB 55006—2021）

《钢结构焊接规范》（GB 55006—2011）

屋面结构横向连接

A—A

屋面横向剖面

双层填充复合保温屋面板法构造详图

钢屋架屋面节点详图

注：本书图中除标高之外的尺寸单位均为毫米（mm），标高单位为米（m）。全书同。 ——编者注

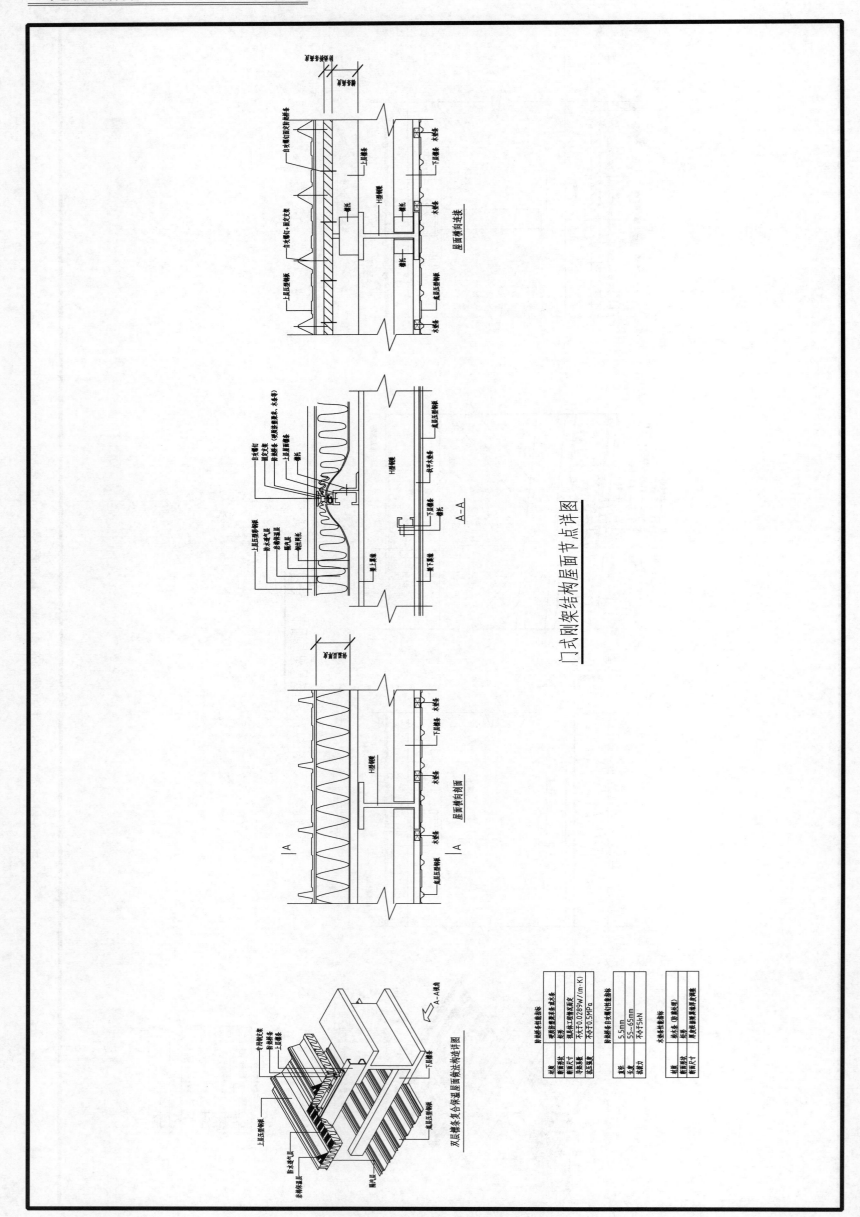

门式刚架结构屋面节点详图

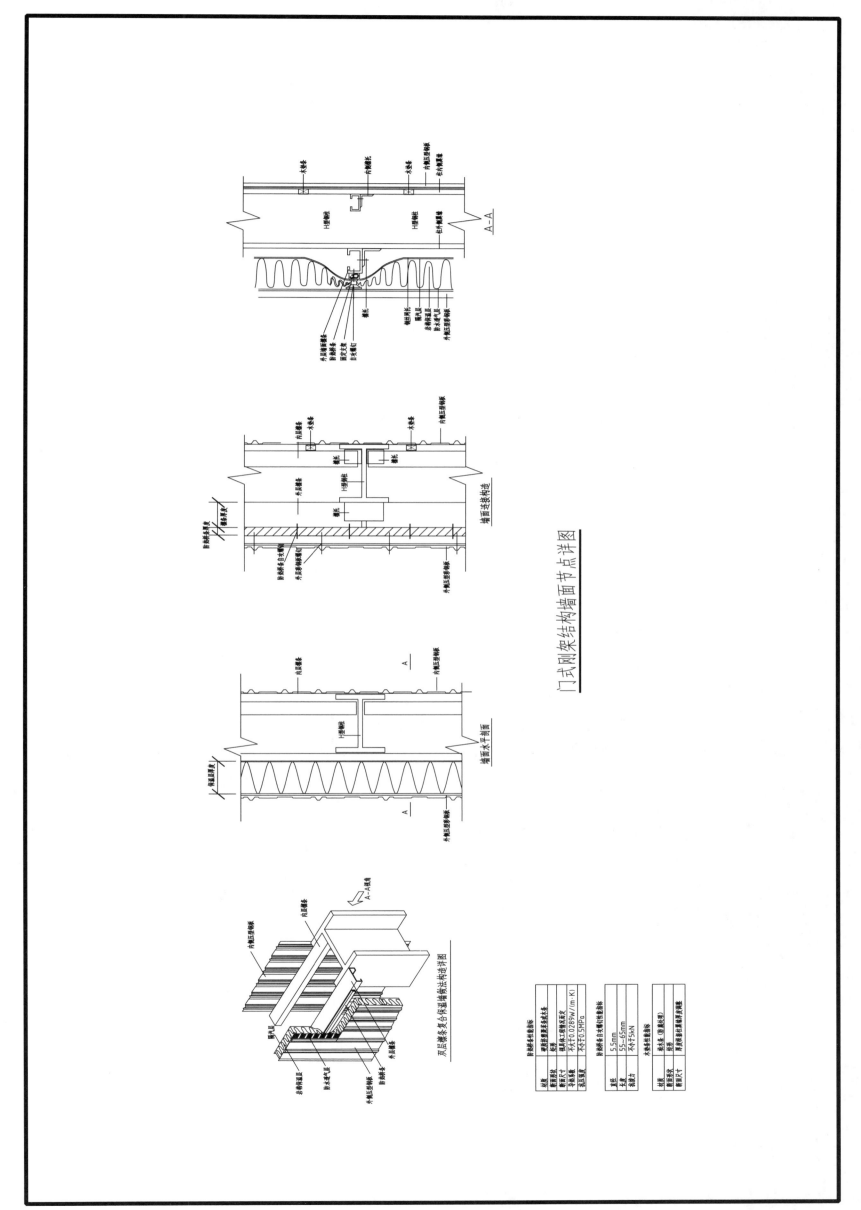

门式刚架结构墙面节点详图

2 | 模块化装配式禽舍建筑与热环境调控

我国的现代蛋鸡、肉鸡和肉鸭生产，均在向立体多层高密度方向发展，对养殖环境温度的均匀性和稳定性提出了更高要求。禽舍建筑与环境控制方面基本采用密闭式禽舍和负压机械通风模式。对于这种负压通风的密闭舍，其外围护结构的气密性对舍内气流和温度的调控性能影响较大，加上我国不同地区复杂多变的气候，禽舍建筑设施、通风气流组织和饲养模式等都直接影响舍内环境。养殖设施环境条件是影响禽类健康和生产性能的关键因素，也是保障家禽发挥遗传潜力和生产效率的基础。该装配式系列禽舍建筑方案，围绕我国禽舍建筑的气密性与热环境调控的标准化设计方法等问题，对禽舍建筑与热环境调控技术进行了研发及应用示范，主要特点有：

（1）优化确定了不同气候区禽舍建筑围护结构的最低热阻参数

根据不同气候地区的禽舍围护结构室外设计温度参数和维持舍内不低于 13 ℃的正常生产气温需求，该方案明确提出了中国不同气候地区禽舍建筑外围护结构应满足的低限热阻参数取值，得出了典型气候区禽舍围护结构的保温性能要求与饲养密度的关系，为中国主要地区禽舍的围护结构保温隔热性能设计参数及标准提出了参考，该研究成果已被《标准化养殖场建设规范—蛋鸡》（ICS 65.020.30）标准采用。

（2）优化了禽舍建筑外围护结构装配搭接及缝隙密封设计

该方案研究了装配式禽舍建筑不同搭接方式、保温材料种类、保温材料厚度及密封处理下风压与渗风量关系，确定了不同搭接方式下围护结构的气密性参数指标和禽舍建筑气密性对建筑能耗的影响，提出了禽舍建筑外围护结构装配搭接及缝隙密封设计优化措施。

（3）集成了禽舍全年纵墙侧窗均匀进风和山墙集中排风的一体化通风模式

基于非等温贴附射流理论设计舍内气流组织，该方案揭示了舍内环境的稳温机理和影响规律，提出了全年由纵墙侧窗均匀进风、山墙集中排风的一体化通风模式。该通风模式有效耦合调控了畜禽舍建筑的气流场与温度场，维持舍内热环境的均匀及稳定性，相较于传统纵向通风湿帘降温系统，笼内风速提高至 0.8～1.0 m/s，显著提高了舍内水平、垂直方向的温度稳定性，使大型禽舍内温差控制在 2 ℃以内。

2.1 模块化装配式禽舍建筑外围护结构说明

2.1.1 禽舍外围护结构最低热阻值

在冬季禽舍内最小通风量和维持舍内正常生产气温需求条件下，不同气候地区、不同饲养密度下禽舍建筑设计时，外围护结构需满足的热阻见表2-1-1。

表2-1-1 不同气候地区禽舍不同饲养密度与外围护结构热阻［（m²·℃)/W］的关系

计算温度（℃）	饲养密度									
	16 只/m²		22 只/m²		28 只/m²		48 只/m²		60 只/m²	
	墙体	屋顶	墙体	屋顶	墙体	屋顶	墙体	屋顶	墙体	屋顶
0	0.99	1.23	0.70	0.88	0.55	0.68	0.31	0.39	0.25	0.31
−1	1.21	1.52	0.79	0.99	0.61	0.77	0.35	0.44	0.28	0.35
−2	1.36	1.70	0.88	1.11	0.69	0.86	0.39	0.49	0.31	0.39
−3	1.53	1.91	0.99	1.23	0.76	0.95	0.44	0.54	0.35	0.43
−4	1.70	2.13	1.10	1.37	0.85	1.06	0.48	0.60	0.38	0.48
−5	1.90	2.38	1.22	1.53	0.94	1.18	0.54	0.67	0.42	0.53
−6	2.13	2.66	1.36	1.70	1.05	1.31	0.59	0.74	0.47	0.59
−7	2.37	2.97	1.51	1.89	1.16	1.45	0.65	0.82	0.52	0.65
−8	2.66	3.32	1.68	2.11	1.29	1.61	0.72	0.91	0.57	0.72
−9	2.98	3.70	1.88	2.35	1.43	1.79	0.80	1.00	0.63	0.79
−10	3.35	4.18	2.10	2.62	1.60	1.99	0.89	1.11	0.70	0.88
−11	3.78	4.72	2.35	2.94	1.78	2.23	0.99	1.23	0.78	0.97
−12	4.28	5.35	2.64	3.30	1.99	2.49	1.10	1.37	0.86	1.08
−13	4.88	6.11	2.98	3.73	2.24	2.80	1.22	1.53	0.96	1.20
−14	5.62	7.02	3.39	4.43	2.53	3.16	1.37	1.71	1.07	1.34
−15	—	—	3.88	4.85	2.87	3.59	1.54	1.93	1.21	1.51
−16	—	—	4.48	5.61	3.29	4.12	1.75	2.18	1.36	1.70
−17	—	—	5.25	6.56	3.81	4.76	1.99	2.49	1.55	1.94
−18	—	—	—	—	4.47	5.59	2.30	2.87	1.78	2.22
−19	—	—	—	—	5.33	6.66	2.68	3.35	2.06	2.58
−20	—	—	—	—	—	—	3.17	3.96	2.42	3.03
−21	—	—	—	—	—	—	3.84	4.80	2.91	3.64
−22	—	—	—	—	—	—	4.79	5.99	3.58	4.48
−23	—	—	—	—	—	—	—	—	4.59	5.73
−24	—	—	—	—	—	—	—	—	—	—

2.1.2 外围护结构装配搭接方式

禽舍建筑的外围护结构采用暗扣隐蔽式搭接（图2-1-1）。暗扣隐蔽式搭接一般以聚氨酯为保温材料或岩棉保温加聚氨酯封边，采用隐蔽式螺钉连接，板材搭接紧密。暗扣隐蔽式搭接技术提高了搭接缝隙处的气密性、水密性，可有效防止冷桥及热桥现象的发生，且可降低能耗。出粪口、输料线等与墙板连接处安装后应进行边界密封处理。

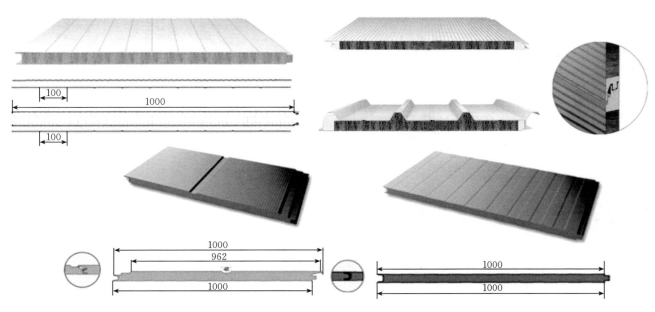

图2-1-1 禽舍围护结构暗扣隐蔽式搭接（单位：mm）

2.2 模块化装配式禽舍通风系统配置说明

2.2.1 通风系统特点

采用全年纵墙侧窗均匀进风和山墙集中排风的一体化通风模式（图2-2-1），特点是禽舍两侧墙位置设缓冲间，最外侧纵墙安装湿帘，内侧纵墙安装侧窗进风，负压风机均匀安装在一端山墙上。湿帘间长度为禽舍长度的2/3，侧窗沿内侧纵墙均匀布置，禽舍通风示意见图2-2-2。内侧纵墙进风小窗全年开启，夏季湿帘水泵根据温度调控启闭风机带有拢风筒，风机内侧安装可转动遮光墙（图2-2-3），新转群进来的青年家禽需要控制光照时间时采用遮光墙，当舍外无光射入时或进入产蛋高峰期后可以将其转动90°不遮光，以减少通风阻力，保障通风效率。

a. 禽舍外观　　　　　　　　　　　　　　b. 缓冲间　　　　　　　　　　　　　　c. 侧墙进风口

图2-2-1　纵墙湿帘缓冲室山墙排风系统

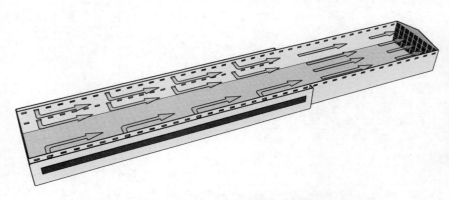

图2-2-2　禽舍通风示意图　　　　　　　　　　图2-2-3　可转动遮光墙

2.2.2 不同饲养模式下通风系统设计

2.2.2.1 不同饲养模式下回流区域内风速与进风口风速关系

舍内家禽饲养区域的最大风速不应超过2 m/s，则禽舍进风口的最大出口风速（$v_{o,max}$）为：

$$v_{o,max} = (2.17 \sim 2.90) \times \frac{\sqrt{A_d}}{d_o} \qquad\qquad 式（1）$$

式中：$v_{o,max}$ 为进风口的最大出口风速，m/s；A_d 为单个进风口的射流服务区域面积，m²；d_o 为进风口的直径，m。若进风口为矩形，则通过式（3）换算为当量直径。

单个进风口的射流服务区域面积（A_d，m）为：

$$A_d = \frac{LH}{N_j} \qquad\qquad 式（2）$$

式中：L 为禽舍长度，m；H 为禽舍高度，m；N_j 为进风口的数量。

进风口面积折算为圆直径（d_o，m）公式为：

$$d_o = 1.128\sqrt{A_o} \qquad\qquad 式（3）$$

式中：A_o 为进风口的面积，m²。

2.2.2.2 禽舍贴附射流进风温度衰减特性及相对射程

由于禽舍内外温度不同，射流流体的温度与周围空气温度（容重）不同且存在一定的温差，射流在流动的过程中与舍内的热空气不断混合，射流末端的温度会逐渐接近舍内温度值，射流的贴附长度与射流的阿基米德数（A_r）有关，A_r 为：

$$A_r = \frac{g d_o \Delta t_s}{v_o^2 T_r} \qquad\qquad 式（4）$$

式中：g 为重力加速度，m/s²；Δt_s 为进风温度与舍内温度之差，℃；v_o 为进风风速，m/s；T_r 为换算系数，$T_r = 273 + t_r$，K。

贴附射流的最大射流长度（$x_{s,max}$，m）与阿基米德数（A_r）之间的关系为式（5）和式（6）：

$$x_{s,max} = 49.45 A_r{}^{-0.339} \quad (R_2 = 0.98) \qquad\qquad 式（5）$$

$$x_{s,max} \geqslant x_s \qquad\qquad 式（6）$$

式中：x_s 为射流长度，m。

禽舍贴附射流长度应略大于进风口射流方向长度的 1/2，即贴附射流长度（x_s）应满足式（7）：

$$x_s = 4.777\,2 d_o (A_r \times 10^{-3})^{-0.338} \geqslant \frac{B}{2} \qquad\qquad 式（7）$$

式中：B 为禽舍宽度，m。

禽舍内夏季、冬季通风的送风温差都为负值，冬季舍外冷气流或夏季湿帘降温后冷气流进入舍内，A_r 为负均为冷射流，侧墙进风小窗的开启角度为 θ，送风射流弯曲的轴心轨迹计算见式（8）：

$$\frac{y_s}{d_o} = \frac{x_s}{d_o}\tan\theta + A_r\left(\frac{x_s}{d_o\cos\theta}\right)^2\left(0.51\frac{ax_s}{d_o\cos\theta} + 0.35\right) \qquad\qquad 式（8）$$

式中：y_s 为气流射流下降高度，m；θ 为侧墙小窗开启角度，°；a 为风口的紊流系数。

射流温度的衰减与射流系数、射程建筑的射流自由度（$\sqrt{A}/d_o$）有关，舍内温度波动幅度允许大于 1 ℃的环境，可认为射流温度的衰减只同射流的射程有关，禽舍进风口非等温射流的温度衰减变化规律为式（9），舍内温度波动幅度最好在 3 ℃以内，则送风温差（Δt_s）与射流相对射程下的关系为式（10）：

$$\frac{\Delta t_x}{\Delta t_s} = -0.157\ln\frac{x_s}{d_o} + 0.6122 \quad (R_2 = 0.9918) \qquad\qquad 式（9）$$

式中：Δt_x 为 x 处射流轴心温度（t_x）与舍内温度（t_r）之差，℃。

$$\Delta t_s = \frac{3}{-0.157\ln\dfrac{x_s}{d_o} + 0.6122} \qquad\qquad 式（10）$$

2.2.2.3 禽舍进风口参数

禽舍进风口的面积应小于射流实际长度和最小相对射程下的风口允许最大直径（$d_{o,max}$），即 $d_o \leqslant d_{o,max}$，$d_{o,max}$ 为风口允许的最大直径，m。根据射流的最小相对射程原理，由受限射流衰减特性回归方程确定风口允许的最大直径：

$$d_{o,max} = \frac{x_o}{48.297 e^{-6.28\left(\frac{\Delta t_x}{\Delta t_s}\right)}} \quad (R_2 = 0.98) \qquad\qquad 式（11）$$

式中：$d_{o,max}$ 为风口允许的最大直径，m；x_o 为两侧家禽笼架间最远的距离或禽舍宽度减去两侧家禽笼架离两侧墙的距离，m。

根据进入舍内的射流最好到中间走道位置及中间走道风速要求，可推导出侧墙小窗的风口个数及尺寸：

$$n \geqslant \frac{0.60 v^2}{BHA_o v_{r,max}{}^2 \alpha^2} \qquad\qquad 式（12）$$

式中：n 为侧墙小窗的个数；v 为中间走道风速，m/s；$v_{r,max}$ 为再循环区的风速，m/s。

$$d_o = \frac{v_x}{K'\left[\dfrac{d_o\cos(\theta)}{x}\right]} \qquad\qquad 式（13）$$

式中：K' 为常数；v_x 为射流轴心线上的风速，m/s；x 为进风口表面与笼架之间的水平距离，m。

风口的出风速度应满足式（14）和（15），如果实际风速大于理论最大风速，则表明回流区域内的平均风速超过了规定范围；如果理论最大风速略大于实际风速，则表明回流区平均风速合理，且进风口尺寸［式（13）］和数量［式（12）］均合理。

$$v_o = \frac{V_s}{A_o n\alpha} \qquad\qquad 式（14）$$

$$v_{o,max} \geqslant v_o \qquad\qquad 式（15）$$

式中：V_s 为满足饲养密度下的送风量，m³/s；α 为风口有效断面系数，侧墙小窗 0.85～0.95。

禽舍建筑的檐口高度最小为式（16）：

$$H = h + 0.07 x_s + 0.3 \qquad\qquad 式（16）$$

式中：h 为不同饲养模式下笼高，m，如 4 层、6 层、4+4 层叠层笼高分别为 3.33、4.67 和 6.45 m；0.3 为安全系数。

2.3　模块化装配式育雏育成鸡舍

2.3.1　鸡舍概述

模块化装配式育雏育成鸡舍，单栋饲养 5 万只，饲养周期为 0～112 日龄，采用全进全出饲养模式。鸡舍为全密闭式，建筑采用门式刚架结构 4 层叠层笼养工艺，5 列 6 走道布置形式。

育雏育成鸡舍采用纵墙小窗进风、山墙集中排风模式，或采用顶棚小窗（侧墙湿帘间和檐口）进风、山墙风机排风的通风模式，可确保舍内温度的均匀性和稳定性，改善舍内热环境。

以下分工艺、饲养设备、鸡舍建筑、环境控制（环控）系统和清粪系统 5 个模块展开详细介绍。

2.3.2　模块说明

《《 模块 1-工艺 》》

育雏育成鸡舍饲养周期为 0～16 周龄，其中 0～1 周龄的饲养密度为 56 只/m²，2～16 周龄的饲养密度为 28 只/m²。鸡舍为全密闭式，采用 4 层叠层式笼养模式（图 2-3-1），5 列 6 走道布置，总鸡位数为 50 400 个。

图 2-3-1　叠层笼养模式

《《 模块 2-饲养设备 》》

（1）笼具设备

舍内共设笼架 315 组，每列 63 组，单组笼架长度为 1.2 m、宽度为 1.4 m、高度为 2.58 m，头架长度为 1.5 m、尾架长度为 1.5 m，层叠式的笼具立柱之间距离 1.2 m，第一层笼网距地面 0.3 m，其余上下层笼具间距为 0.2 m，每组间采用带孔的镀锌板作为隔板。一般 1 日龄雏鸡集中在 2～3 层饲养，1 周后可均匀分到各层。C 型的立柱采用热镀锌板成型，笼网采用热浸锌工艺。

（2）饲喂设备

鸡舍采用自动喂料系统，由贮料塔、螺旋式输料机、行车式喂料机和料槽组成。饲养 1～3 日龄雏鸡时，将笼内铺上垫纸，将饲料放在垫纸上以刺激雏鸡采食；3 日龄以后的雏鸡使用料槽进行喂食。料槽采用热镀锌板成型，为深 V 形，内侧设置调节板和挡鸡线，可根据鸡生长状况及体型调整采食高度。

鸡舍的一端配备 1～2 个贮料塔（图 2-3-2），由材料为 1.5 mm 厚的镀锌钢板冲压而成。贮料塔规格参数见

表2-3-1。如选配2个料塔，可确保输送完一个料塔后再输送另一个，有利于保持饲料卫生。

图2-3-2 鸡舍双贮料塔供料系统

表2-3-1 贮料塔规格参数

直径（m）	层数	支腿数量（个）	总高（m）	容量（m³）
1.80	1	4	3.70	4.10
	2		4.58	6.30
	3		5.40	8.60
2.10	2	4	4.91	9.15
	3		5.79	12.30
	4		6.65	15.40
2.75	2	6	5.63	16.60
	3		6.53	21.80
	4		7.40	27.00
3.66	2	6	6.48	32.60
	3		7.36	41.80
	4		8.24	51.00

牵引式结构特点：输料机选用4.5 t/h螺旋式输料机。行车式喂料机（图2-3-3）主要由牵引驱动部件、料仓、落料管等组成，牵引驱动部件安装于行车轨道一端，电机减速器通过驱动轮、钢丝绳牵引料仓沿轨道运行来完成喂料作业，配备匀料器保证下料均匀。

图2-3-3 行车喂料和料槽

（3）饮水设备

鸡舍采用自动饮水系统（图2-3-4），由饮水乳头、水管、减压阀或水箱组成，还配置加药器。乳头由阀体、阀芯和阀座等组成。阀座和阀芯由不锈钢制成。水管高度可调，水管下方设饮水乳头和水杯。乳头出水量可根据蛋鸡的日龄逐步调整。每层鸡笼设有2条水线。建议0～1周龄每10只鸡配1个乳头或水杯，2～16周龄每5只鸡配1个乳头或水杯，乳头高度与鸡头部持平，水杯高度与鸡背部持平。

图2-3-4 乳头饮水系统和加药系统

《 **模块3-鸡舍建筑** 》

（1）建筑结构

鸡舍建筑构造采用现场装配式，为单跨双坡型门式刚架结构（图2-3-5），梁、柱等截面采用工字钢，檩条、墙梁为冷弯卷边C形钢，具体做法见本书"模块化装配式畜禽舍结构设计说明"部分内容。鸡舍总长度87 m，跨度15 m，两侧湿帘间宽度均为1.2 m，开间6 m，檐口高度3.6 m，脊高5.1 m，屋面坡度17%，散水宽度0.6 m，吊顶高度3.3 m。地面为水泥砂浆平地面，基础为独立基础。

图2-3-5 门式刚架结构

（2）围护结构

围护结构材料选用防火保温性能好的彩钢夹心板，最低热阻值及装配搭接方式见本书"模块化装配式禽舍建筑外围护结构说明"部分内容。屋面及墙面厚度为150 mm，屋脊屋顶板缝隙不大于50 mm，里外做双层脊瓦，中间空隙用聚氨酯发泡胶做密封填充处理。吊顶厚度为100 mm，采用轻钢龙骨吊顶做法。

《 **模块4-环控系统** 》

鸡舍采用全密闭方式，配有自动化环境控制系统。环控系统主要包括通风系统、加热系统和光照系统。

（1）通风系统

进风系统主要是安装在顶棚的进风小窗，共设置 64 套进风小窗，分两侧分布，分别在第 2、4 列笼具上方顶棚均匀分布，每侧 32 套，进风小窗的长度为 0.8 m，宽度为 0.56 m。在鸡舍远离风机端两侧侧墙处对称布置湿帘间，每个湿帘间各安装一块长 59 m、宽 1 m、厚 0.15 m 的湿帘。内侧墙处布置檐口进风带。新风从侧墙湿帘间和檐口进入（夏季只从湿帘间进入），到达顶棚，再由顶棚小窗进入舍内（图 2-3-6）。

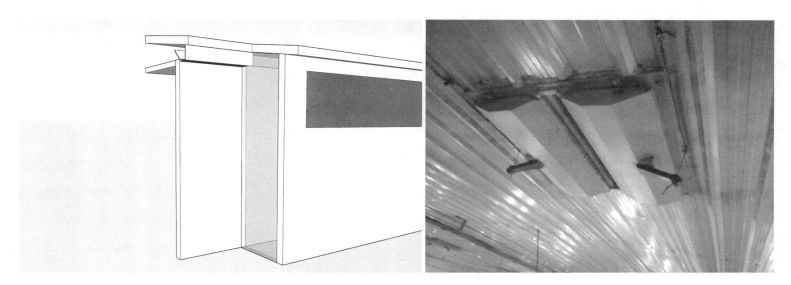

图 2-3-6 湿帘、檐口和顶棚小窗

排风机集中安装在山墙上，分两排对称布置，采用带拢风筒的负压风机（图 2-3-7），包括 10 台叶轮直径为 1 250 mm 的风机和 2 台叶轮直径为 900 mm 的风机。风机性能见表 2-3-2。

图 2-3-7 负压风机

表 2-3-2 低压大流量轴流风机性能

风机型号	叶轮直径（mm）	叶轮转速（r/min）	风量（m³/h） 静压（Pa）							电机功率（kW）
			0	12	25	32	38	45	55	
9FJ5.6	560	930	10 500	10 200	9 700	9 300	9 000	8 700	8 100	0.25
9FJ6.0	600	930	12 000	11 490	11 150	10 810	10 470	10 130	9 640	0.37
9FJ7.1	710	635	13 800	13 300	13 000	12 780	12 600	12 400	11 800	0.37
9FJ9.0	900	440	20 100	19 000	18 000	17 300	16 700	16 000	15 100	0.55
9FJ10.0	1 000	475	26 000	24 800	23 270	22 420	21 570	20 720	19 200	0.55
9FJ12.5	1 250	320	33 000	31 500	30 500	28 500	27 000	25 000	21 000	0.75
9FJ14.0	1 400	340	57 000	55 470	53 770	52 750	51 400	50 040	45 500	1.5

（2）加热系统

鸡舍采用地热式水暖供热，主要由燃气热水锅炉（图 2-3-8）、地暖管道和散热器三部分组成。为保证舍内不同区域的供暖均匀，进水口温度设置在 60~70 ℃。地暖管道为改性聚丙烯管。

在每一侧靠近侧墙的走道上方各安装 2 台扰流风机（图 2-3-9），以增加局部区域的风速，起稳流和扩散热气流的作用。扰流风机性能见表 2-3-3，建议风机直径为 800 mm，风量 28 000 m³/h。风机安装在鸡舍长度的 1/3 和 2/3 处，高度（风机中心距离地面）为 1.7 m，安装角度（风机轴线与水平线间夹角）在 0°~30°范围内可调。

图 2-3-8 燃气热水锅炉　　　　　　　　　图 2-3-9 扰流风机

表 2-3-3 扰流风机性能

叶轮直径 (mm)	风量 (m³/h)	全压 (Pa)	功率 (kW)	转速 (r/min)	噪声 dB (A)	重量 (kg)
500	6 000	92	0.25	720	64	41
600	8 600	125	0.55	720	69	47
700	15 000	149	1.1	720	72	94
800	28 000	150	2.2	960	81	124
1 000	45 000	261	5.5	960	85	191

（3）光照系统

光照系统由照明灯具和光照自动控制器组成（图 2-3-10）。照明灯具为 LED 灯，防水、防尘、防氨气，无频闪。灯具沿舍内走道安装，每列 65 个，间距 1.2 m。为提高垂直方向上光环境的均匀性，采用"一高一低"的交叉悬挂方式，高处悬挂高度为 3 m 左右，低处悬挂高度为 1.5 m 左右。

图 2-3-10 光照系统

光环境的自动控制系统需满足蛋鸡不同阶段生理节律需求，以及健康高效生产的光谱、光照度和光周期需求，光可以模拟自然光照渐明渐暗，以保证舍内光环境均匀。

《 模块 5 - 清粪系统 》

鸡舍采用传送带式清粪机进行清粪（图 2-3-11），由纵向、横向、斜向清粪履带，清粪动力和控制系统组成。鸡粪由传送带运输到端部，经端部刮板刮落后，由底部的横向传送带运输到出粪间的鸡粪运输车中，运往粪污处理区。

图 2-3-11　纵向、横向清粪带

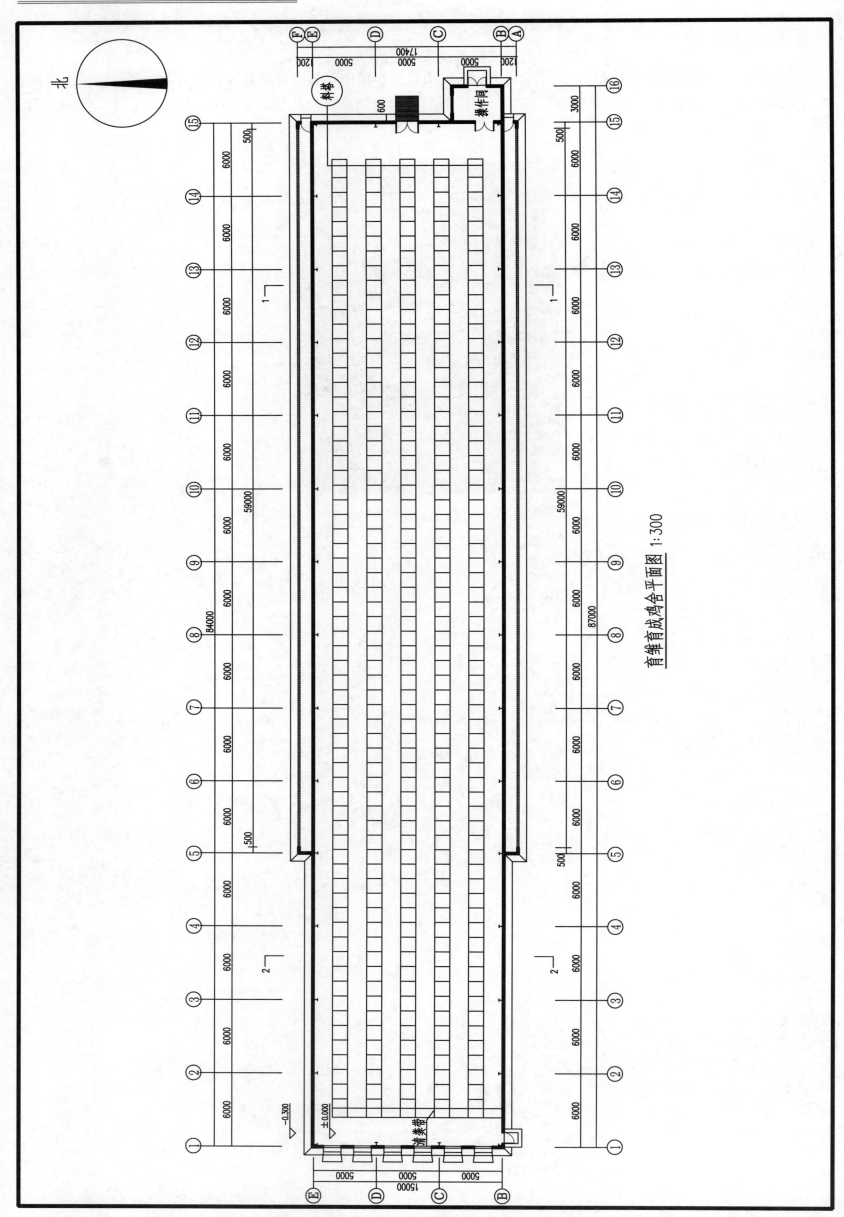

育雏育成鸡舍平面图 1:300

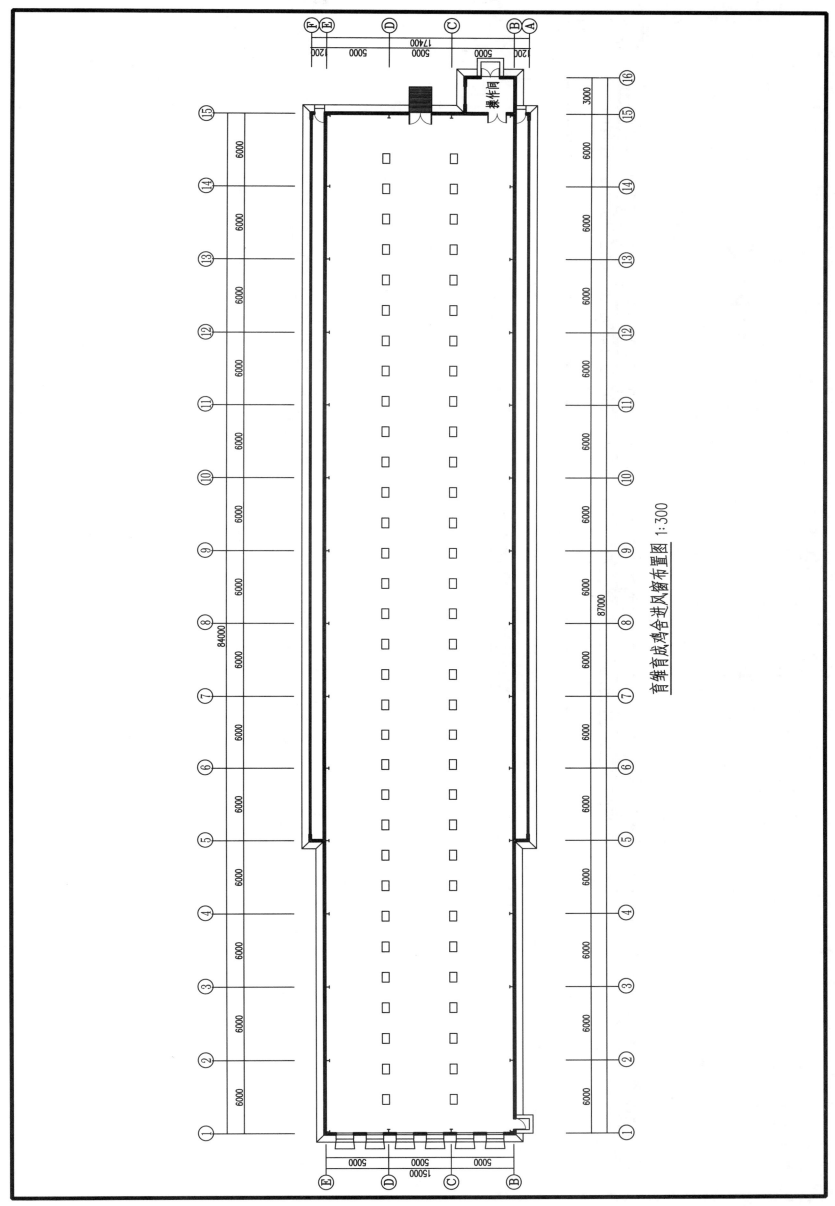

育雏育成鸡舍进风窗布置图 1:300

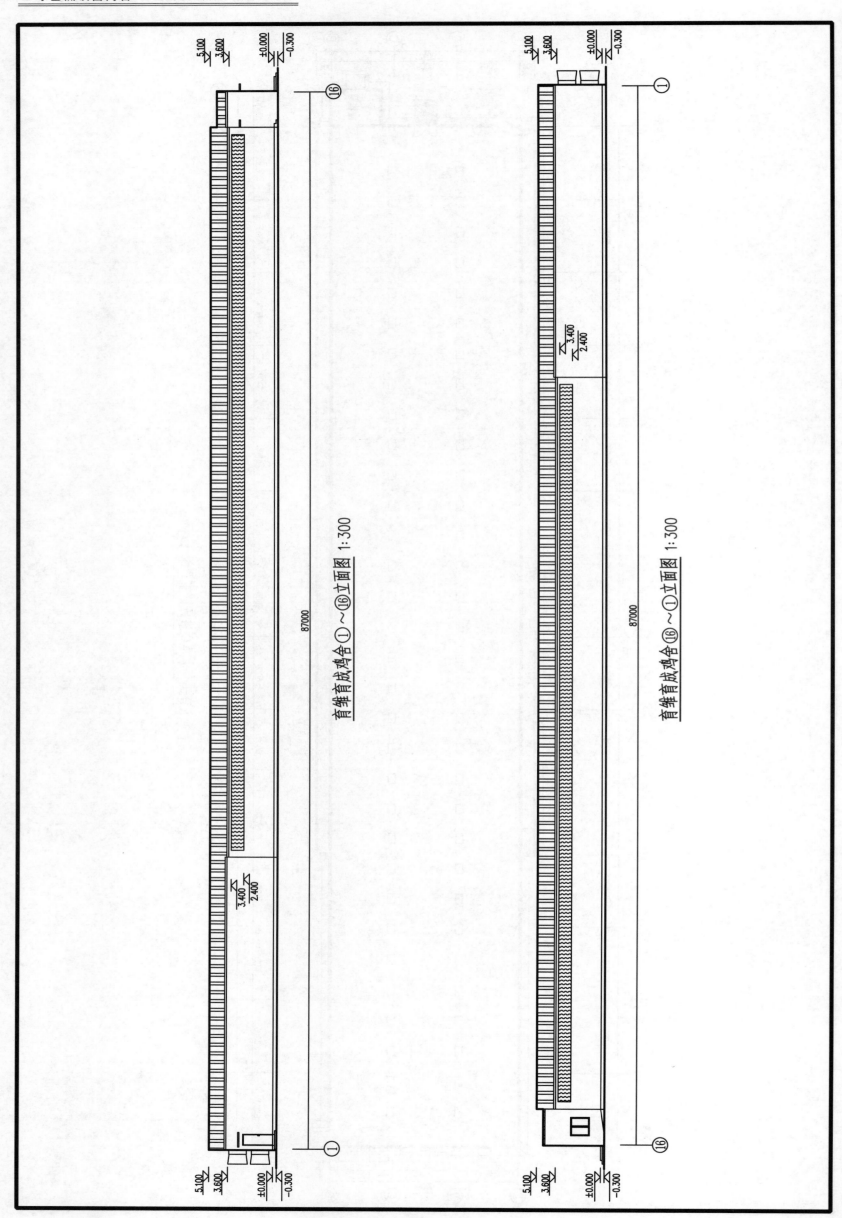

育雏育成鸡舍①～⑯立面图 1:300

育雏育成鸡舍⑯～①立面图 1:300

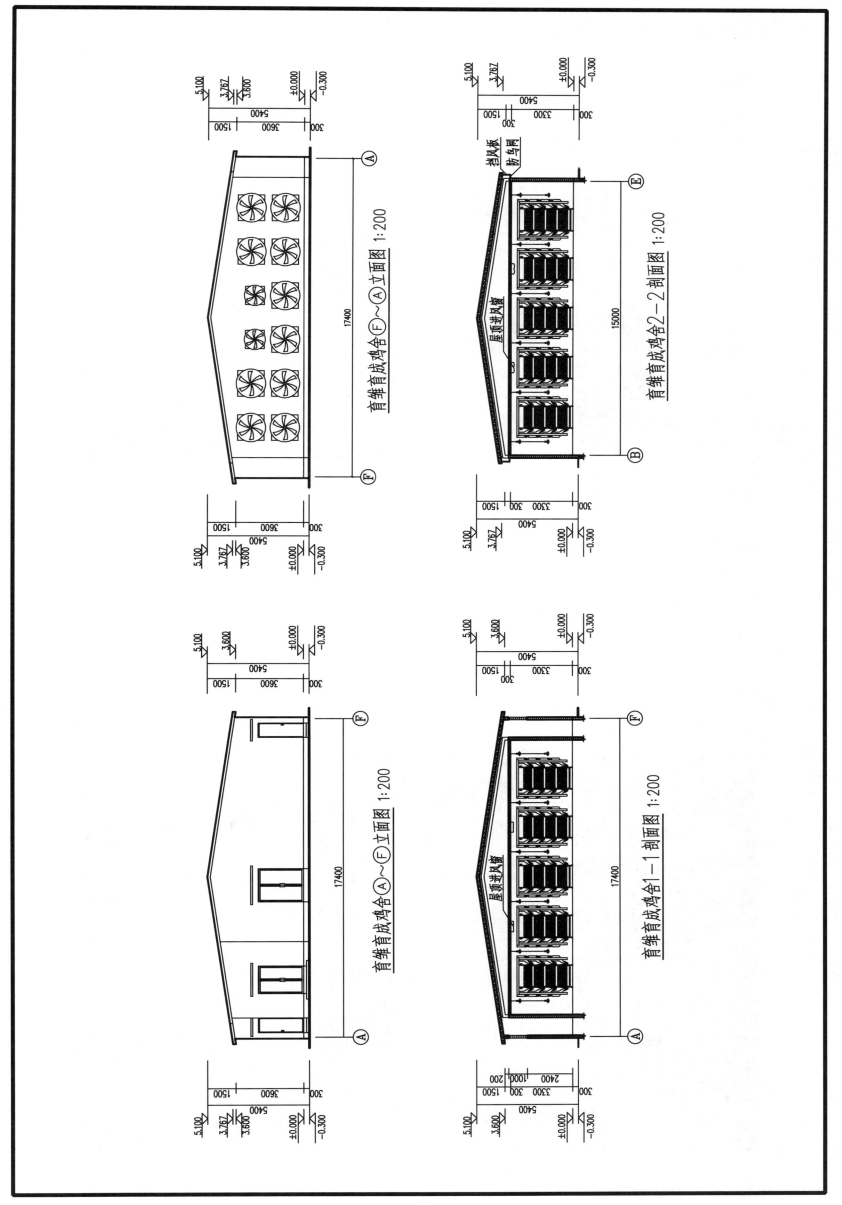

育雏育成鸡舍⑥～④立面图 1:200

育雏育成鸡舍2－2剖面图 1:200

育雏育成鸡舍④～⑥立面图 1:200

育雏育成鸡舍1－1剖面图 1:200

2.4 模块化装配式四层叠层笼养蛋鸡舍

2.4.1 鸡舍概述

模块化装配式四层叠层笼养蛋鸡舍（图2-4-1），单栋饲养4万只产蛋期蛋鸡，饲养周期为17～72周龄，采用全进全出饲养模式。鸡舍为全密闭式，建筑采用门式刚架钢结构，四层叠层笼养工艺，4列5走道布置形式。

图2-4-1 案例蛋鸡舍

蛋鸡舍采用全年纵墙侧窗均匀进风、山墙集中排风的一体化通风模式，有利于降低舍内温差及热应激程度，改善蛋鸡舍内热环境。

以下分工艺、饲养设备、鸡舍建筑、环控系统和清粪系统5个模块展开详细介绍。

2.4.2 模块说明

《《 模块1-工艺 》》

蛋鸡在16～17周龄转入蛋鸡舍，饲养密度为35只/m²。鸡舍为全密闭式，采用四层叠层式笼养模式（图2-4-2），5列6走道布置，总鸡位数为44 032个。整舍全进全出，鸡出舍后对设备进行清扫、冲洗、消毒，空舍时间为30 d。

图2-4-2 四层叠层笼养模式

《模块2-饲养设备》

（1）笼具设备

舍内共有笼架172组，每列43组，单组笼架长度为2.412 m、宽度为1.2 m、高度为2.74 m，头架与集蛋系统长度为2 m，尾架长度为2 m，笼具立柱之间距离1.2 m。选用尺寸为600 mm×600 mm×590 mm的笼具（表2-4-1），每笼饲养8只蛋鸡，饲养面积450 cm²/只。每组间采用带孔的镀锌板作为隔板。C型的立柱采用热镀锌板成型，笼网采用热浸锌工艺。

表2-4-1 笼具参数

鸡笼长度（mm）	鸡笼宽度（mm）	层高（mm）
1 434	860	570
1 434	960	570
600	620	550
600	600	590
1 206	1 206	600

（2）饲喂设备

鸡舍采用自动喂料系统，由贮料塔、输料机、行车式喂料机和料槽组成。鸡舍的一端配备贮料塔，由材料为1.5 mm厚的镀锌钢板冲压而成，贮料塔规格参数见表2-4-2。选用贮料塔的容量为20.1 m³，直径为2.75 m，3层，支腿数量为6个，总高度为6.62 m。输料机选用螺旋式输料机。行车式喂料机主要由牵引驱动部件、料仓、落料管等组成，牵引驱动部件安装于行车轨道一端，电机减速器通过驱动轮、钢丝绳牵引料仓沿轨道运行来完成喂料作业，配置匀料器保证下料均匀。

表2-4-2 贮料塔规格参数

层数	直径（mm）	高度（mm）	支腿数量（个）	容量（m³）
	1 834	3 934	4	4.3
1	2 445	4 606	6	8.7
	2 750	4 933		10.8
	1 834	4 766	4	6.67
	2 445	5 437	6	13
2	2 750	5 778		15.5
	3 262	6 014	8	24
	3 669	7 216		40.6
	2 750	6 623	6	20.1
3	3 262	6 898	8	31
	3 669	8 032		49.1

（3）饮水设备

鸡舍采用自动饮水系统，由饮水乳头、水管、减压阀或水箱组成，还配置加药器。水线的安装位置为食槽相对侧，每笼安装2个饮水乳头，安装高度不低于40 cm。乳头出水量需根据蛋鸡生长周龄逐步调整。产蛋鸡水线末端的水柱要达到20～30 cm，减压阀及水箱的高度应比饮水平行线高出15～20 cm，以保证适度的水压。

《模块3-鸡舍建筑》

（1）建筑结构

鸡舍建筑构造采用现场装配式，为单跨双坡型门式刚架结构，梁、柱等截面采用工字钢，檩条、墙梁为冷弯卷边C形钢，具体做法见本书"模块化装配式畜禽舍结构设计说明"部分内容。鸡舍总长度114 m，跨度12 m，两侧湿帘间宽度均为1.5 m，开间6 m，檐口高度3.4 m，脊高4.9 m，屋面坡度20%，散水宽度0.6 m。地面为水泥砂浆平地面，基础为独立基础。

（2）围护结构

围护结构材料选用防火保温性能好的彩钢夹心板，最低热阻值及装配搭接方式见本书"模块化装配式禽舍建筑外围护结构说明"部分内容。屋面及墙面厚度为150 mm，屋脊屋顶板缝隙不大于50 mm，里外做双层脊瓦，中间空隙采用聚氨酯发泡胶做密封填充处理。

《《 模块4-环控系统 》》

鸡舍采用全密闭方式，配有自动化环境控制系统。环控系统主要包括通风系统和光照系统。

（1）通风系统

通风模式见本书"模块化装配式禽舍通风系统配置说明"部分内容。两侧湿帘长度均为70 m，高度均为1 m。两湿帘间内侧墙上共设置72套进风窗，湿帘间后端侧墙上共设置28套进风窗，进风窗尺寸均为1 200 mm×375 mm。排风机集中安装在山墙上，共12台叶轮直径1 400 mm的负压风机，分4排均匀布置。

（2）光照系统

光照系统由照明灯具和光照自动控制器组成。照明灯具为LED灯，防水、防尘、防氨气，无频闪。灯具沿舍内走道安装，每列85个，间距1.2 m。为提高垂直方向上光环境的均匀性，采用"一高一低"的交叉悬挂方式，高处悬挂高度为3 m左右，低处悬挂高度为1.5 m左右。

产蛋鸡的光照度要求范围是10～30 lx。17周龄之前（含17周龄）用弱光照（小于30 lx），17周龄之后用强光照（30 lx）。光环境的自动控制系统需满足蛋鸡不同阶段生理节律需求，以及健康高效生产的光谱、光照度和光周期需求。光可以模拟自然光照渐明渐暗，以保证舍内光环境均匀。

《《 模块5-清粪系统 》》

鸡舍采用传送带式清粪机进行清粪，由纵向、横向、斜向清粪履带，清粪动力和控制系统组成。鸡粪由传送带运输到端部，经端部刮板刮落后，由底部的横向传送带运输到出粪间直接装车，运往粪污处理区。

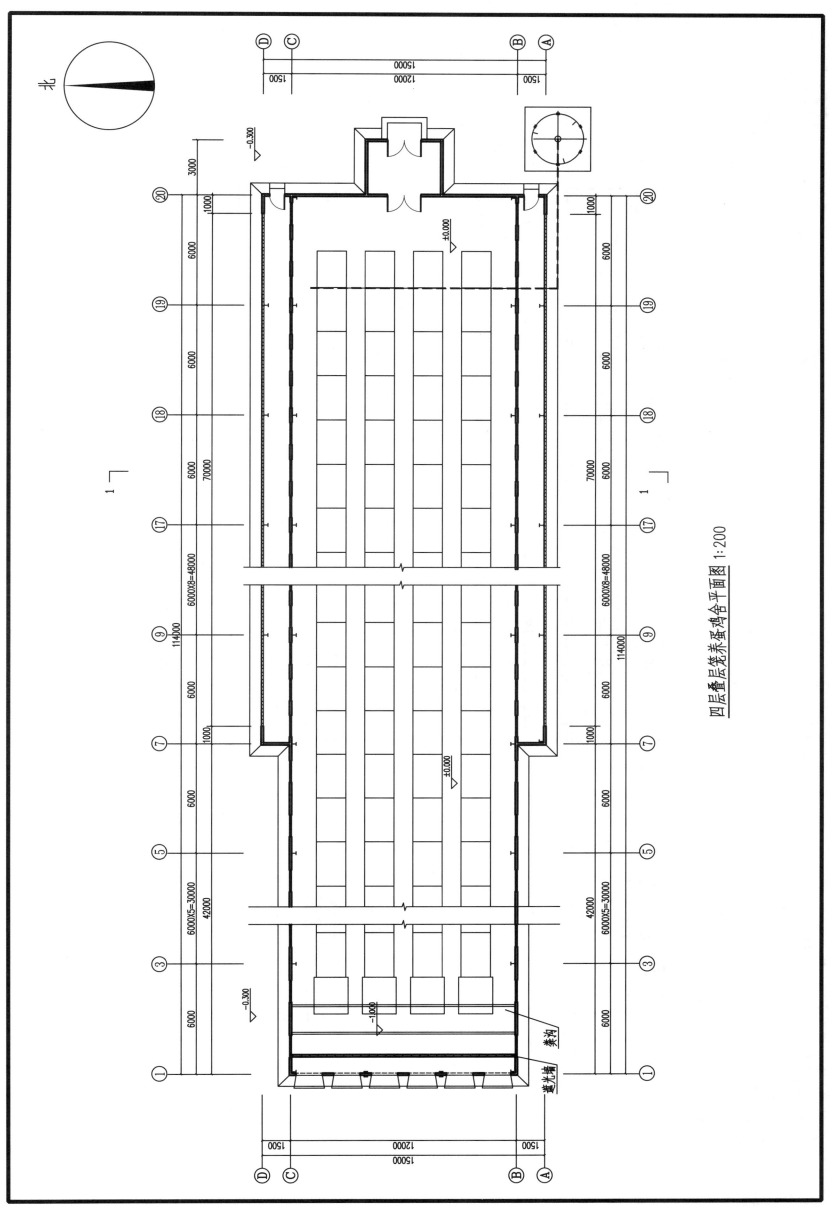

四层叠层笼养蛋鸡舍平面图 1:200

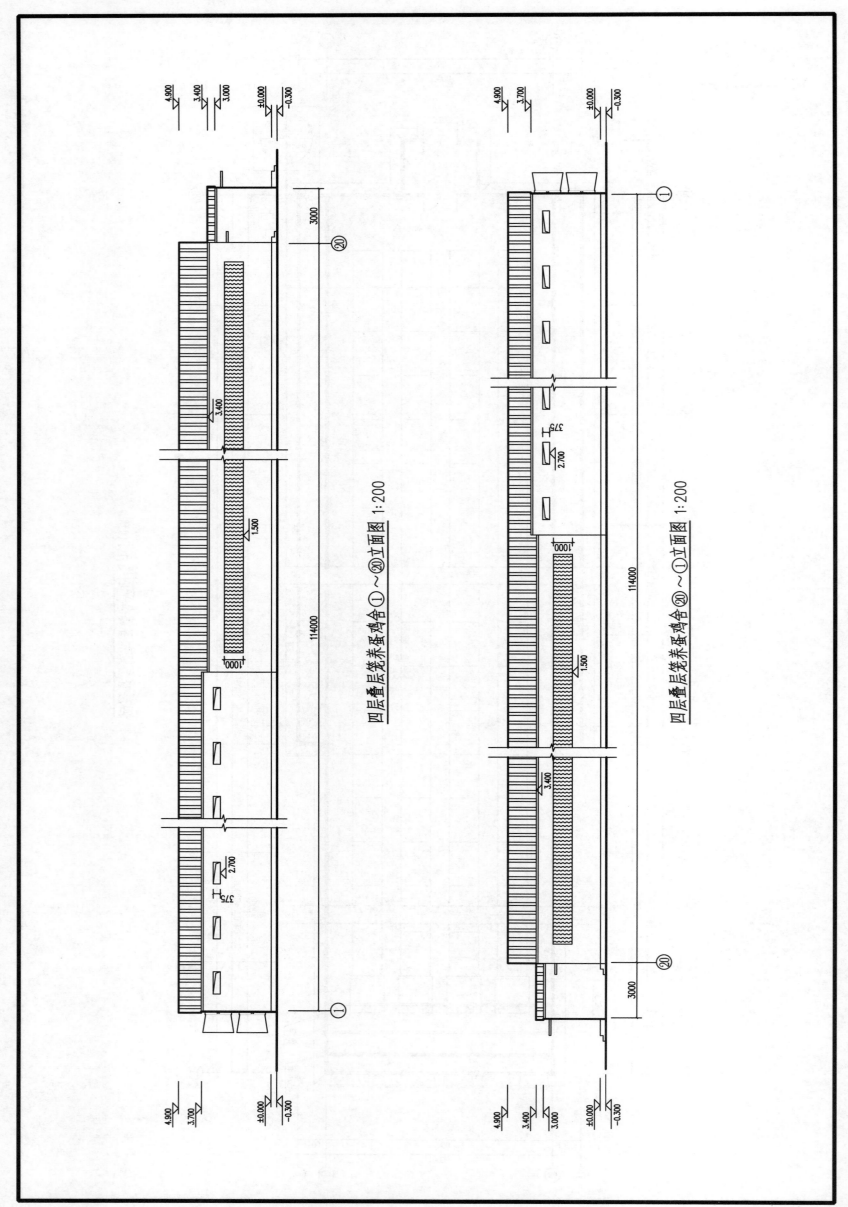

四层叠层笼养蛋鸡舍①～⑳立面图 1:200

四层叠层笼养蛋鸡舍⑳～①立面图 1:200

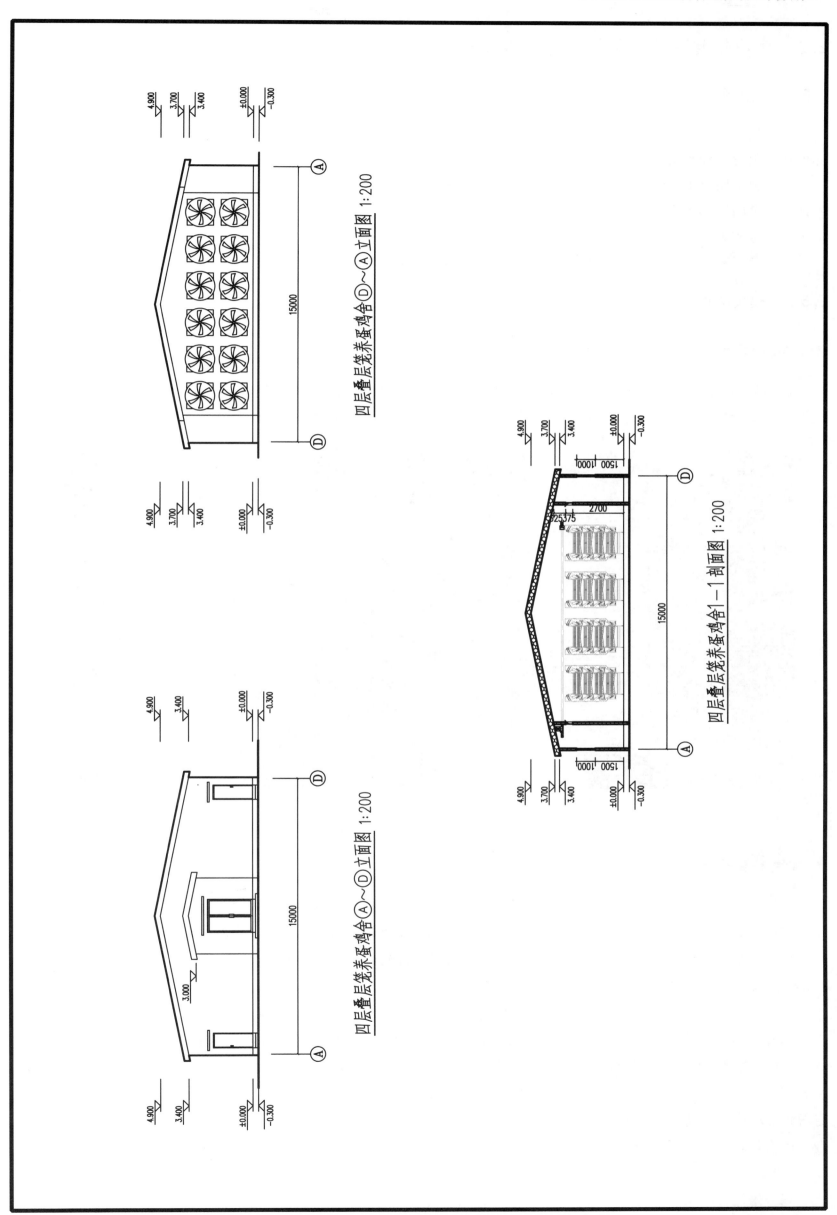

四层叠层笼养蛋鸡舍 ⓓ～ⓐ 立面图 1:200

四层叠层笼养蛋鸡舍1—1 剖面图 1:200

四层叠层笼养蛋鸡舍 ⓐ～ⓓ 立面图 1:200

2.5 模块化装配式八层叠层笼养蛋鸡舍

2.5.1 鸡舍概述

模块化装配式八层叠层笼养蛋鸡舍，单栋饲养 12 万只产蛋期蛋鸡，饲养周期为 18～72 周龄，采用全进全出饲养模式。鸡舍为全密闭式，采用八层叠层笼养工艺，6 列 7 走道布置形式。

蛋鸡舍采用全年纵墙侧窗均匀进风和山墙集中排风的一体化通风模式，有利于降低舍内温差及热应激程度，更好地缓解舍内局部热应激，改善蛋鸡舍内热环境；通过优化围护结构和通风模式，使大规模叠层高密度饲养热环境均匀、稳定成为现实。

以下分工艺、饲养设备、鸡舍建筑、环控系统和清粪系统 5 个模块展开详细介绍。

2.5.2 模块说明

《 **模块 1-工艺** 》

蛋鸡在 16～17 周龄转入蛋鸡舍，饲养密度为 22 只鸡/m²。鸡舍为全密闭式，采用八层叠层式笼养模式（图 2-5-1），6 列 7 走道布置，总鸡位数为 122 880 个。整舍全进全出，鸡出舍后对设备进行清扫、冲洗、消毒，空舍时间为 30 d。

图 2-5-1 八层叠层笼养模式

《 **模块 2-饲养设备** 》

（1）笼具设备

舍内共有笼架 240 组，每列 40 组，单组笼架长度为 2.412 m、宽度为 1.2 m、高度为 6.27 m，笼具立柱之间距离 1.2 m，选用尺寸为 600 mm×600 mm×590 mm 的笼具，每笼饲养 8 只蛋鸡，饲养面积 450 cm²/只。每组间采用带孔的镀锌板作为隔板。

（2）饲喂设备

鸡舍采用自动喂料系统，由贮料塔、输料机、行车式喂料机和料槽组成。鸡舍的一端配备 2 座贮料塔，由材料为 1.5 mm 厚的镀锌钢板冲压而成。进料口于地面处控制，选用贮料塔的容量为 41.9 m³，直径为 3 669 mm，3 层，支腿数量为 8 个，总高度为 8 032 mm。输料机选用螺旋式输料机。行车式喂料机主要由牵引驱动部件、料仓、落料管等组成，牵引驱动部件安装于行车轨道一端，电机减速器通过驱动轮、钢丝绳牵引料仓沿轨道运行来完成喂料作业，配有匀料器保证下料均匀。

（3）饮水设备

鸡舍采用自动饮水系统，由饮水乳头、水管、减压阀或水箱组成，还配置加药器。水线的安装位置为食槽相对侧，每笼安装 2 个饮水乳头，安装高度不低于 40 cm。产蛋鸡水线末端的水柱要达到 20～30 cm，减压阀及水箱的高度应比饮水平行线高出 15～20 cm，以保证适度的水压。

模块 3 - 鸡舍建筑

（1）建筑结构

鸡舍建筑构造采用现场装配式，为单跨双坡型门式刚架结构，梁、柱等截面采用工字钢，檩条、墙梁为冷弯卷边 C 形钢，具体做法见本书"模块化装配式畜禽舍结构设计说明"部分内容。鸡舍总长度 108 m，跨度 18 m，两侧湿帘间宽度均为 1.5 m，开间 6 m，檐口高度 6.9 m，脊高 9 m，屋面坡度 20%，散水宽度 0.6 m。地面为水泥砂浆平地面，基础为独立基础。

（2）围护结构

围护结构材料选用防火保温性能好的彩钢夹心板，最低热阻值及装配搭接方式见本书"模块化装配式禽舍建筑外围护结构说明"部分内容。屋面及墙面厚度为 150 mm，屋脊屋顶板缝隙不大于 50 mm，里外做双层脊瓦，中间空隙采用聚氨酯发泡胶做密封填充处理。

模块 4 - 环控系统

鸡舍采用全密闭方式，配有自动化环境控制系统。环控系统主要包括通风系统和光照系统。

（1）通风系统

通风模式见本书"模块化装配式禽舍通风系统配置说明"部分内容。两侧湿帘长度均为 170 m，高度均为 2 m，两湿帘间内侧墙上共设置 140 套进风窗，湿帘间后端侧墙上共设置 44 套进风窗，侧墙进风小窗尺寸均为 1 200 mm×375 mm。带有拢风筒的负压风机集中安装在山墙上，共 32 台，每台叶轮直径 1 400 mm，均匀布置 4 排。

（2）光照系统

光照系统由照明灯具和光照自动控制器组成。照明灯具为 LED 灯，防水、防尘、防氨气，无频闪。灯具沿舍内走道安装。为提高垂直方向上光环境的均匀性，上下两部分均采用"一高一低"交叉悬挂，即每列布置 4 层灯具，高度分别为 1.7、2.8、5.1、6.2 m，每层设置 44 个灯具，间距 2.4 m。

产蛋鸡的光照度要求范围是 10～30 lx。17 周龄之前（含 17 周龄）用弱光照（小于 30 lx），17 周龄之后用强光照（30 lx）。光环境的自动控制系统需满足蛋鸡不同阶段生理节律需求，以及健康高效生产的光谱、光照度和光周期需求。光可以模拟自然光照渐明渐暗，以保证舍内光环境均匀。

模块 5 - 清粪系统

鸡舍采用传送带式清粪机进行清粪，由纵向、横向、斜向清粪履带，清粪动力和控制系统组成。鸡粪由传送带运输到端部，经端部刮板刮落后，由底部的横向传送带运输到出粪间的鸡粪运输车中，运往粪污处理区。

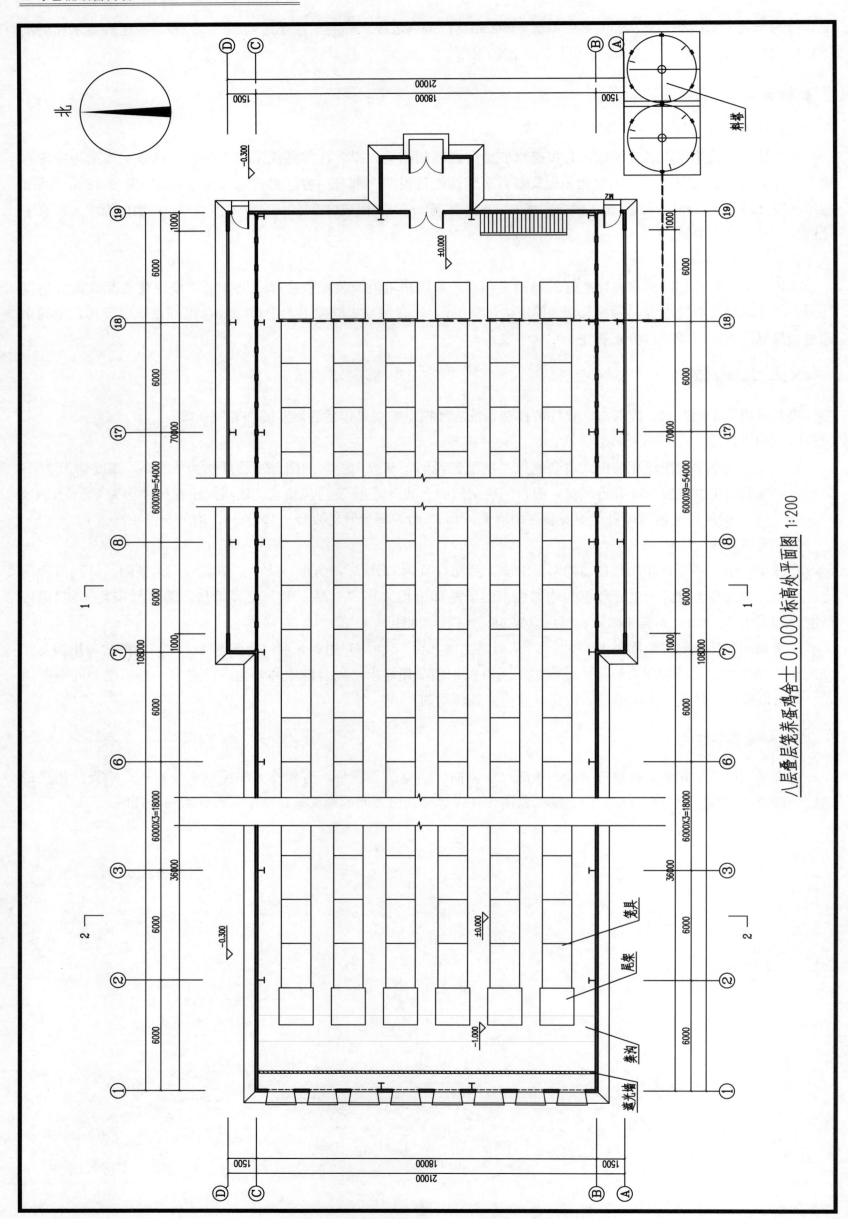

八层叠层笼养蛋鸡舍±0.000标高处平面图 1:200

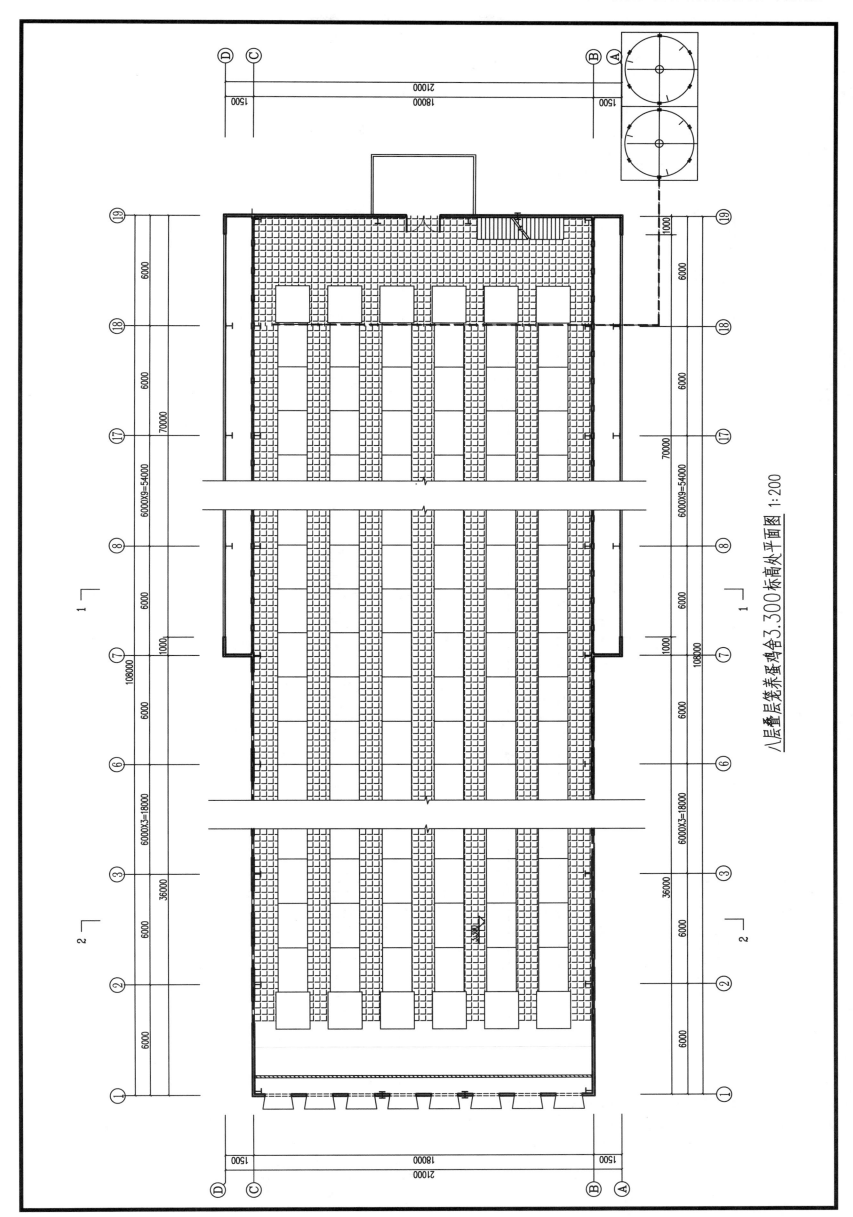

八层叠层笼养蛋鸡舍3.300标高处简平面图 1:200

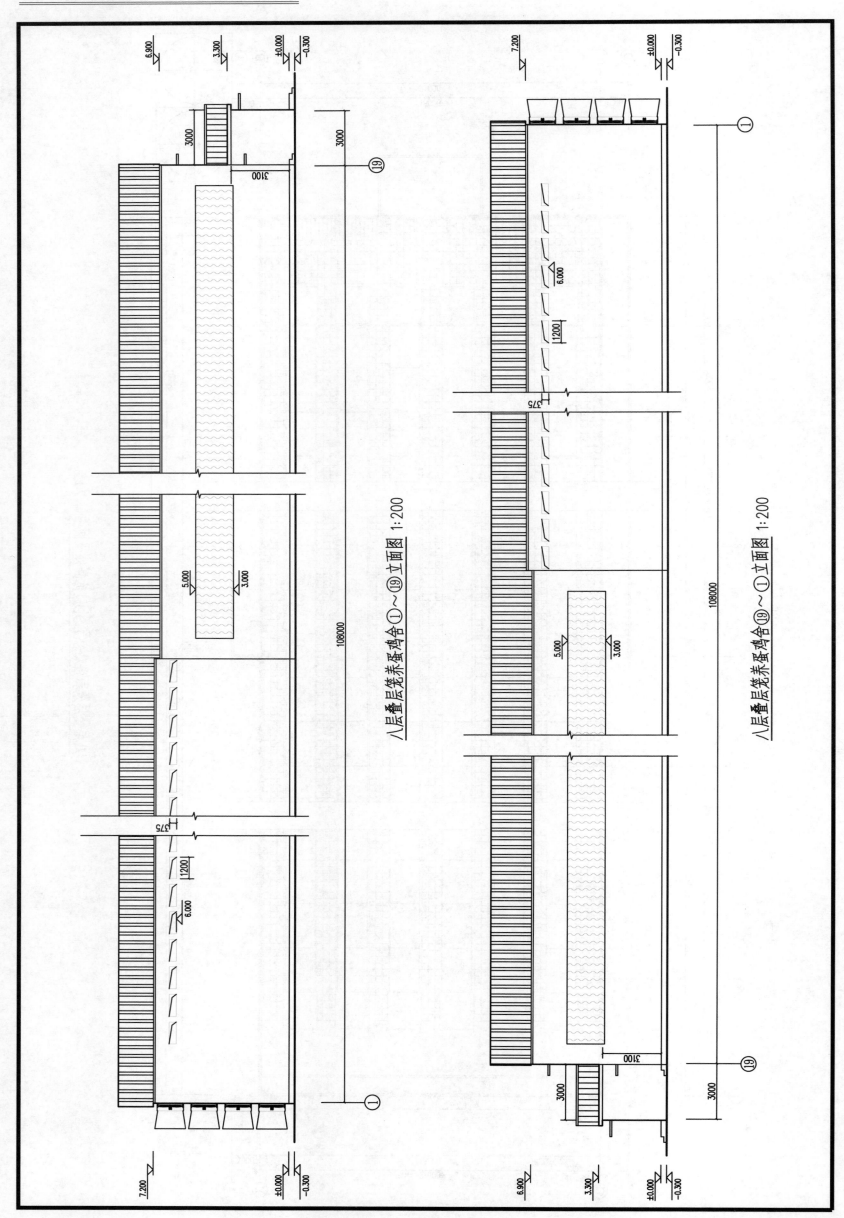

八层叠层笼养蛋鸡舍 ①～⑲ 立面图 1:200

八层叠层笼养蛋鸡舍 ⑲～① 立面图 1:200

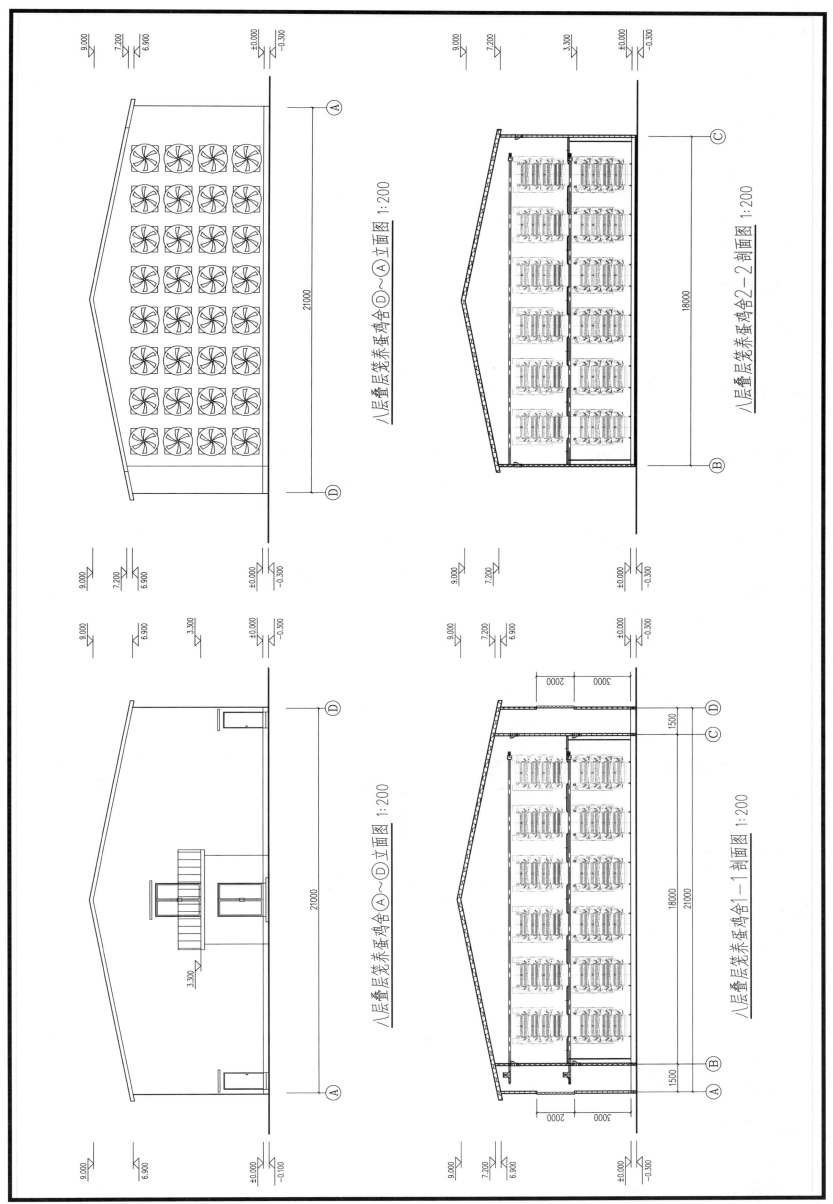

八层叠层笼养蛋鸡舍⑩～Ⓐ立面图 1:200

八层叠层笼养蛋鸡舍2—2剖面图 1:200

八层叠层笼养蛋鸡舍Ⓐ～⑩立面图 1:200

八层叠层笼养蛋鸡舍1—1剖面图 1:200

2.6 模块化装配式立体散养蛋鸡舍

2.6.1 鸡舍概述

模块化装配式立体散养蛋鸡舍，单栋饲养 2 万只蛋鸡，为全密闭式鸡舍，3 列 4 走道布置形式。

中国农业大学研发了离地式蛋鸡栖架立体散养系统，保留笼养鸡体与粪便分离的优势，又为鸡只提供了较大的活动空间，提高了蛋鸡健康和福利水平，可为鸡只提供沙浴、阳光浴等更多福利措施。

以下分工艺、饲养设备、鸡舍建筑、环控系统和清粪系统 5 个模块展开详细介绍。

2.6.2 模块说明

《《**模块 1-工艺**》》

立体散养蛋鸡舍饲养周期为 8～90 周龄，饲养密度为 16 只/m²。鸡舍为全密闭式，3 列 4 走道布置，总鸡位数为 30 240 个。

《《**模块 2-饲养设备**》》

（1）笼具设备

鸡舍采用立体散养蛋鸡饲养设备（图 2-6-1）。舍内共配置立体散养笼架 42 组，每列 21 组，每组鸡笼可饲养 480 只鸡。单组笼架长 4.8 m、宽度为 3.16 m、高度为 3.5 m，头架长度为 1.5 m，尾架长度为 1.5 m。立体散养笼架立柱之间距离为 2.8 m。立体散养蛋鸡饲养设备共有 4 层，每层高 0.56 m，第一层笼网距离地面 0.83 m，其余上下层笼具间距为 0.14 m。鸡笼底网材料选用镀锌铝合金钢丝，底网倾角为 7°。每层均设有集蛋带和食槽，食槽宽度为 0.18 m。

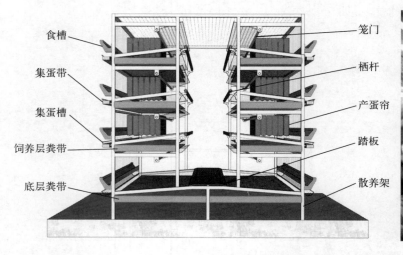

食槽 笼门 栖杆 集蛋带 产蛋帘 集蛋槽 踏板 饲养层粪带 底层粪带 散养架

图 2-6-1 立体散养蛋鸡饲养设备

（2）饲喂设备

鸡舍采用自动喂料系统，由贮料塔、螺旋式输料机、行车式喂料机和料槽组成。鸡舍的一端配备一个贮料塔，由材料为 1.5 mm 厚的镀锌钢板冲压而成。选用贮料塔的容量为 27 m³，直径为 2.75 m，4 层，支腿数量为 6 个，总高度为 7.4 m。输料机采用 4.5 t/h 螺旋式输料机。行车式喂料机主要由牵引驱动部件、料仓、落料管等组成，牵引驱动部件安装于行车轨道一端，电机减速器通过驱动轮、钢丝绳牵引料仓沿轨道运行来完成喂料作业，配置匀料器保证下料均匀。

（3）饮水设备

鸡舍采用自动饮水系统，由饮水乳头、水管、减压阀或水箱组成，还配置加药器。水线的安装位置为食槽相对侧，每笼安装 2 个饮水乳头，安装高度不低于 40 cm。产蛋鸡水线末端的水柱要达到 20～30 cm，减压阀及水箱的高度应比饮水平行线高出 15～20 cm，以保证适度的水压。

《《**模块 3-鸡舍建筑**》》

（1）建筑结构

鸡舍建筑构造采用现场装配式，为单跨双坡型门式刚架结构，梁、柱等截面采用工字钢，檩条、墙梁为冷弯卷边 C 形钢，具体做法见本书"模块化装配式畜禽舍结构设计说明"部分内容。鸡舍总长度 114 m，跨度 13.52 m，两侧湿帘间宽度均为 1.5 m，开间 6 m，檐口高度 4.2 m，脊高 5.7 m，屋面坡度 22%，散水宽度 0.6 m。地面为水泥砂浆平地面，基础为独立基础。

（2）围护结构

围护结构材料选用防火保温性能好的彩色涂层钢板，最低热阻值及装配搭接方式见本书"模块化装配式禽舍建筑外围护结构说明"部分内容。墙体厚度 240 mm，屋面板厚 100 mm，屋脊屋顶板缝隙不大于 50 mm，里外做双层脊瓦，中间空隙采用聚氨酯发泡胶做密封填充处理。

《 模块 4-环控系统 》

鸡舍采用全密闭方式，配有自动化环境控制系统。环控系统主要包括通风系统、加热系统和光照系统。

（1）通风系统

通风模式见本书"模块化装配式禽舍通风系统配置说明"部分内容。进风系统主要是安装在侧墙上的小窗和湿帘，侧墙小窗尺寸为 0.6 m×0.3 m，在两侧侧墙上均匀布置，共 76 个，窗底标高为 3.5 m。两侧侧墙处对称布置湿帘间，长度为鸡舍长度的 2/3。湿帘宽 1.5 m，洞底标高为 2.0 m。

负压风机均匀安装在山墙端，分 2 排对称设置，共 12 台，每台风量 38 800 m³/h。

（2）加热系统

鸡舍供暖系统采用热水散热器加热系统，主要由热水锅炉、管道和散热器 3 部分组成。为保证舍内不同区域的供暖均匀，进水口温度设置在 60~70 ℃。地暖管道为改性聚丙烯管。一般将散热器安装在窗下，这样可以直接加热由窗缝渗入的冷空气，避免贼风侵入鸡舍。

（3）光照系统

光照系统由照明灯具和光照自动控制器组成。照明灯具为 LED 灯，防水、防尘、防氨气，无频闪。灯具沿舍内走道安装，每层设置 54 个灯具，间距 2.1 m。为提高垂直方向上光环境的均匀性，采用"一高一低"的交叉悬挂方式，高处悬挂高度为 3 m 左右，低处悬挂高度为 1.5 m 左右。

光环境的自动控制系统需满足蛋鸡不同阶段生理节律需求，以及健康高效生产的光谱、光照度和光周期需求。光色和光照度可调。光可以模拟自然光照渐明渐暗，以保证舍内光环境均匀。

《 模块 5-清粪系统 》

鸡舍采用传送带式清粪机进行清粪，由纵向、横向、斜向清粪履带，清粪动力和控制系统组成。鸡粪由传送带运输到端部，经端部刮板刮落后，由底部的横向传送带运输到出粪间的鸡粪运输车中，运往粪污处理区。

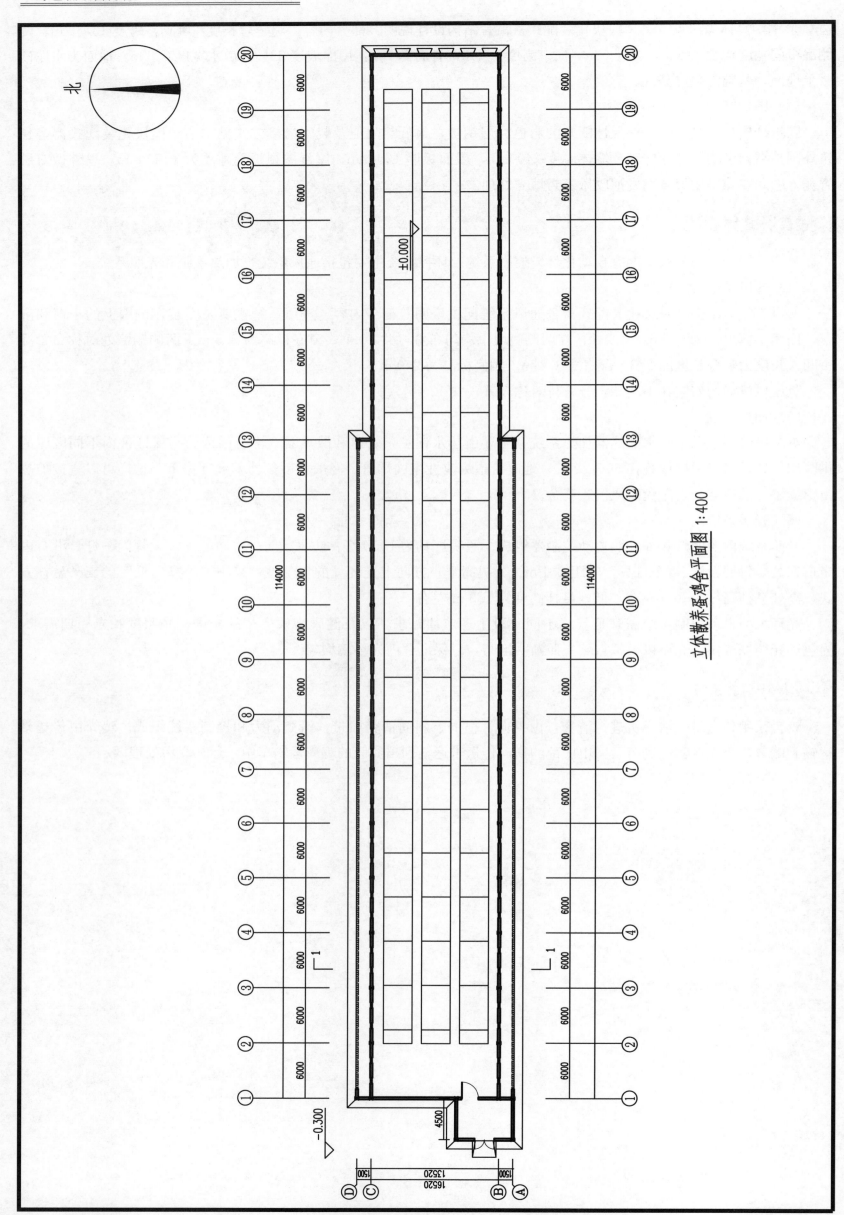

立体散养蛋鸡舍平面图 1:400

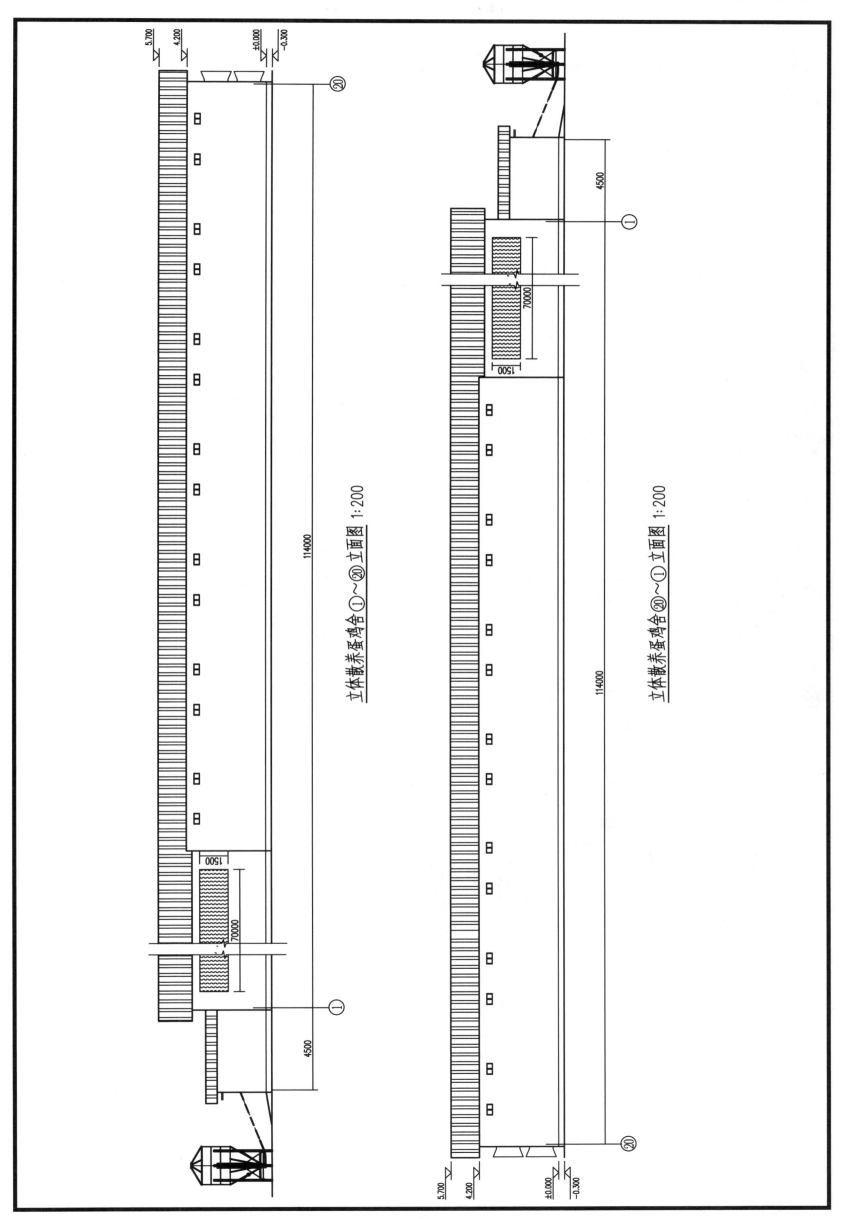

立体散养蛋鸡舍①～⑳立面图 1:200

立体散养蛋鸡舍⑳～①立面图 1:200

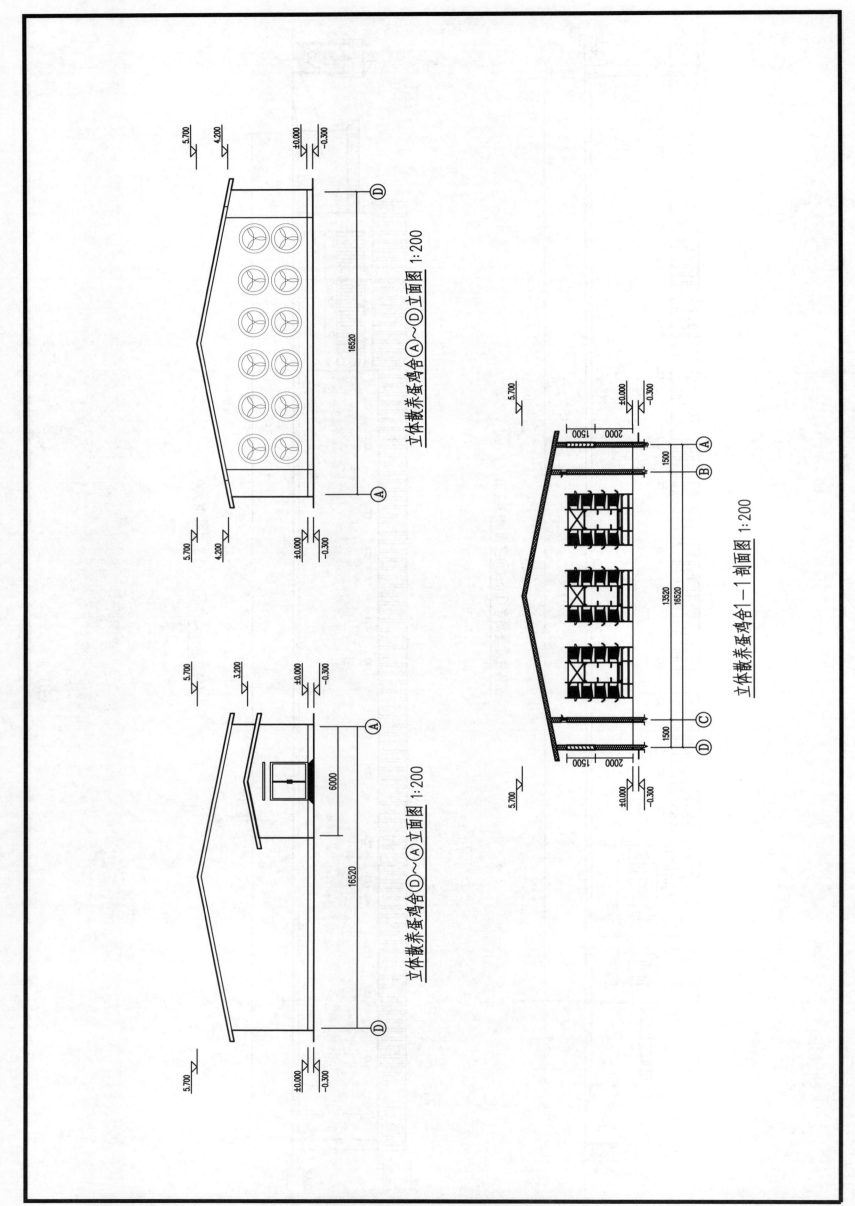

立体散养蛋鸡舍 Ⓐ~Ⓓ 立面图 1:200

立体散养蛋鸡舍 Ⓓ~Ⓐ 立面图 1:200

立体散养蛋鸡舍 1—1 剖面图 1:200

2.7　模块化装配式双层立体散养蛋鸡舍

2.7.1　鸡舍概述

模块化装配式双层立体散养蛋鸡舍，单栋饲养 6 万只蛋鸡。鸡舍为全密闭式，双层立体栖架散养工艺，3 列 4 走道布置形式。喂料采用行车喂料，饮水使用乳头式饮水器，照明使用 LED 人工光照，清粪方式为传送带式清粪机，降温使用湿帘-风机降温系统。

以下分工艺、饲养设备、鸡舍建筑、环控系统和清粪系统 5 个模块展开详细介绍。

2.7.2　模块说明

《《**模块 1-工艺**》》

双层立体散养蛋鸡舍饲养周期为 8～90 周龄，饲养密度为 16 只/m²。鸡舍为全密闭式，3 列 4 走道布置，总鸡位数为 60 480 个。

《《**模块 2-饲养设备**》》

（1）笼具设备

鸡舍采用双层立体散养蛋鸡饲养设备（图 2-7-1）。舍内共配置立体散养笼架 42 组，每列 21 组，每组鸡笼可饲养 960 只鸡。单组笼架长 4.8 m、宽度为 3.16 m、高度为 7.00 m，笼架立柱之间距离为 2.8 m，头架长度为 1.5 m，尾架长度为 1.5 m。双层立体散养蛋鸡饲养设备分为上下 2 部分，每部分均有 4 层，每层高 0.56 m，笼间距 0.14 m，第 1 层笼网距离地面 0.36 m，每层均设有集蛋带和食槽，食槽宽度为 0.18 m。每部分的第 4 层为产蛋层，设有长 2 m、宽 0.62 m 的产蛋箱。鸡笼底网材料选用镀锌铝合金钢丝，底网倾角为 7°。

（2）饲喂设备

鸡舍采用自动喂料系统，由贮料塔、螺旋式输料机、行车式喂料机和料槽组成。鸡舍的一端配备一个贮料塔，由材料为 1.5 mm 厚的镀锌钢板冲压而成。选用贮料塔的容量为 27 m³，直径为 2.75 m，4 层，支腿数量为 6 个，总高度为 7.4 m，充满料塔约可供应整栋鸡舍 5 d 采食量。输料机采用 4.5 t/h 螺旋式输料机。行车式喂料机主要由牵引驱动部件、料仓、落料管等组成，牵引驱动部件安装于行车轨道一端，电机减速器通过驱动轮、钢丝绳牵引料仓沿轨道运行来完成喂料作业，配置匀料器保证下料均匀。

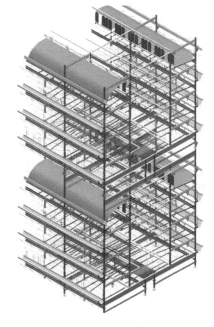

图 2-7-1　双层立体散养蛋鸡饲养设备

（3）饮水设备

鸡舍采用自动饮水系统，由饮水乳头、水管、减压阀或水箱组成，还配置加药器。水线的安装位置为食槽相对侧，每笼安装 2 个饮水乳头，安装高度不低于 40 cm。乳头出水量需根据蛋鸡生长周龄逐步调整。产蛋鸡水线末端的水柱要达到 20～30 cm，减压阀及水箱的高度应比饮水平行线高出 15～20 cm，以保证适度的水压。

《《**模块 3-鸡舍建筑**》》

（1）建筑结构

鸡舍建筑构造采用现场装配式，为单跨双坡型门式刚架结构，梁、柱等截面采用工字钢，檩条、墙梁为冷弯卷边 C 形钢，具体做法见本书"模块化装配式畜禽舍结构设计说明"部分内容。鸡舍总长度 114 m，跨度 13.52 m，两侧湿帘间宽度均为 1.5 m，开间 6 m，檐口高度 7.5 m，脊高 9.0 m，屋面坡度 22%，散水宽度 0.6 m。地面为水泥砂浆平地面，基础为独立基础。

（2）围护结构

围护结构材料选用防火保温性能好的彩色涂层钢板，最低热阻值及装配搭接方式见本书"模块化装配式禽舍建筑外围护结构说明"部分内容。墙体厚度为 240 mm，屋面板板厚 100 mm，屋脊屋顶板缝隙不大于 50 mm，里外做双层脊瓦，中间空隙采用聚氨酯发泡胶做密封填充处理。

模块 4 - 环控系统

鸡舍采用全密闭方式，配有自动化环境控制系统。环控系统主要有通风系统和光照系统。

（1）通风系统

通风模式见本书"模块化装配式禽舍通风系统配置说明"部分内容。进风系统主要是安装在侧墙上的侧窗和湿帘，侧墙小窗尺寸为 0.6 m×0.3 m，在两侧侧墙上均匀布置，共 152 个，窗底标高为 2.9 m 和 6.9 m。两侧侧墙处对称布置湿帘间，长度为鸡舍长度的 2/3。湿帘宽 2 m，洞底标高为 3.0 m。

负压风机均匀安装在山墙端，共 24 台，每台风量 38 800 m³/h，分 4 排对称设置。

（2）光照系统

光照系统由照明灯具和光照自动控制器组成。照明灯具为 LED 灯，防水、防尘、防氨气，无频闪。灯具沿舍内走道安装。采用"一高一低"的交叉悬挂方式，首层高处悬挂高度为 2.8 m 左右，低处悬挂高度为 1.5 m 左右；第 2 层高处悬挂高度为 5.6 m 左右，低处悬挂高度为 4 m 左右。每个高度设置 54 个灯具，间距 2.1 m，共 216 个。

光环境的自动控制系统需满足蛋鸡不同阶段生理节律需求，以及健康高效生产的光谱、光照度和光周期需求。光色和光照度可调。光可以模拟自然光照渐明渐暗，以保证舍内光环境均匀。

模块 5 - 清粪系统

鸡舍采用传送带式清粪机进行清粪，由纵向、横向、斜向清粪履带，清粪动力和控制系统组成。鸡粪由传送带运输到端部，经端部刮板刮落后，由底部的横向传送带运输到出粪间的鸡粪运输车中，运往粪污处理区。

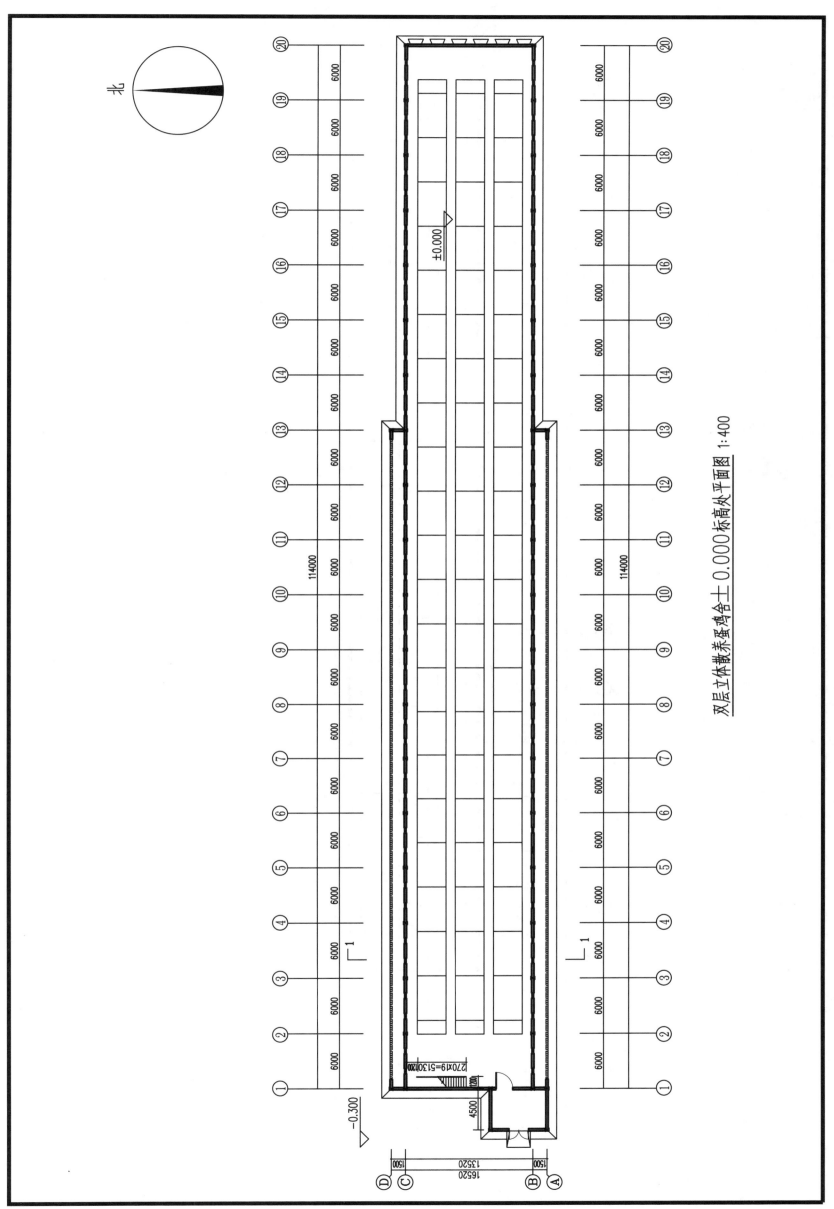

双层立体散养蛋鸡舍舍士0.000标高处简平面图 1:400

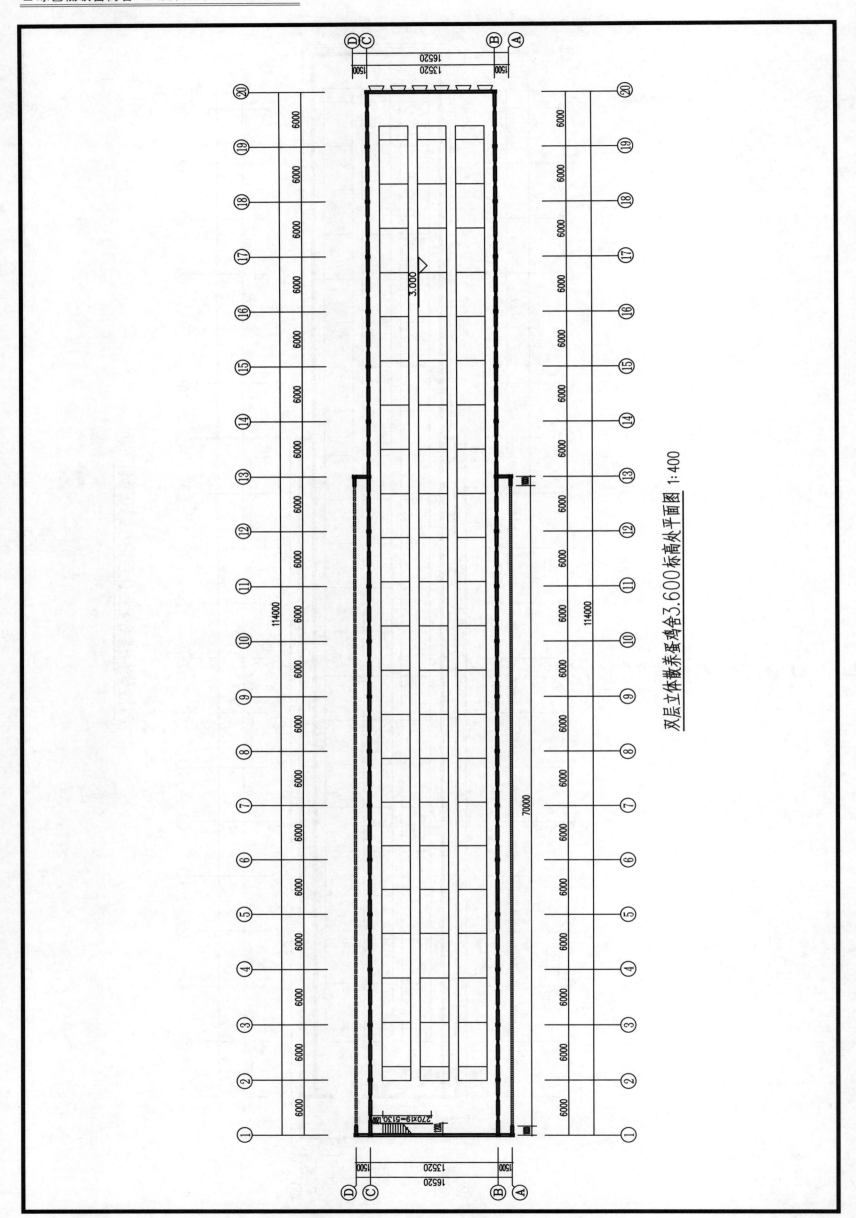

双层立体散养蛋鸡舍3.600标高处平面图 1:400

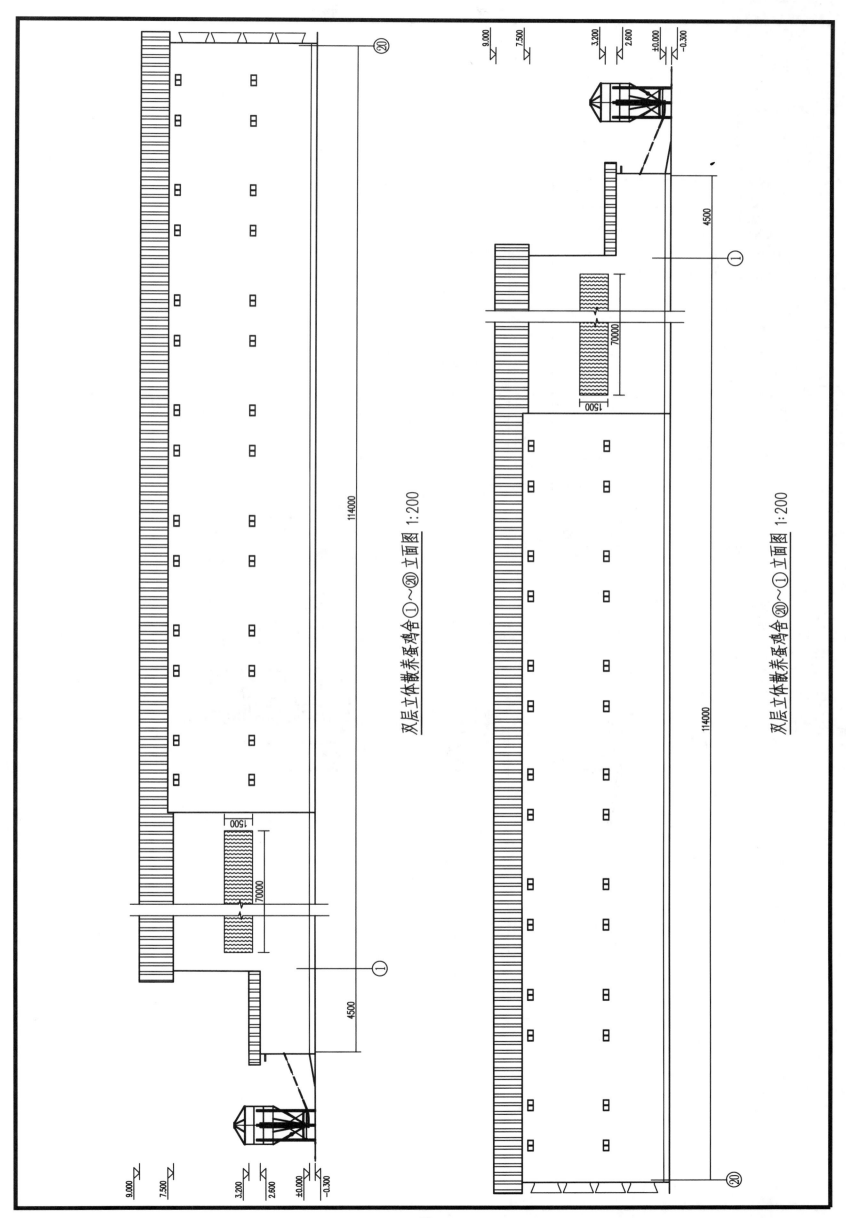

双层立体散养蛋鸡舍①～⑳立面图 1:200

双层立体散养蛋鸡舍⑳～①立面图 1:200

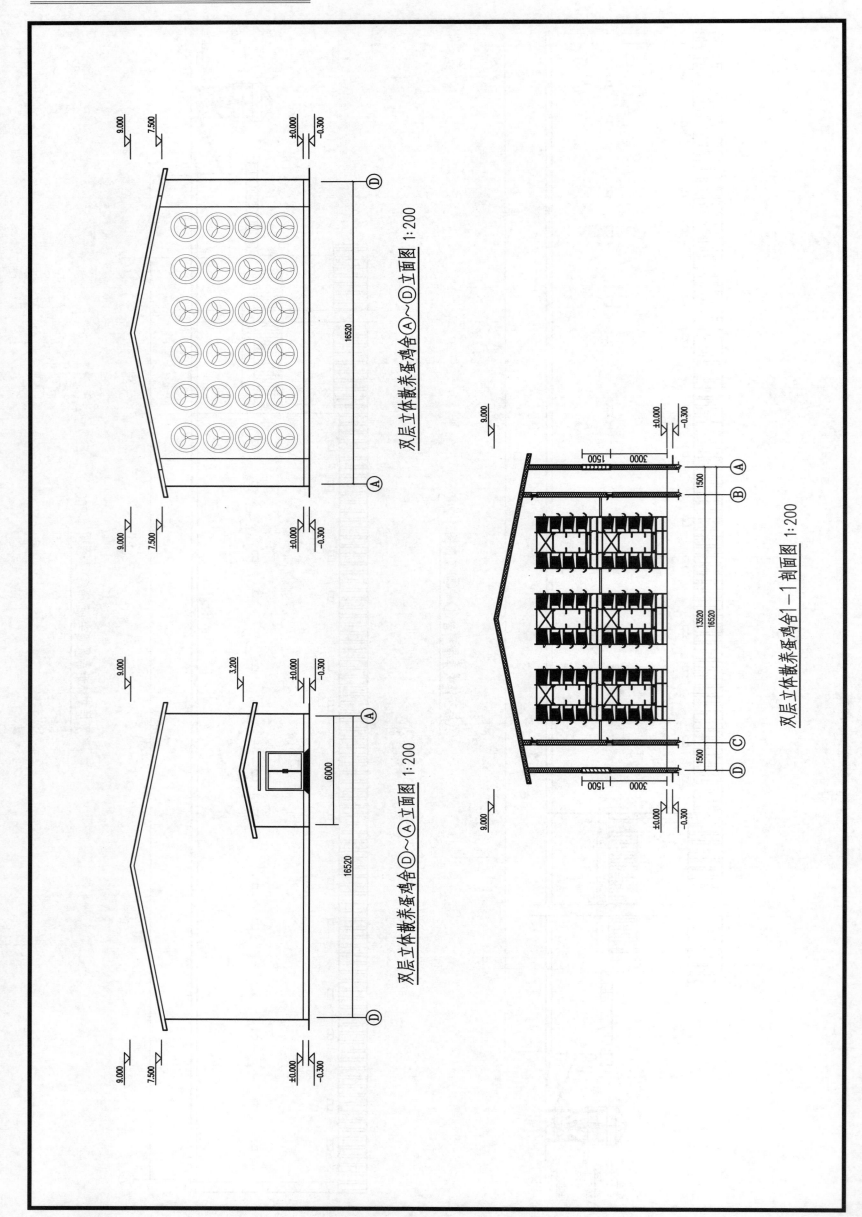

双层立体散养蛋鸡舍Ⓐ～Ⓓ立面图 1:200

双层立体散养蛋鸡舍Ⓓ～Ⓐ立面图 1:200

双层立体散养蛋鸡舍1—1剖面图 1:200

2.8　模块化装配式四层叠层笼养肉鸡舍

2.8.1　鸡舍概述

模块化装配式四层叠层笼养肉鸡舍，单栋饲养 5 万只白羽肉鸡，饲养周期为 0～42 日龄，采用全进全出饲养模式。鸡舍为全密闭式，采用四层叠层笼养工艺，4 列 5 走道布置形式。肉鸡舍采用纵墙湿帘山墙排风系统，有利于降低舍内温差，使鸡舍内环境更加均匀。

以下分工艺、饲养设备、鸡舍建筑、环控系统和清粪系统 5 个模块展开详细介绍。

2.8.2　模块说明

《《 **模块 1-工艺** 》》

鸡舍为全密闭式，采用四层叠层式笼养模式（图 2-8-1），4 列 5 走道布置，总鸡位数为 50 688 个。

图 2-8-1　四层叠层笼养模式

《《 **模块 2-饲养设备** 》》

（1）笼具设备

舍内共有笼架 288 组，每列 72 组，单组笼架长度为 1.2 m、宽度为 2.1 m、高度为 2.8 m，每个笼架共包括上下 4 层、左右两边共 8 个鸡笼，单个饲养鸡笼尺寸为长 1.2 m、宽 0.95 m、层高 775 mm，其中每层笼高 500 mm，可自动出鸡。每组间采用带孔的镀锌板作为隔板。中间 2 层育雏兼育成，上下 2 层育成。

（2）饲喂设备

鸡舍采用自动喂料系统，由贮料塔、输料机、行车式喂料机和料槽（图 2-8-2）组成。从进鸡开始，料槽和采食盘联合应用，每天至少填料 3 次。4 日龄开始向完全使用料槽过渡，先撤出 1/3 采食盘，6 日龄再撤出 1/3，7 日龄时采食盘全部撤出。采食料槽采用热镀锌板成型，为深 V 形，内侧设置调节板和挡鸡线，可根据肉鸡生长状况及体型大小调整采食高度。鸡舍的一端配备一个贮料塔，由材料为 1.5 mm 厚的镀锌钢板冲压而成。选用的贮料塔容量为 49.1 m³，直径为 3 669 mm，3 层，支腿数量为 8 个，总高度为 8 032 mm。输料机选用螺旋式输料机。采用行车式喂料机，其主要由牵引驱动部件、料仓、落料管等组成，牵引驱动部件安装于行车轨道一端，电机减速器通过驱动轮、钢丝绳牵引料仓沿轨道运行来完成喂料作业，配置匀料器保证下料均匀。

（3）饮水设备

鸡舍采用自动饮水系统（图 2-8-3），由饮水乳头、水管、减压阀或水箱组成，还配置加药器。乳头由阀体、阀芯和阀座等组成。阀座和阀芯由不锈钢制成。水管高度可调，水管下方为 V 形水槽。乳头出水量可根据蛋鸡的日龄逐步调整。每层鸡笼设有 2 条水线，每 5 只鸡配 1 个乳头或水杯，乳头高度与雏鸡头部持平，水杯高度与雏鸡背部持平。

图 2-8-2 肉鸡采食料槽

图 2-8-3 乳头饮水系统

《 模块 3-鸡舍建筑 》

（1）建筑结构

鸡舍建筑构造采用现场装配式，为单跨双坡型门式刚架结构，梁、柱等截面采用工字钢，檩条、墙梁为冷弯卷边 C 形钢，具体做法见本书"模块化装配式畜禽舍结构设计说明"部分内容。鸡舍总长度 96 m，跨度 16 m，两侧湿帘间宽度均为 1.5 m，开间 6 m，檐口高度 3.7 m，脊高 5.6 m，屋面坡度 20%，散水宽度 0.6 m。地面为水泥砂浆平地面，基础为独立基础。

（2）围护结构

围护结构材料选用防火保温性能好的彩钢夹心板，最低热阻值及装配搭接方式见本书"模块化装配式禽舍建筑外围护结构说明"部分内容。屋面及墙面厚度为 150 mm，屋脊屋顶板缝隙不大于 50 mm，里外做双层脊瓦，中间空隙采用聚氨酯发泡胶做密封填充处理。

《 模块 4-环控系统 》

鸡舍采用全密闭方式，配有自动化环境控制系统。环控系统主要包括通风系统、加热系统和光照系统。

（1）通风系统

通风模式见本书"模块化装配式禽舍通风系统配置说明"部分内容。两侧墙湿帘长度均为 64 m，湿帘高度

1.5 m，两湿帘间共设置 88 套进风小窗，湿帘间后端侧墙共设置 20 套进风小窗，进风窗尺寸均为 1 200 mm×375 mm。带有拢风筒的负压风机集中安装在山墙上，共 16 台，每台叶轮直径为 1 400 mm，分两排对称设置。

（2）加热系统

鸡舍供暖系统采用热水散热器加热系统，主要由热水锅炉、管道和散热器 3 部分组成。选用柱式散热器，进水口温度设置在 60～70 ℃。一般将散热器安装在窗下，这样可以直接加热由窗缝渗入的冷空气，避免贼风侵入鸡舍。

（3）光照系统

光照系统由照明灯具和光照自动控制器组成。照明灯具为 LED 灯，防水、防尘、防氨气，无频闪。灯具沿舍内走道安装，每列 73 个，间距 1.2 m。为提高垂直方向上光环境的均匀性，采用"一高一低"的交叉悬挂方式，高处悬挂高度为 2.8 m 左右，低处悬挂高度为 1.4 m 左右。

光环境的自动控制系统需满足蛋鸡不同阶段生理节律需求，以及健康高效生产的光谱、光照度和光周期需求。光色和光照度可调。光可以模拟自然光照渐明渐暗，以保证舍内光环境均匀。

《 模块 5 - 清粪系统 》

鸡舍采用传送带式清粪机进行清粪，由纵向、横向、斜向清粪履带，清粪动力和控制系统组成。鸡粪由传送带运输到端部，经端部刮板刮落后，由底部的横向传送带运输到出粪间的鸡粪运输车中，运往粪污处理区。

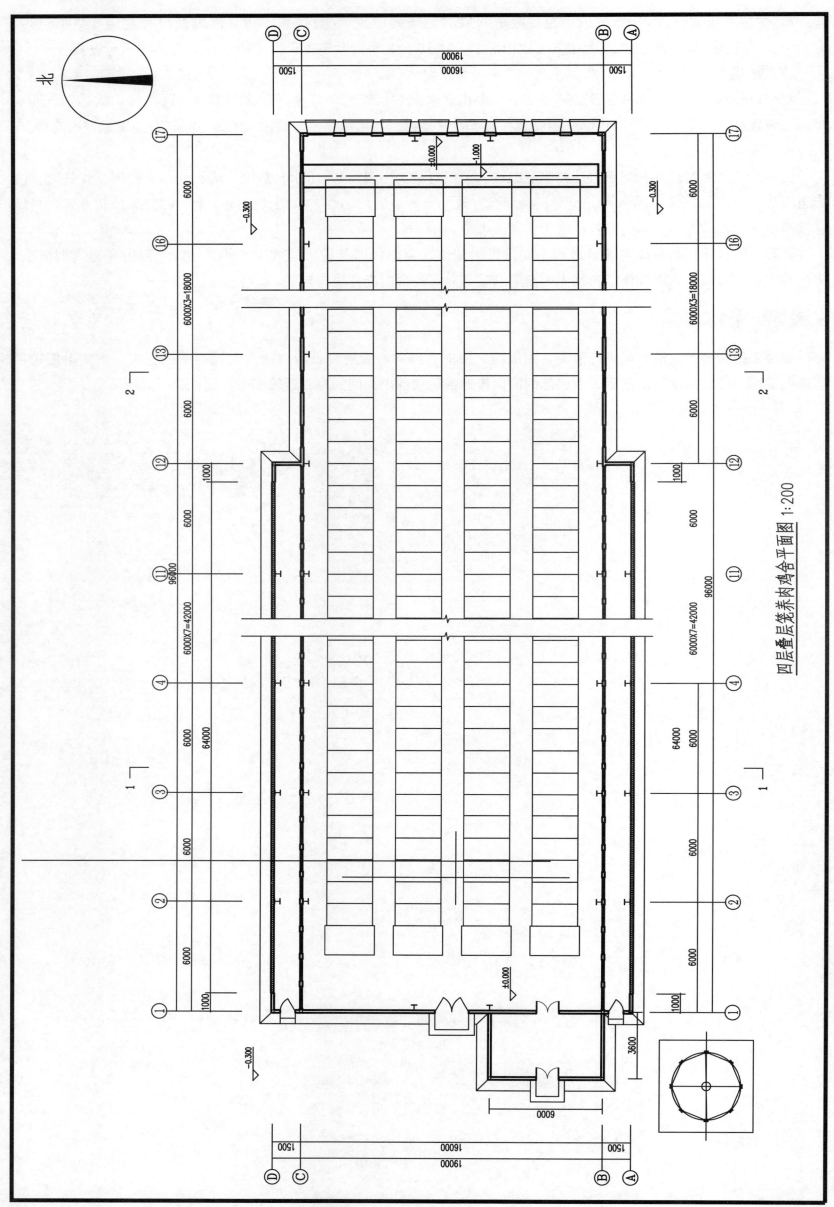

四层叠层笼养肉鸡舍平面图 1:200

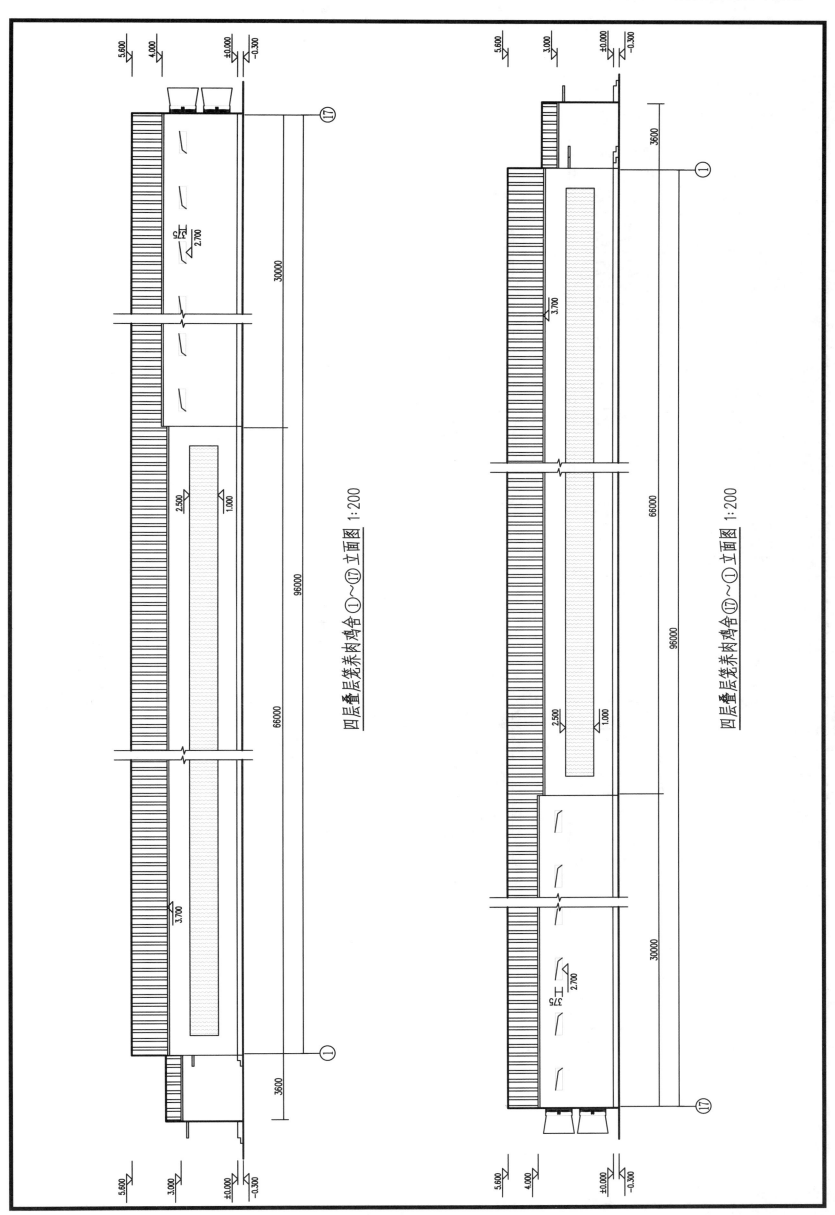

四层叠层笼养肉鸡舍①~⑰立面图 1:200

四层叠层笼养肉鸡舍⑰~①立面图 1:200

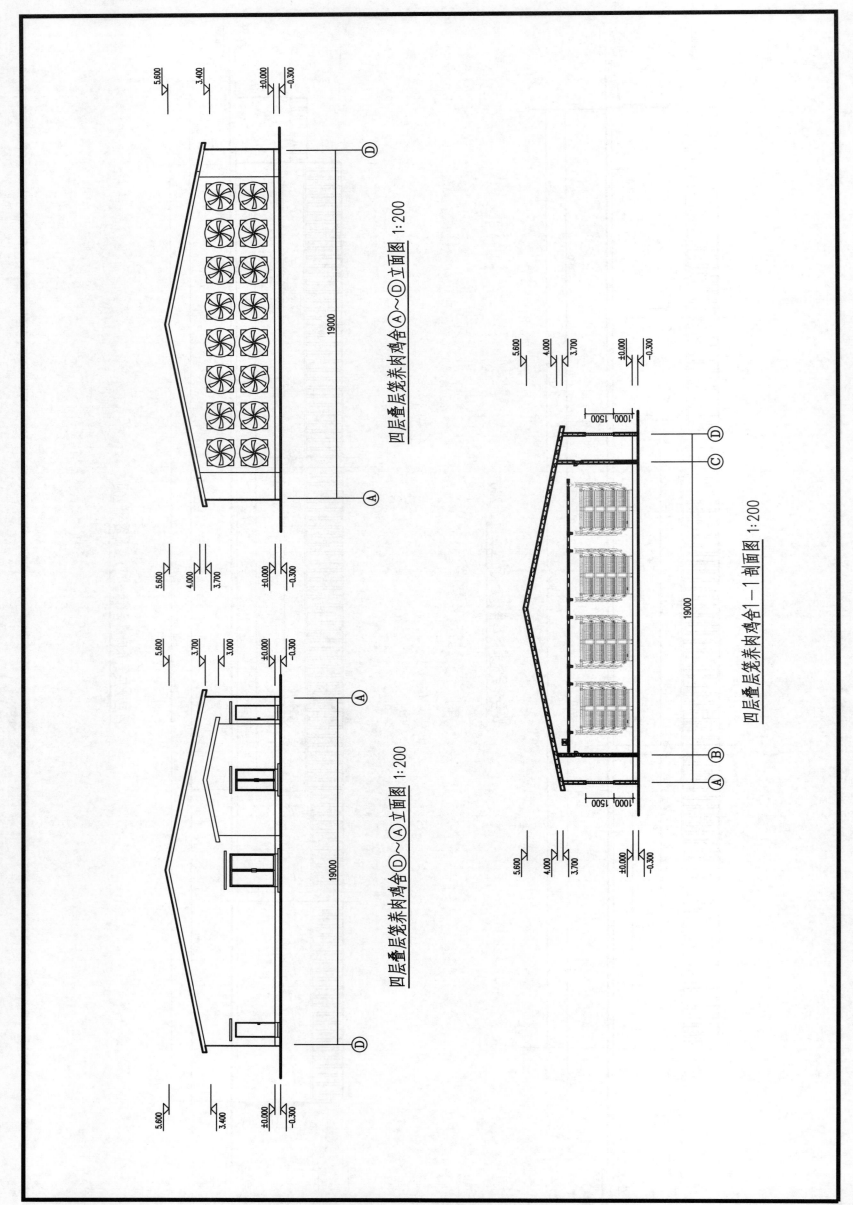

四层叠层笼养肉鸡舍 Ⓐ～Ⓓ立面图 1:200

四层叠层笼养肉鸡舍 Ⓓ～Ⓐ立面图 1:200

四层叠层笼养肉鸡舍1-1剖面图 1:200

2.9 模块化装配式八层叠层笼养肉鸡舍

2.9.1 鸡舍概述

模块化装配式八层叠层笼养肉鸡舍，单栋饲养 10 万只白羽肉鸡，饲养周期为 0～42 日龄，采用全进全出饲养模式。鸡舍为全密闭式，采用八层叠层笼养工艺，4 列 5 走道布置形式。肉鸡舍采用纵墙湿帘山墙排风系统，有利于降低舍内温差，使鸡舍内环境更加均匀。

以下分工艺、饲养设备、鸡舍建筑、环控系统和清粪系统 5 个模块展开详细介绍。

2.9.2 模块说明

《《 **模块 1-工艺** 》》

肉鸡舍饲养周期为 0～42 日龄，育雏育成一体。平均每只鸡的笼位面积为 520 cm²，饲养密度为 19 只/m²。鸡舍为全密闭式，采用叠层式笼养模式，4 列 5 走道布置，总笼位数为 101 376 个。整舍全进全出，清扫、消毒、空舍时间不低于 14 d。

《《 **模块 2-饲养设备** 》》

（1）笼具设备

舍内共有笼架 288 组，每列 72 组，单组笼架长度为 1.2 m、宽度为 2.1 m、高度为 2.8 m，每个笼架共包括上下 4 层、左右两边共 8 个鸡笼，单个鸡笼尺寸为长 1.2 m、宽 0.95 m、层高 775 mm，其中每层笼高 500 mm，可自动出鸡。每组间采用带孔的镀锌板作为隔板。

（2）饲喂设备

鸡舍采用自动喂料系统，由贮料塔、输料机、行车式喂料机和料槽组成。从进鸡开始，料槽和采食盘联合应用，每天至少填料 3 次。4 日龄开始向完全使用料槽过渡，先撤出 1/3 采食盘，6 日龄再撤出 1/3，7 日龄时采食盘全部撤出。采食料槽采用热镀锌板成型，为深 V 形，内侧设置调节板和挡鸡线，可根据肉鸡生长状况及体型调整采食高度。鸡舍的一端配备 2 个贮料塔，由材料为 1.5 mm 厚的镀锌钢板冲压而成。选用的贮料塔容量为 49.1 m³，直径为 3 669 mm，3 层，支腿数量为 8 个，总高度为 8 032 mm。输料机选用螺旋式输料机。行车式喂料机主要由牵引驱动部件、料仓、落料管等组成，牵引驱动部件安装于行车轨道一端，电机减速器通过驱动轮、钢丝绳牵引料仓沿轨道运行来完成喂料作业，配置匀料器保证下料均匀。

（3）饮水设备

鸡舍采用自动饮水系统，由饮水乳头、水管、减压阀或水箱组成，还配置加药器。乳头由阀体、阀芯和阀座等组成。阀座和阀芯由不锈钢制成。水管高度可调，水管下方为 V 形水槽。乳头出水量可根据蛋鸡的日龄逐步调整。每层鸡笼设有 2 条水线，水线长度为 130 m。每 5 只鸡配 1 个乳头或水杯，乳头高度与雏鸡头部持平，水杯高度与雏鸡背部持平。每周对水线进行冲洗。

《《 **模块 3-鸡舍建筑** 》》

（1）建筑结构

鸡舍建筑构造采用现场装配式，为单跨双坡型门式刚架结构，梁、柱等截面采用工字钢，檩条、墙梁为冷弯卷边 C 形钢，具体做法见本书"模块化装配式畜禽舍结构设计说明"部分内容。鸡舍总长度 96 m，跨度 16 m，两侧湿帘间宽度均为 1.5 m，开间 6 m，檐口高度 7.2 m，脊高 9.1 m，屋面坡度 20%，散水宽度 0.6 m。地面为水泥砂浆平地面，基础为独立基础。

（2）围护结构

围护结构材料选用防火保温性能好的彩钢夹心板，最低热阻值及装配搭接方式见本书"模块化装配式禽舍建筑外围护结构说明"部分内容。屋面及墙面厚度为 150 mm，屋脊屋顶板缝隙不大于 50 mm，里外做双层脊瓦，中间空隙采用聚氨酯发泡胶做密封填充处理。

《 **模块4-环控系统** 》

鸡舍采用全密闭方式，配有自动化环境控制系统。环控系统主要包括通风系统、加热系统和光照系统。

（1）通风系统

通风模式见本书"模块化装配式禽舍通风系统配置说明"部分内容。两侧墙湿帘长度均为 64 m，湿帘高度 2 m，两湿帘间共设置 220 套进风小窗，湿帘间后端侧墙共设置 30 套进风小窗，进风窗尺寸均为 800 mm×375 mm。带拢风筒的负压风机集中安装在山墙上，共 32 台，每台叶轮直径为 1 400 mm，分 2 排对称设置。

（2）加热系统

鸡舍供暖系统采用热水散热器加热系统，主要由热水锅炉、管道和散热器 3 部分组成。选用柱式散热器，进水口温度设置在 60～70 ℃。

（3）光照系统

光照系统由照明灯具和光照自动控制器组成。照明灯具为 LED 灯，防水、防尘、防氨气，无频闪。灯具沿舍内走道安装，每列分上下 2 部分布置，每部分 73 个，间距 1.2 m。为提高垂直方向上光环境的均匀性，每部分均采用"一高一低"的交叉悬挂方式。下部高处悬挂高度为 2.8 m 左右，低处悬挂高度为 1.4 m 左右；上部高处悬挂高度为 6.3 m 左右，低处悬挂高度为 4.9 m 左右。

光环境的自动控制系统需满足蛋鸡不同阶段生理节律需求，以及健康高效生产的光谱、光照度和光周期需求。光色和光照度可调。光可以模拟自然光照渐明渐暗，以保证舍内光环境均匀。

《 **模块5-清粪系统** 》

鸡舍采用传送带式清粪机进行清粪，由纵向、横向、斜向清粪履带，清粪动力和控制系统组成。鸡粪由传送带运输到端部，经端部刮板刮落后，由底部的横向传送带运输到出粪间的鸡粪运输车中，运往粪污处理区。

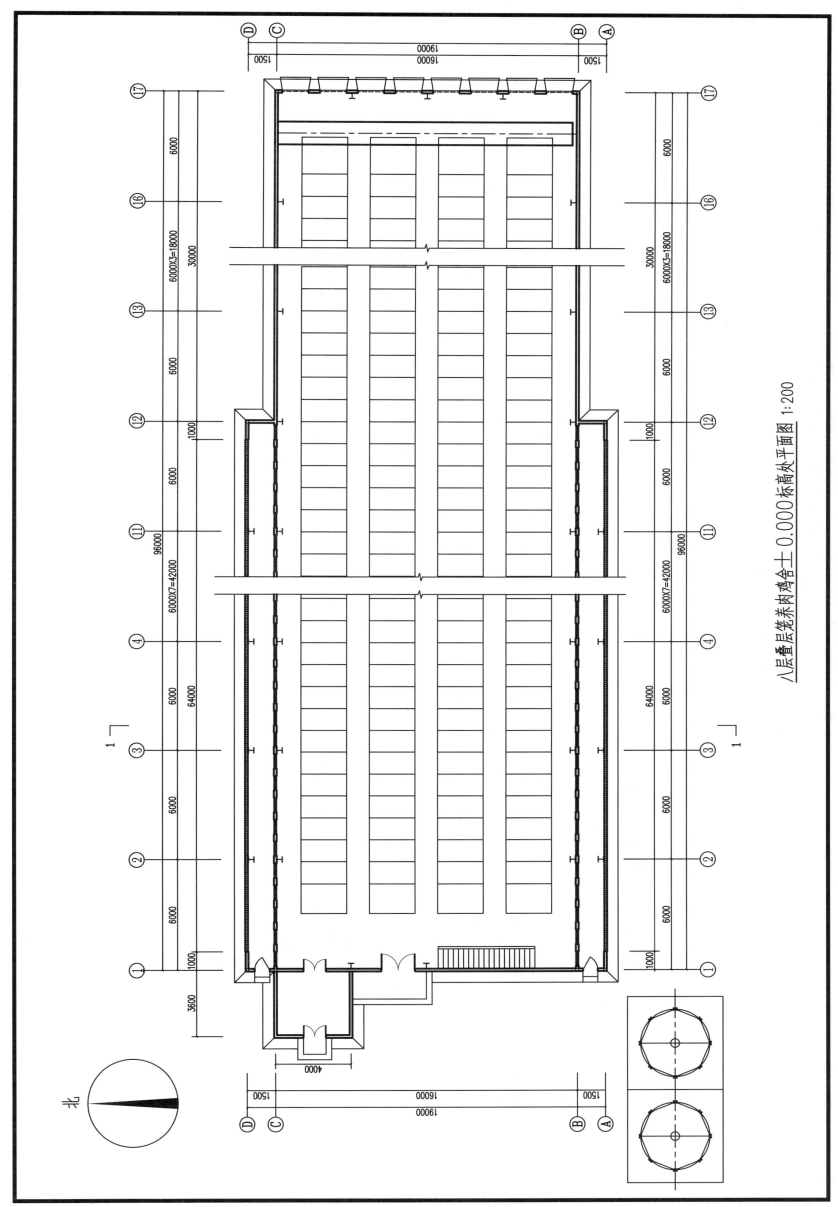

八层叠层笼养肉鸡舍±0.000标高处平面图 1:200

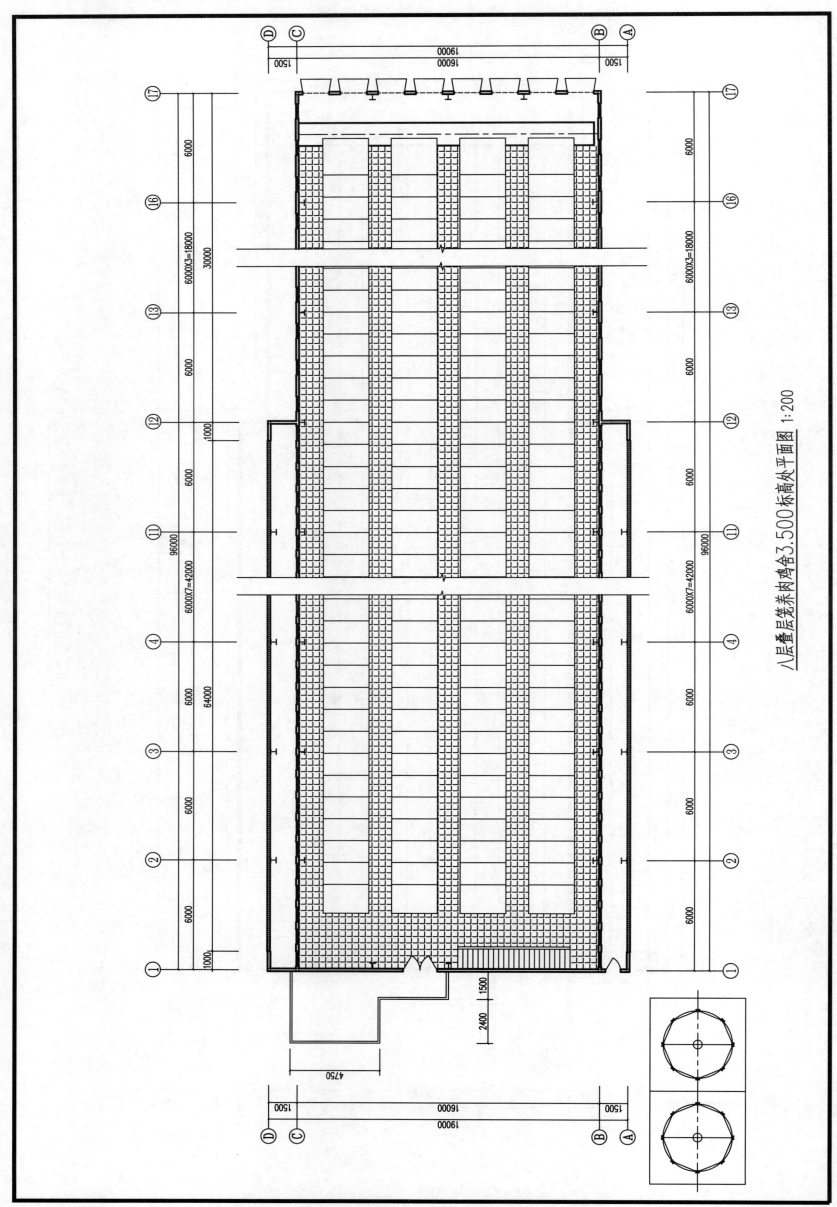

八层叠层笼养肉鸡舍3.500标高处平面图 1:200

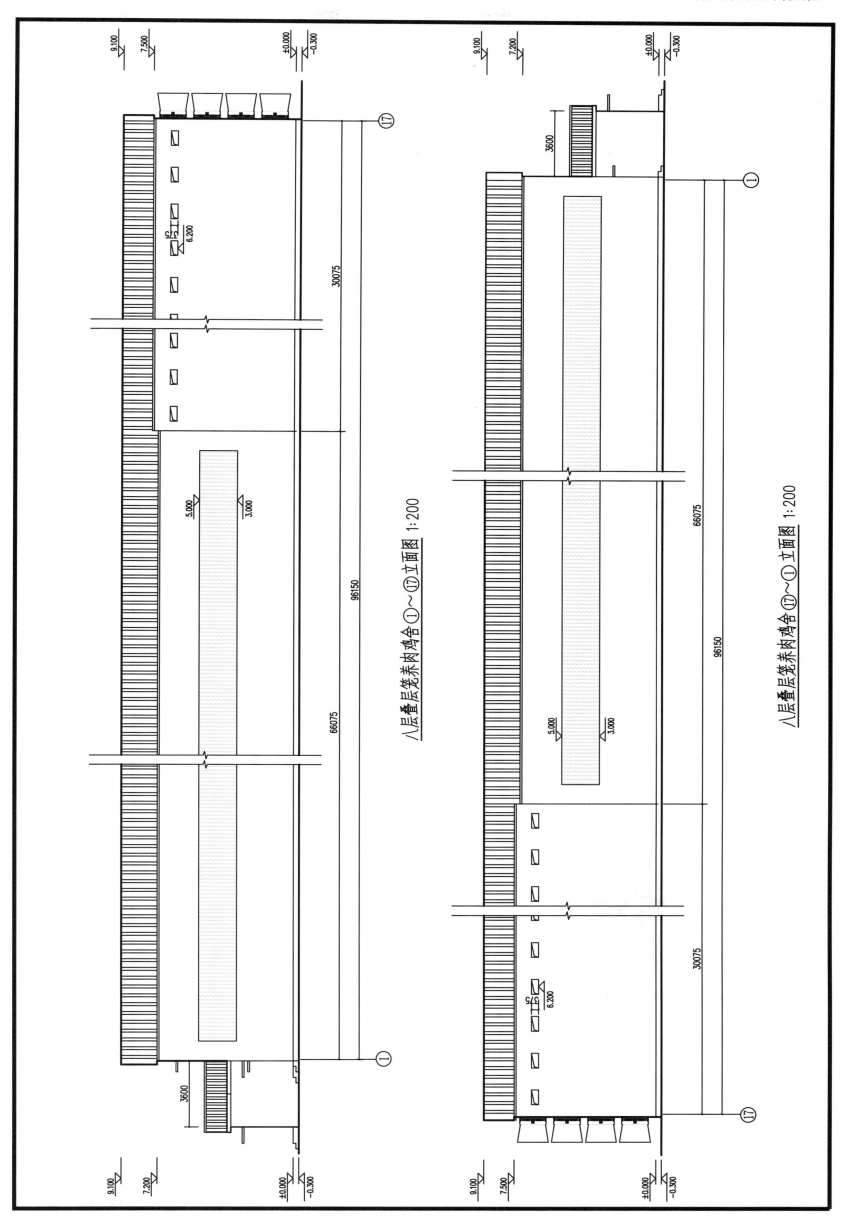

八层叠层笼养肉鸡舍 ①～⑰立面图 1:200

八层叠层笼养肉鸡舍 ⑰～①立面图 1:200

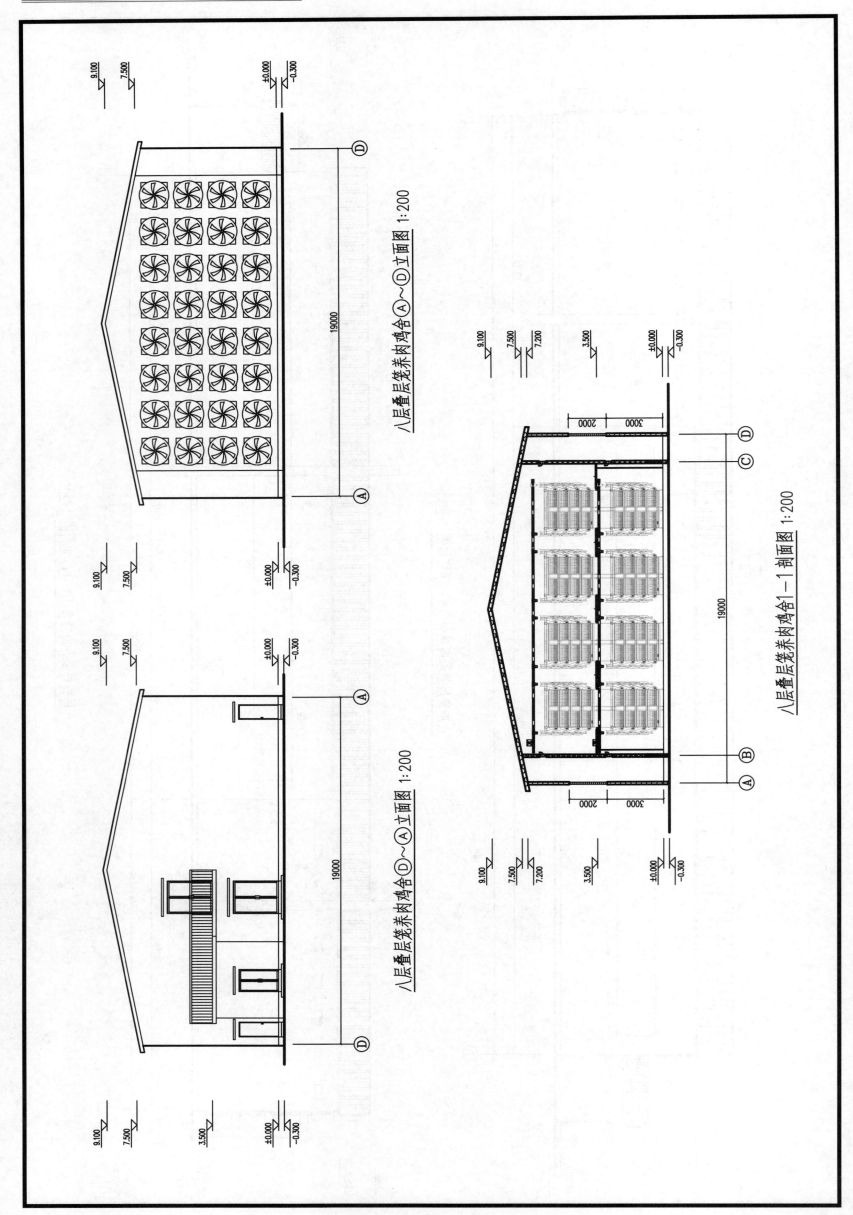

八层叠层笼养肉鸡舍Ⓐ~Ⓓ立面图 1:200

八层叠层笼养肉鸡舍Ⓓ~Ⓐ立面图 1:200

八层叠层笼养肉鸡舍1-1剖面图 1:200

2.10 模块化装配式肉鸭舍

2.10.1 鸭舍概述

模块化装配式肉鸭舍，单栋饲养3万只以上肉鸭，采用全进全出饲养模式。鸭舍为全密闭式，采用四层叠层笼养工艺，5列6走道布置形式。鸭舍采用叠层笼养能有效改善肉鸭生活环境，提高肉鸭成活率，减少疾病发生率，降低养殖成本。

以下分工艺、饲养设备、鸭舍建筑、环控系统和清粪系统5个模块展开详细介绍。

2.10.2 模块说明

《《 **模块1-工艺** 》》

肉鸭舍饲养周期为0～52日龄，其中0～7日龄的饲养密度为48只/m²，8～52日龄的饲养密度为16只/m²。鸭舍为全密闭式，7列8走道布置，总鸭位数为31 200个。鸭舍采用全进全出养殖模式，清扫、消毒、空舍时间为3～5 d。

《《 **模块2-饲养设备** 》》

（1）笼具设备

鸭舍采用四层叠层式笼养饲养系统。舍内共有笼架455组，每列65组，单组笼架长度为1.35 m、宽度为1.1 m、高度为2.954 m，笼具尺寸为长1.35 m、宽1.1 m、高0.49 m，第一层笼网距离地面0.3 m，其余上下层笼具间距为0.2 m。

（2）饲喂设备

鸭舍采用自动喂料系统，由贮料塔、输料机、行车式喂料机和料槽组成。鸭舍采用免育雏打料的育雏网门，从首日龄雏鸭开始就使用料槽进行饲喂。料槽采用热镀锌板成型，为平底U形，内侧设置调节板和育雏挡网，可根据肉鸭生长状况及体型调整采食高度。鸭舍的一端配备一个贮料塔，由材料为1.5 mm厚的镀锌钢板冲压而成。贮料塔的容量为6.3 m³，直径为1.8 m，2层，支腿数量为4个，总高度为4.58 m。输料机选用螺旋式输料机。行车式喂料机主要由牵引驱动部件、料仓、落料管等组成，牵引驱动部件安装于行车轨道一端，电机减速器通过驱动轮、钢丝绳牵引料仓沿轨道运行来完成喂料作业，配置匀料器保证下料均匀。

（3）饮水设备

鸭舍采用自动饮水系统（图2-10-1），由饮水乳头、水管、减压阀或水箱组成，还配置加药器。乳头由阀体、

图2-10-1 乳头饮水系统和加药系统

阀芯和阀座等组成。阀座和阀芯由不锈钢制成。水管高度可调，水管下方为接水杯。每层鸭笼设有1条水线，乳头出水量可根据肉鸭的日龄逐步调整。每5只鸭配1个乳头或水杯，乳头高度与鸭头部持平，水杯高度与雏鸭背部持平。每周对水线进行冲洗。

《 模块3-鸭舍建筑 》

（1）建筑结构

鸭舍建筑构造采用现场装配式，为单跨双坡型门式钢架结构，梁、柱等截面采用工字钢，檩条、墙梁为冷弯卷边C形钢，具体做法见本书"模块化装配式畜禽舍结构设计说明"部分内容。鸭舍总长度99m，跨度12m，两侧湿帘间宽度均为1.5m，开间6m，檐口高度3.6m，脊高5.1m，屋面坡度17%，散水宽度0.6m。地面为水泥砂浆平地面，基础为独立基础。

（2）围护结构

围护结构材料选用防火保温性能好的彩钢夹心板，最低热阻值及装配搭接方式见本书"模块化装配式禽舍建筑外围护结构说明"部分内容。屋面及墙面厚度为150mm，屋脊屋顶板缝隙不大于50mm，里外做双层脊瓦，中间空隙采用聚氨酯发泡胶做密封填充处理。

《 模块4-环控系统 》

鸭舍采用全密闭方式，配有自动化环境控制系统。环控系统主要包括通风系统、加热系统和光照系统。

（1）通风系统

通风模式见本书"模块化装配式禽舍通风系统配置说明"部分内容。侧墙上对称安装进风小窗，共60套进风小窗，建议进风小窗的长度为0.56m，宽度为0.27m。两侧侧墙处对称布置湿帘间，每个湿帘间各安装1块湿帘，每块湿帘长59m、宽1m、厚0.15m。排风端山墙上安装20台负压风机，每台风量38 800 m³/h（图2-10-2）。

（2）加热系统

鸭舍采用燃气加热器供热（图2-10-3）。为保证舍内不同区域的供暖均匀，温度设置在60～80℃，每栋舍配置6～7台（东北地区配置10台）。

图2-10-2　负压风机　　　　　　　　　　图2-10-3　燃气加热器

（3）光照系统

光照系统由照明灯具和光照自动控制器组成。照明灯具为LED灯线或者调光灯泡，防水、防尘、防氨气，无频闪。调光灯泡沿舍内走道安装，每列75个，间距1.2m。为提高垂直方向上光环境的均匀性，采用"一高一低"的交叉悬挂方式，高处悬挂高度为3m左右，低处悬挂高度为1.5m左右。

光环境的自动控制系统需满足、肉鸭不同阶段生理节律需求，以及健康高效生产的光谱、光照度和光周期需求。

光色和光照强度可调。光可以模拟自然光照渐明渐暗，以保证舍内光环境均匀。

《《 **模块 5–清粪系统** 》》

  鸭舍采用传送带式清粪机进行清粪，由纵向传送带、横向绞龙清粪带，清粪动力和控制系统组成。鸭粪由传送带运输到端部，经端部刮板刮落后，由底部的横向绞龙运输到出粪间直接装车，运往粪污处理区。

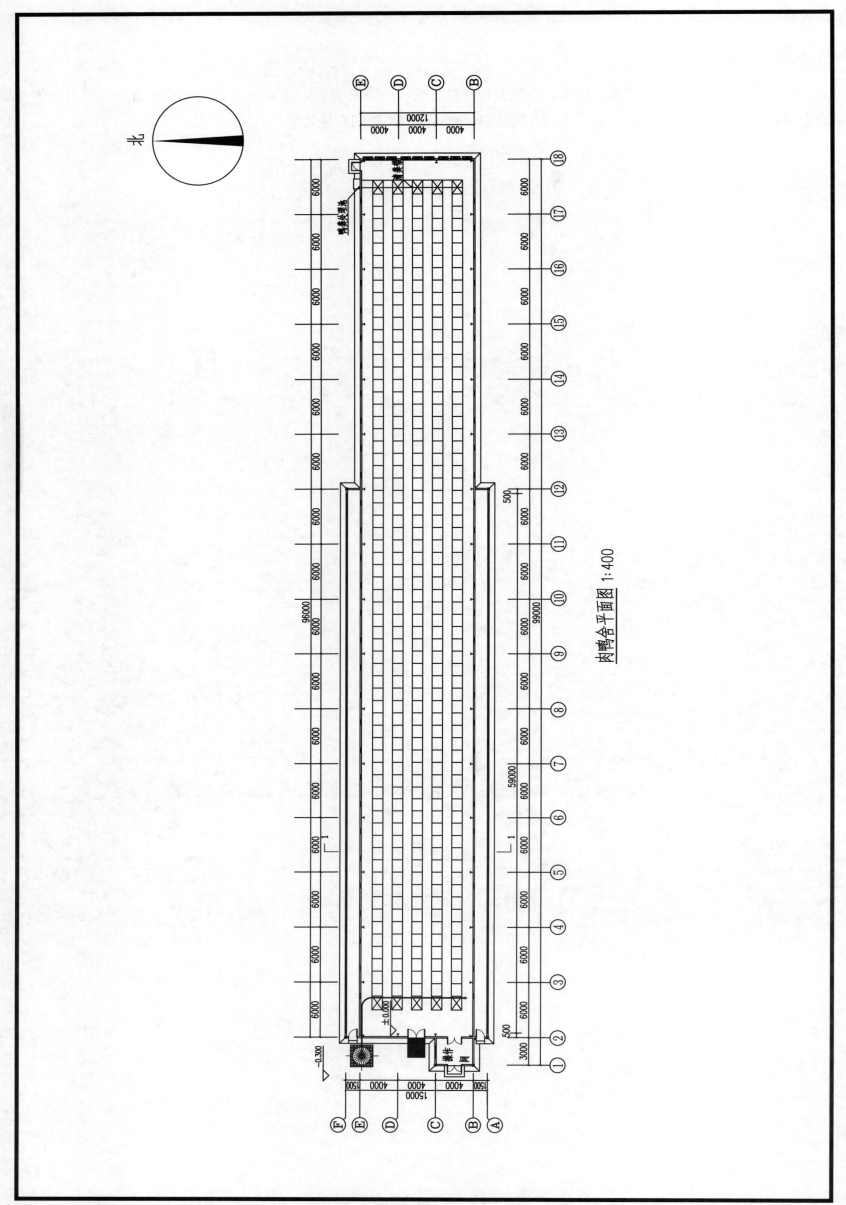

肉鸭舍平面图 1:400

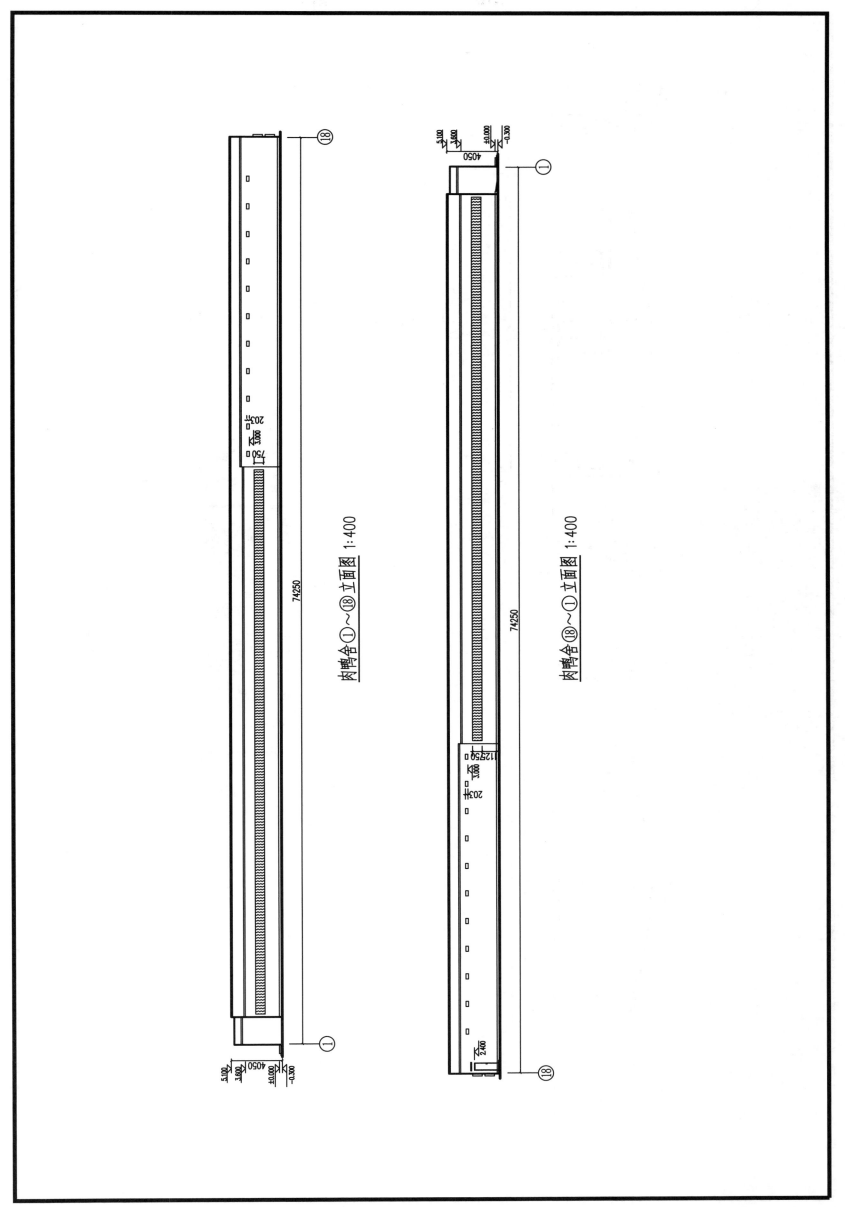

肉鸭舍①~⑱立面图 1:400

肉鸭舍⑱~①立面图 1:400

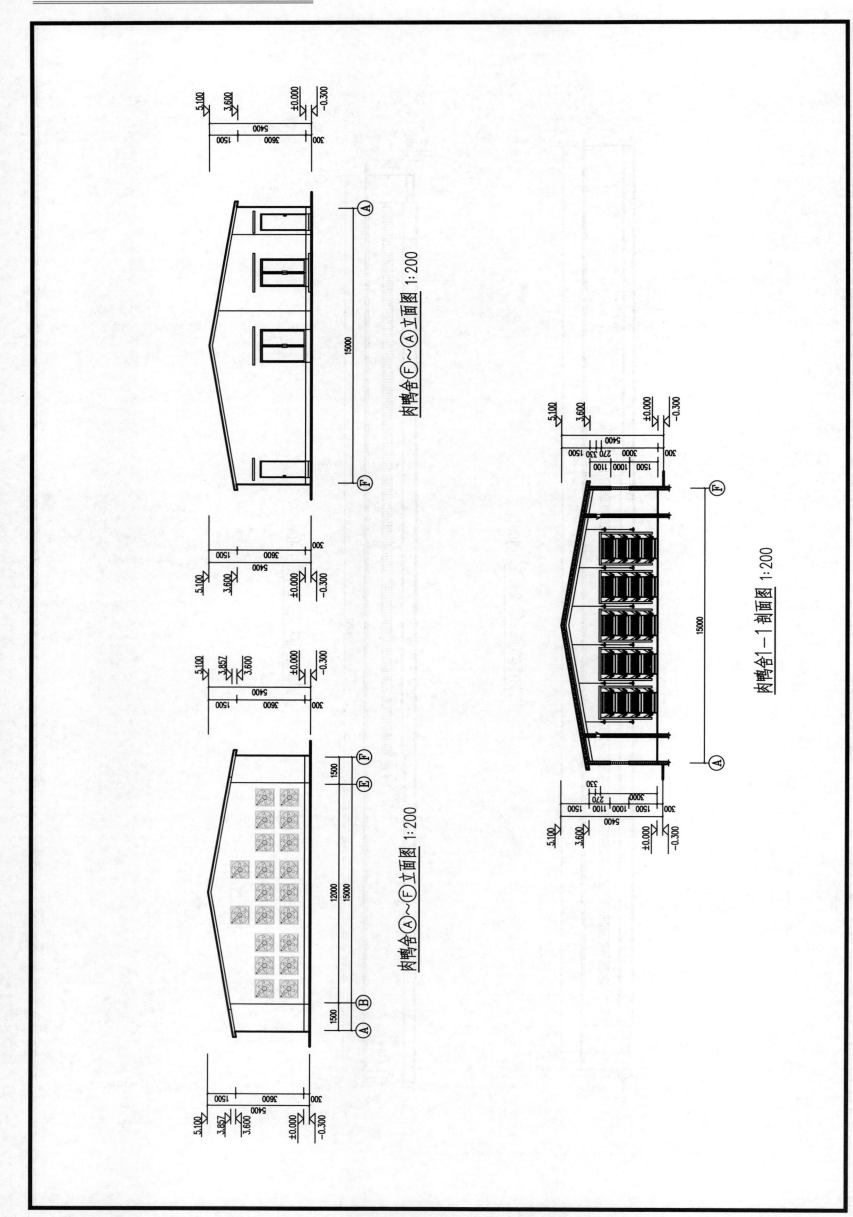

肉鸭舍 F~A 立面图 1:200

肉鸭舍 A~F 立面图 1:200

肉鸭舍 1—1 剖面图 1:200

3 模块化装配式牛羊舍建筑与热环境调控

针对我国牛羊舍普遍存在的冬季舍内温度低、夏季舍内温度高，低屋面横向通风（low profile cross ventilated, LPCV）奶牛舍存在舍内湿度高、有害气体浓度高等问题。该装配式系列牛羊舍建筑方案，围绕我国牛羊舍建筑的围护结构与通风系统的标准化设计方法，对牛羊舍建筑与热环境调控技术进行研发及应用示范，主要特点有：

（1）优化了 LPCV 奶牛舍的通风系统

在 LPCV 奶牛舍中设计了导流板安装位置及角度的优化方案，优化了颈枷下矮墙高度尺寸，提高了奶牛舍内牛群高度处的平均风速和气流均匀性，为我国 LPCV 奶牛舍的优化设计、改造和环境调控提供技术支撑。

（2）完善了开放式牛舍的围护结构设计

在开放式牛舍中提出了矮侧墙和卷帘的优化方案，增加了矮墙的高度并优化了保温性能，提高了保温卷帘的热阻值，提升了冬季牛舍内温度，可避免北方地区牛舍冬季地面易结冰的现象发生。在开放式牛舍中提出了檐口的优化方案，根据太阳高度角的计算延长了出檐距离，在炎热天气时避免白天阳光直射至牛床处，减缓奶牛的热应激问题，从而改善其生产性能，为我国北方地区牛舍矮墙、卷帘和檐口设计方法提供依据。

（3）改良了开放式牛舍的通风系统

在开放式牛舍中采用冷风机和纤维风管组成的主动送风系统，优化了舍内局部小气候环境，提高了牛舍卧床处的平均风速和气流均匀性，改善了通风效率，降低了舍内温度，提升了牛体舒适性，对奶牛生产产生了积极的影响，为研究开发奶牛夏季热应激高效环节技术、改善养殖环境条件提供了技术支撑。

3.1 模块化装配式 LPCV 成乳牛舍

3.1.1 牛舍概述

低屋面横向通风（LPCV）成乳牛舍（图 3-1-1），最早于 2005 年在美国南达科他州建成并投入使用，随后被快速推广到美国其他地区。在北美地区，LPCV 牛舍已经由最初的 8 列卧栏扩展到最宽的 24 列，其中以 12 列和 16 列应用最为广泛。2009 年，第一个 LPCV 牛舍在我国黑龙江原生态牧业建成并投入使用，之后陆续在我国东北、华北、华东等地得到推广应用。2011 年，安徽蚌埠建成了全球最大的奶牛养殖单体牧场，其中成乳牛舍均采用 LPCV 建筑形式，共 8 栋。本牛舍位于山东省日照市，单栋饲养量 2 640 头。本方案广泛适用于华北地区，牛舍建筑采用门式刚架钢结构。为增加舍内奶牛活动区域空气流速，在卧床中间及颈枷上方分别安装导流板，下端距离地面 2 100 mm。侧墙分别设置湿帘、风机，有助于减缓夏季热应激。颈枷下方的矮墙高度不宜超过 200 mm，既可阻挡送料车撒料时饲料进入采食通道，又能提高采食区风速和气流均匀性。本牛舍为全封闭牛舍，全年环境可控，有利于奶牛的健康和生产性能的发挥，提高了饲料投入产出比和利用率，并且节约了牛舍占地面积和建筑成本。

以下分工艺、饲养设备、牛舍建筑、环控系统和清粪系统 5 个模块展开详细介绍。

图 3-1-1 LPCV 牛舍

3.1.2 模块说明

《 模块 1-工艺 》

本图集中，泌乳牛舍采用舍饲散栏饲养工艺，舍内布局为"3 条饲喂通道＋6 列自锁式颈枷＋6 列对头卧床＋12 条清粪通道"，设卧床和颈枷各 2 640 个，设计存栏量为 2 400 头，饲养面积 10.9 m²/头（图 3-1-2）。

图 3-1-2 舍饲散栏饲养模式

《 模块 2 - 饲养设备 》

（1）卧床设备

设置定位对头卧床（图 3-1-3），每个卧床尺寸为 1.2 m×4.8 m，栏架为热镀锌管，垫层为三七灰土，坡度4%。卧床可铺设稻壳、锯末及牛粪再生垫料。舍内共 6 列对头卧床，每列有 60 位卧床 6 组和 40 位卧床 2 组。考虑到奶牛对卧床具有一定的选择性，卧床数量应在奶牛实际存栏量的基础上增加 10%。

图 3-1-3 卧 床

（2）饲喂设备

采用全混合日粮（TMR）饲喂，饲喂通道宽度 5 m。靠近颈枷处的饲喂台面宽 800 mm，表面抹光或铺设瓷砖。每 6 m 设置 8 个颈枷，倾斜安装，每头牛位的颈枷宽 0.75 m，颈枷下方矮墙高 200 mm，厚 200 mm（图 3-1-4）。

图 3-1-4 饲喂通道、颈枷及矮墙

（3）饮水设备

每组卧床两端各配备一个电加热不锈钢饮水槽（图 3-1-5），自动上水。饮水槽尺寸为 4 000 mm×600 mm×700 mm。

图 3-1-5 饮水槽

《 模块 3-牛舍建筑 》

（1）建筑结构

牛舍建筑构造采用现场装配式，具体做法见本书"模块化装配式畜禽舍结构设计说明"部分内容。本图集中，牛舍长度 334 m，跨度 93 m，面积 31 062 m²，开间 6 m，檐口高度 4.5 m，脊高 6.8 m，屋面坡度 1/20，挑檐 1.6 m。地面为水泥砂浆平地面，基础为独立基础。

（2）围护结构

围护结构材料选用防火保温性能好的彩钢夹芯板，夹芯材料推荐选用聚氨酯或岩棉加聚氨酯封边，板材拼接方式要保证气密性，采用暗扣隐蔽式搭接。屋面及墙面厚度为 150 mm，屋脊屋顶板缝隙不大于 50 mm，里外做双层脊瓦，中间空隙采用聚氨酯发泡胶做密封填充处理。北侧墙采用 300 mm 厚现浇混凝土墙，墙高 0.4 m，矮墙上部安装 1.1 m 和 2.5 m 高上下 2 部湿帘，湿帘上部采用 100 mm 厚双层压型玻璃丝棉卷毡彩钢板封闭。南侧墙采用 300 mm 厚现浇混凝土墙，墙高 0.4 m，矮墙上部安装风机，其他部位采用 100 mm 厚双层压型玻璃丝棉卷毡彩钢板封闭。山墙采用 300 mm 厚现浇混凝土墙，墙高 0.4 m，墙上采用 100 mm 厚双层压型玻璃丝棉卷毡彩钢板，设置 15 扇卷帘门。坡道、散水及饲喂、采食、清粪、挤奶通道地面采用水泥砂浆抹平，下设山皮石垫层。

《 模块 4-环控系统 》

牛舍环控系统主要包括夏季通风系统、冬季保温系统和光照系统。

（1）夏季通风系统

夏季炎热时，启用湿帘-风机降温系统。在南侧墙上安装有负压风机，每榀配备 3 个 54 寸风机，风机扇叶转速为 400 r/min，输入功率为 1.1 kW，风量为 43 000 m³/h，共 162 个风机，风机采用带有拢风筒的玻璃钢风机。在北侧墙上安装有一排湿帘，每块湿帘厚 150 mm、高 3.5 m、长 11.7 m，波纹高度 7 mm，波纹角度 60°，共 14 块，由室外的湿帘水池供水。夏季降温保证恒温牛舍的密闭性，有利于提升负压通风的效率。

在卧床处和颈枷处添加导流板（图 3-1-6）。导流板下方距地面高 2.1 m，使气流从奶牛活动区经过，可提高奶牛活动区的风速和气流均匀性，有效降低奶牛体感温度，提高舒适性，缓解热应激问题。

（2）冬季保温系统

在冬季温度较低时，应减少门窗洞口开启导致的冷风渗透，同时保证合适的通风，以排出舍内水汽，防止舍内湿度过大。

---

* 54 寸风机，通常指 54 英寸风机，英寸（in）为我国非法定计量单位，1 in≈2.54 cm。全书风机同此。——编者注

图 3-1-6　导流板

（3）光照系统

牛舍内使用 LED 进行补光，保证舍内光照度不低于 100 lx，也可适当补充一些红光。

《 模块 5 -清粪系统 》

牛舍采用刮板清粪（图 3-1-7）。舍内清粪通道宽 3.5 m，半舍长设置 1 套刮板，刮板速度 4 m/min，刮板高度 210 mm，最大刮粪量 6 t，全舍共设置 12 套刮板。舍内设置 2 道粪沟，分别位于中间挤奶通道的西侧和整舍的最东端。粪沟宽为 0.8 m，与采食通道和饲喂通道相交处地面设置篦子，其余部分位于地下。

图 3-1-7　舍内刮板清粪系统

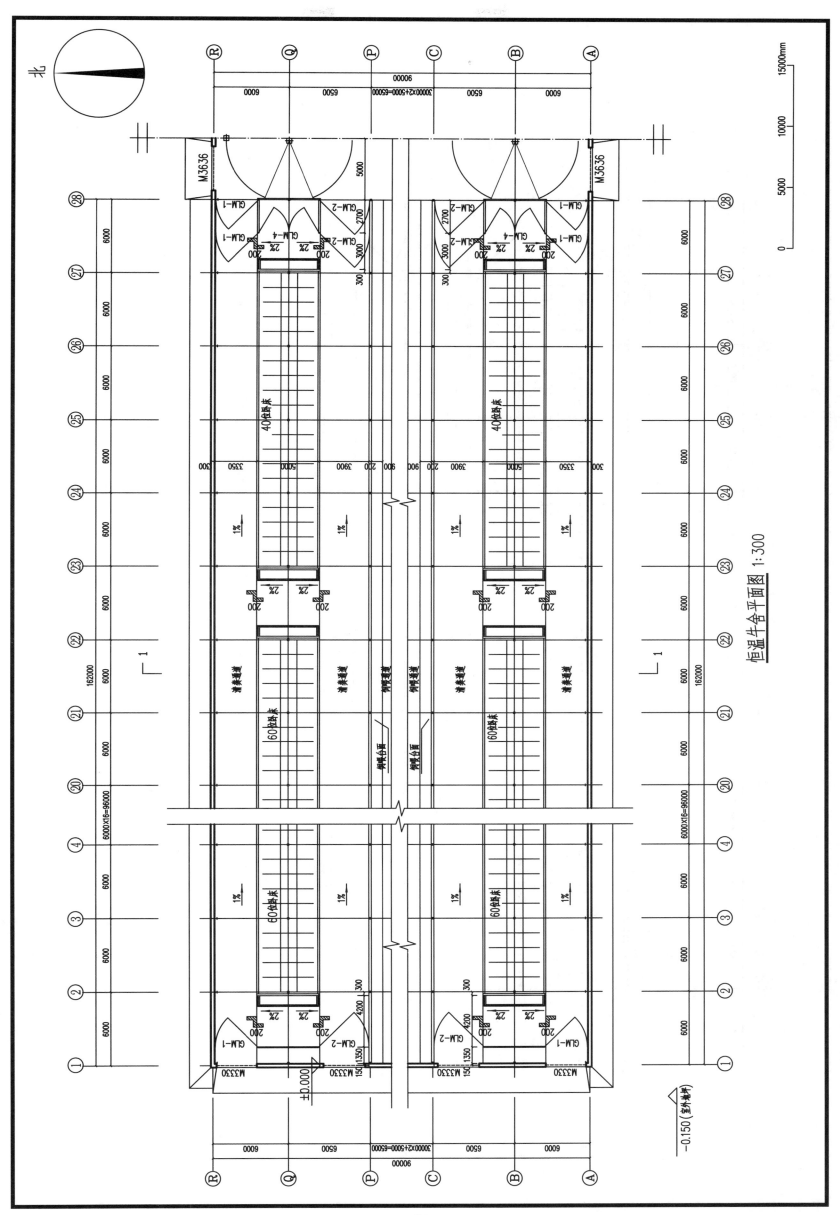

恒温牛舍平面图 1:300

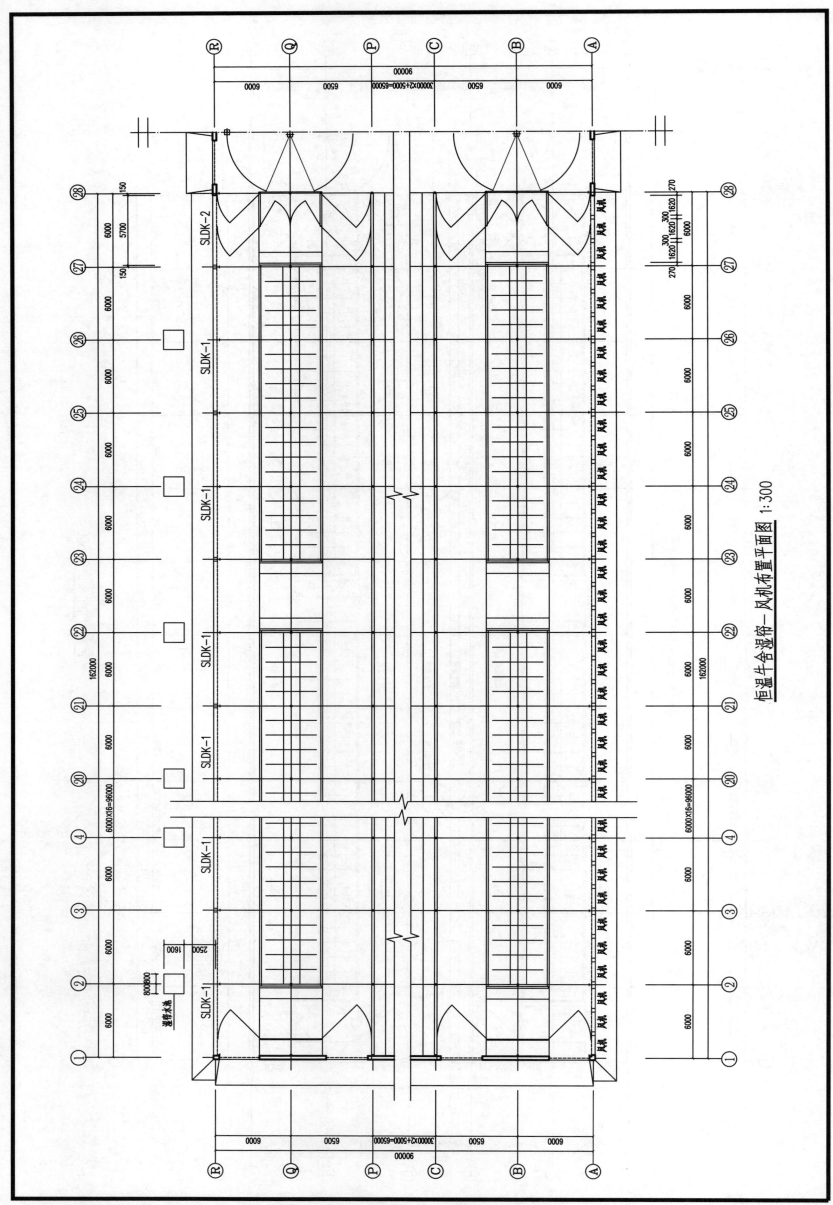

恒温牛舍湿帘—风机布置平面图 1:300

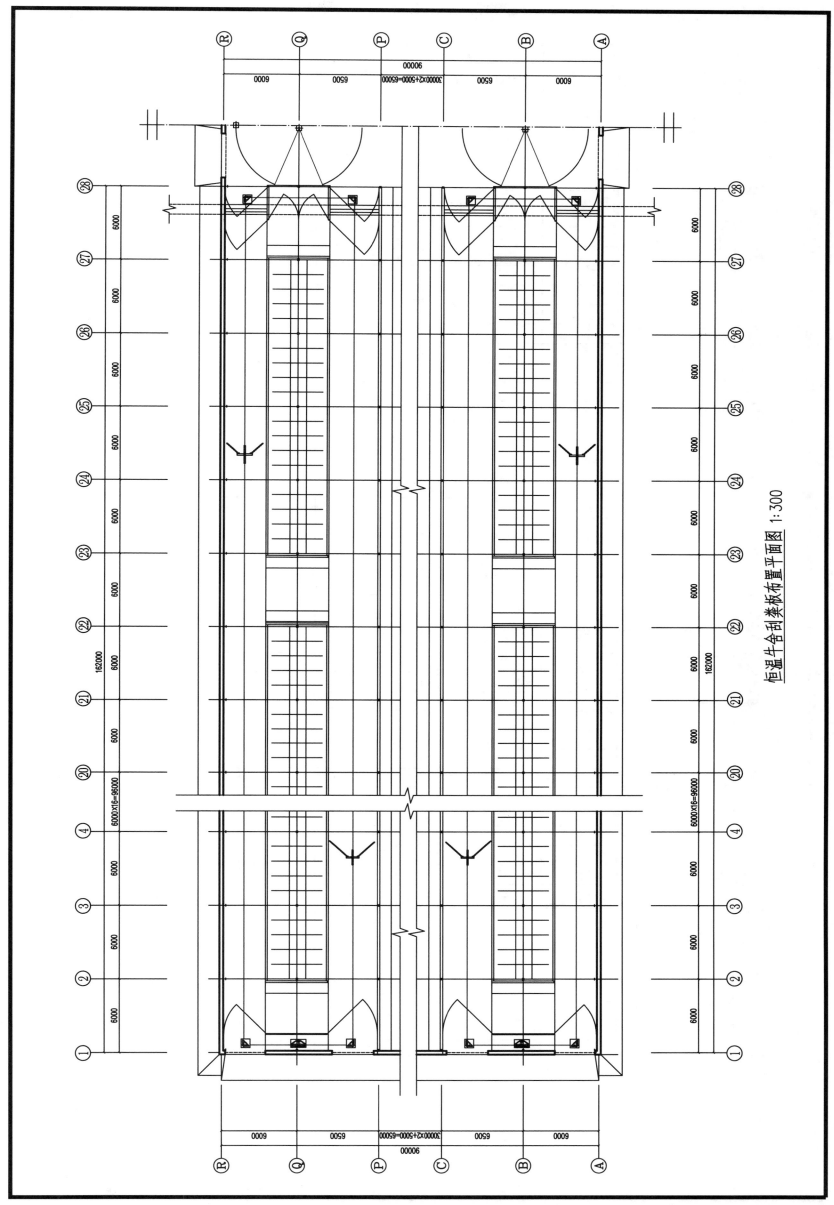

恒温牛舍刮粪板布置平面图 1:300

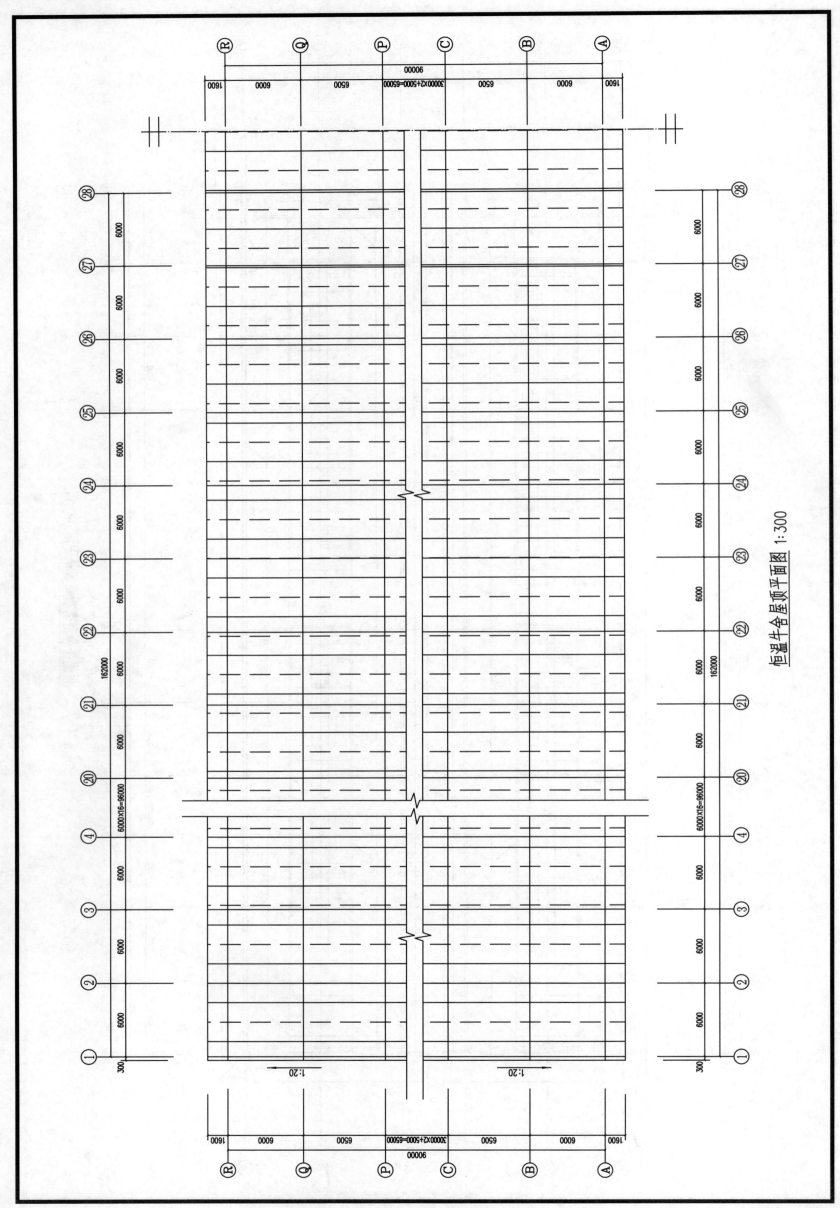

恒温牛舍全屋顶平面图 1:300

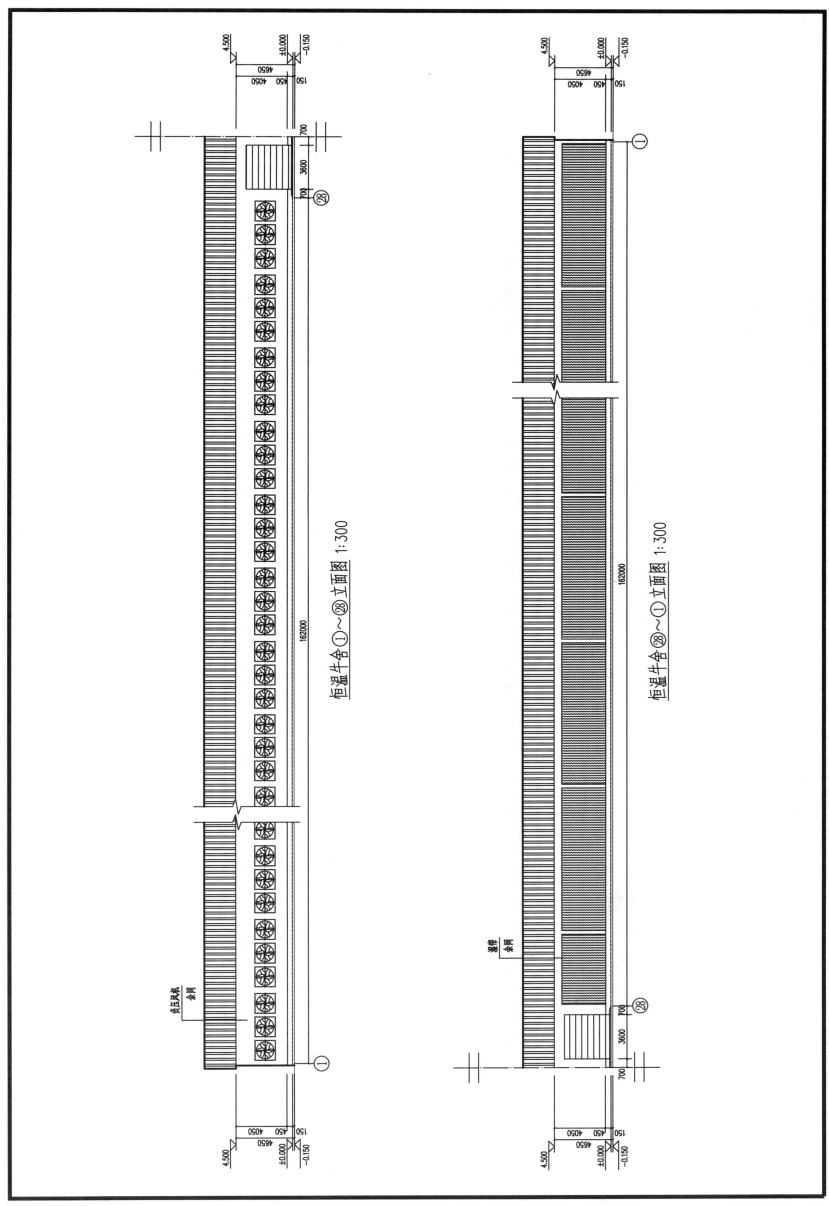

恒温牛舍①～㉘立面图 1:300

恒温牛舍㉘～①立面图 1:300

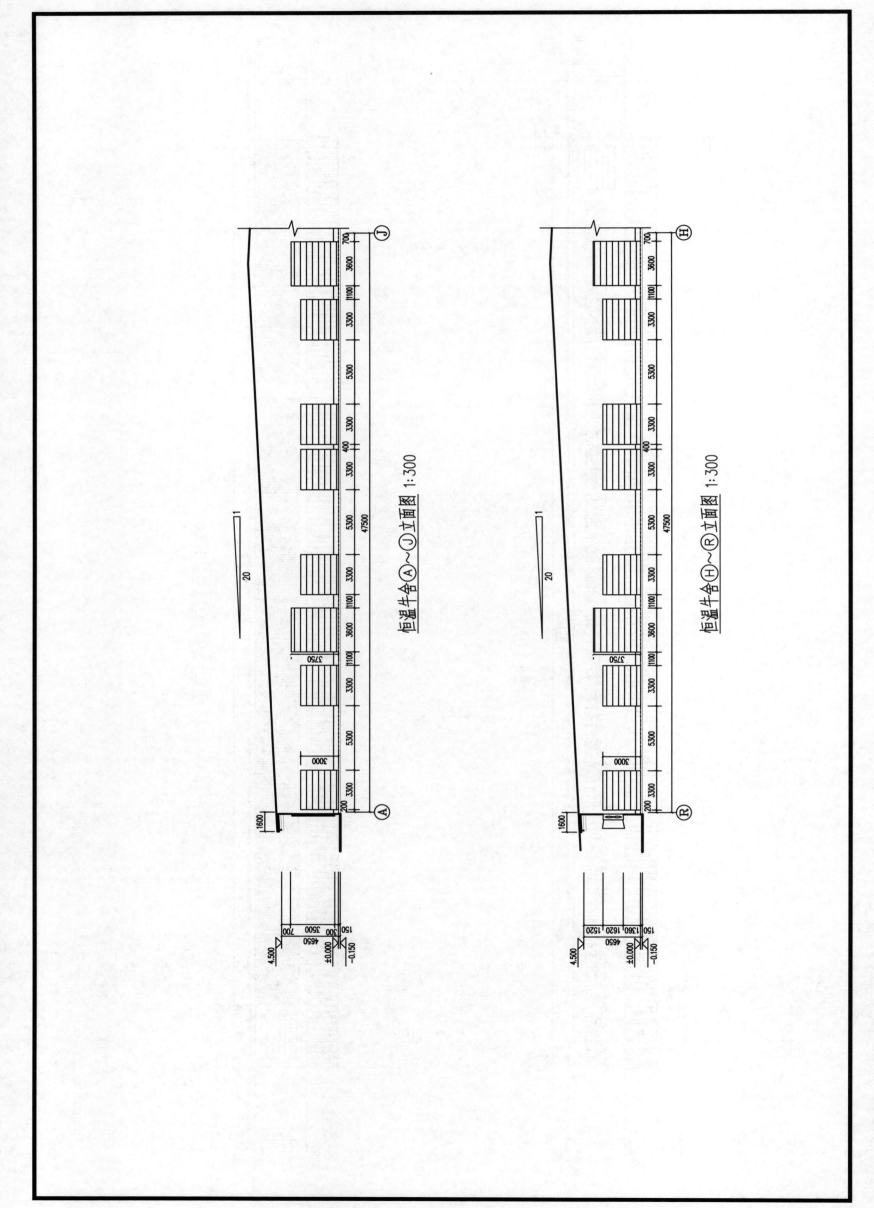

恒温牛舍 Ⓐ~Ⓙ 立面图 1:300

恒温牛舍 Ⓗ~Ⓡ 立面图 1:300

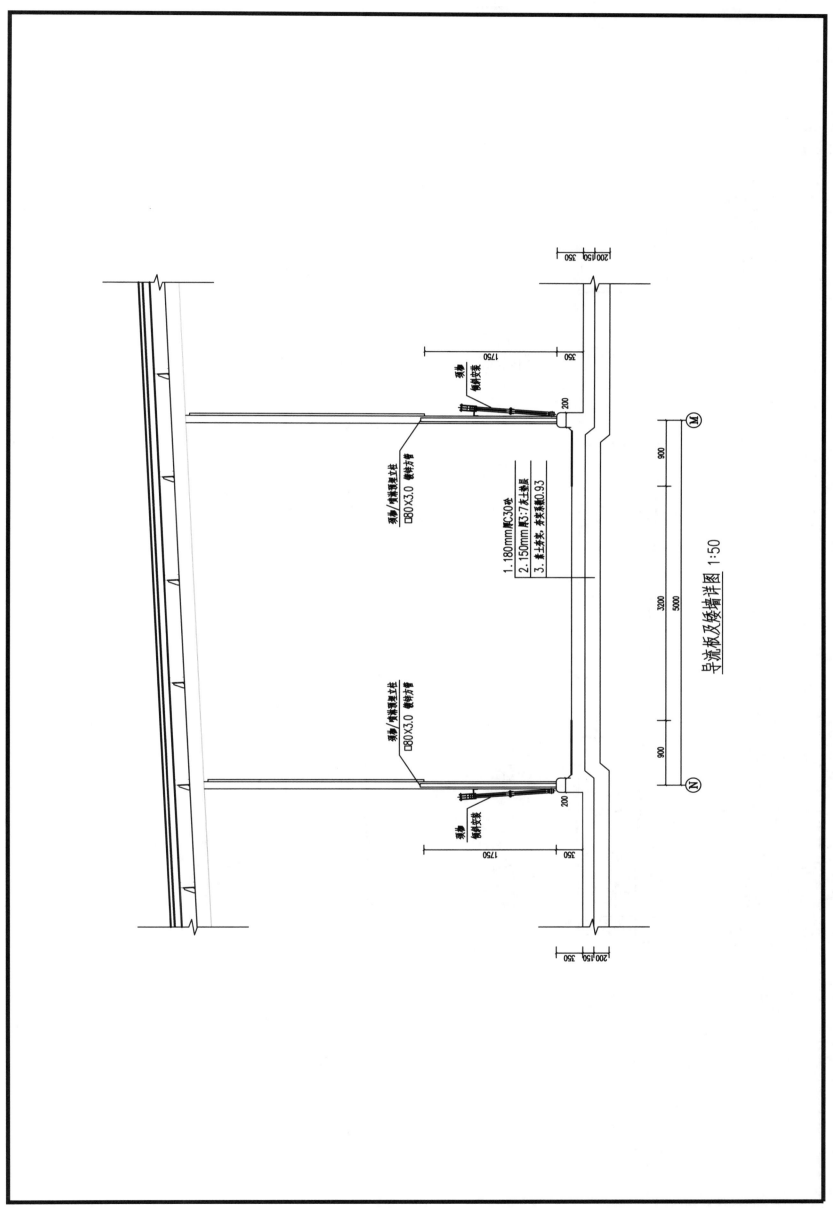

导流板及矮墙详图 1:50

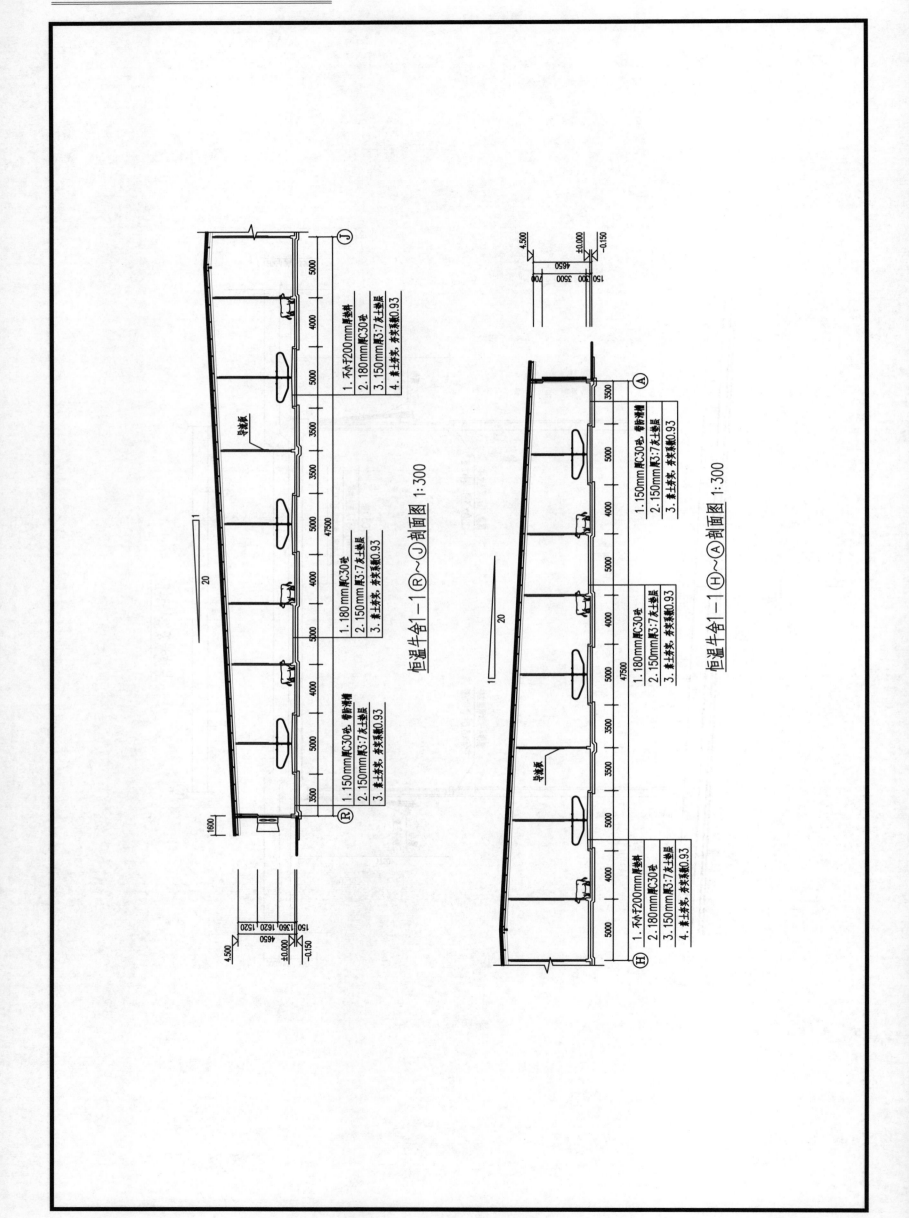

恒温牛舍1-1 ⑧～Ⓙ剖面图 1:300

恒温牛舍1-1 Ⓗ～Ⓐ剖面图 1:300

3.2 模块化装配式开放式成乳牛舍

3.2.1 牛舍概述

本牛舍位于内蒙古自治区赤峰市，本方案广泛适用于华北地区，开放式成乳牛舍（图3-2-1）采用门式刚架建筑结构，中间为饲喂通道，双列对头卧床布置形式。单栋饲养量1200头。

为防止夏季阳光直射到奶牛卧床区域，本牛舍采用长出檐，檐口长度为1m。为提高牛舍保温性能，防止冬季地面结冰，两侧矮墙采用保温设计，高度1.2m；卧床上方，采用冷风机与纤维风管构成的主动送风系统，有助于缓解夏季热应激。

以下分工艺、饲养设备、牛舍建筑、环控系统和清粪系统5个模块展开详细介绍。

图3-2-1 开放式牛舍

3.2.2 模块说明

《 模块1-工艺 》

本图集中，泌乳牛舍采用舍饲散栏饲养工艺，舍内布局为"1条饲喂通道＋2列自锁式颈枷＋2列对头卧床＋4条清粪通道"，设卧床和颈枷各1200个，设计存栏量为1100头，饲养面积10.2 m²/头。

《 模块2-饲养设备 》

（1）卧床设备

设置定位对头卧床，每个卧床尺寸为1.2 m×4.8 m，栏架为热镀锌管，垫层为三七灰土，坡度4%。卧床可铺设稻壳、锯末及牛粪再生垫料。舍内共双列对头卧床，50位卧床一组，每列卧床有12组。考虑到奶牛对卧床具有一定的选择性，卧床数量应在奶牛实际存栏量的基础上增加10%。

（2）饲喂设备

采用TMR饲喂，饲喂通道宽度6 m。靠近颈枷处的饲喂台面宽900 mm，表面抹光或铺设瓷砖。每6 m设置9个颈枷，倾斜安装，每头牛位的颈枷宽0.67 m，颈枷下方矮墙高200 mm，厚200 mm。

（3）饮水设备

每组卧床两端各配备1个电加热饮水槽，为不锈钢饮水槽，自动上水。饮水槽尺寸为4 000 mm×600 mm×700 mm。

《《 模块3-牛舍建筑 》》

（1）建筑结构

牛舍建筑构造采用现场装配式，具体做法见本书"模块化装配式畜禽舍结构设计说明"部分内容。牛舍总长度456 m，跨度32.4 m，面积14 592 m²，开间6 m，其中最中间转群通道开间12 m，檐口高度4.7 m，脊高10.1 m，屋面坡度1/3，挑檐1 m。地面为水泥砂浆平地面，基础为独立基础。

（2）围护结构

屋顶及山墙围护结构材料选用防火保温性能好的彩钢夹芯板，夹芯材料推荐选用聚氨酯或岩棉加聚氨酯封边。屋面厚度150 mm，屋脊做通风口，净空500 mm，里外做双层脊瓦，中间空隙采用聚氨酯发泡胶做密封填充处理。侧墙采用200 mm厚蒸压加气混凝土矮墙，矮墙高0.8 m，矮墙上采用手动卷帘，包边板采用0.6 mm厚单层彩钢板。山墙采用200 mm厚钢筋混凝土墙，墙高1.5 m，墙上采用0.6 mm厚单层彩钢板，设置4扇卷帘门。坡道、散水及饲喂、采食、清粪、挤奶通道地面采用水泥砂浆抹平，下设山皮石垫层。

《《 模块4-环控系统 》》

牛舍环控系统主要包括夏季通风系统和冬季保温系统。

（1）夏季通风系统

夏季炎热时，启用舍内风机辅助通风（图3-2-2）。在采食位颈枷上方安装550 W风机，风机扇叶直径1.0 m，风量32 000 m³/h，风机离地高4.7 m，沿纵轴方向每隔6 m设置1个。

图3-2-2　舍内风机

本牛舍采用纤维风管和冷风机组成的主动送风系统（图3-2-3）。该系统安装在卧床上方，舍内共设计24条圆形风管，每条风管长度为30 m，风管下沿距采食通道地面高2.0 m，每排设4个孔口，风管材质选用非渗透性阻燃纤维面料，风管直径为0.8 m。冷风机尺寸为1.17 m×1.17 m×0.96 m，功率为1.5 kW，最大风量为20 000 m³/h。冷风机出风口与纤维风管相连，冷风机循环水管与牛场饮用水管道相连。

图 3-2-3　主动送风系统

（2）冬季保温系统

在冬季温度较低时，采用卷帘（图 3-2-4）起到保温隔热防风的作用。本牛舍中东西两侧卷帘采用自动式上拉卷帘，避免下放式卷帘存在留有比较大的缝隙导致牛舍冷风渗透增加的问题。自动卷帘方便冬季调整通风洞口大小。在冬季温度较低时，将卷在底部的卷帘上拉、南北两侧卷帘门下拉，封闭牛舍进行保温。卷帘上端距离屋檐留 0.3 m，保温性能较好，传热系数为 1.01 W/（m²·℃）。温度可以满足要求时，将卷帘及卷帘门收起。

图 3-2-4　保温卷帘

《《 模块 5-清粪系统 》》

舍内清粪通道 3.6 m。采用铲车清粪，铲车配套动力 50 kW，容量 5 m³，尺寸为 4 800 mm×1 800 mm×2 600 mm，后轮转向，作业速度 7 km/h。铲车完成清粪作业后，运输至牛舍端头与场区集粪转运车辆对接，通过集粪转运车辆运至粪污处理区。

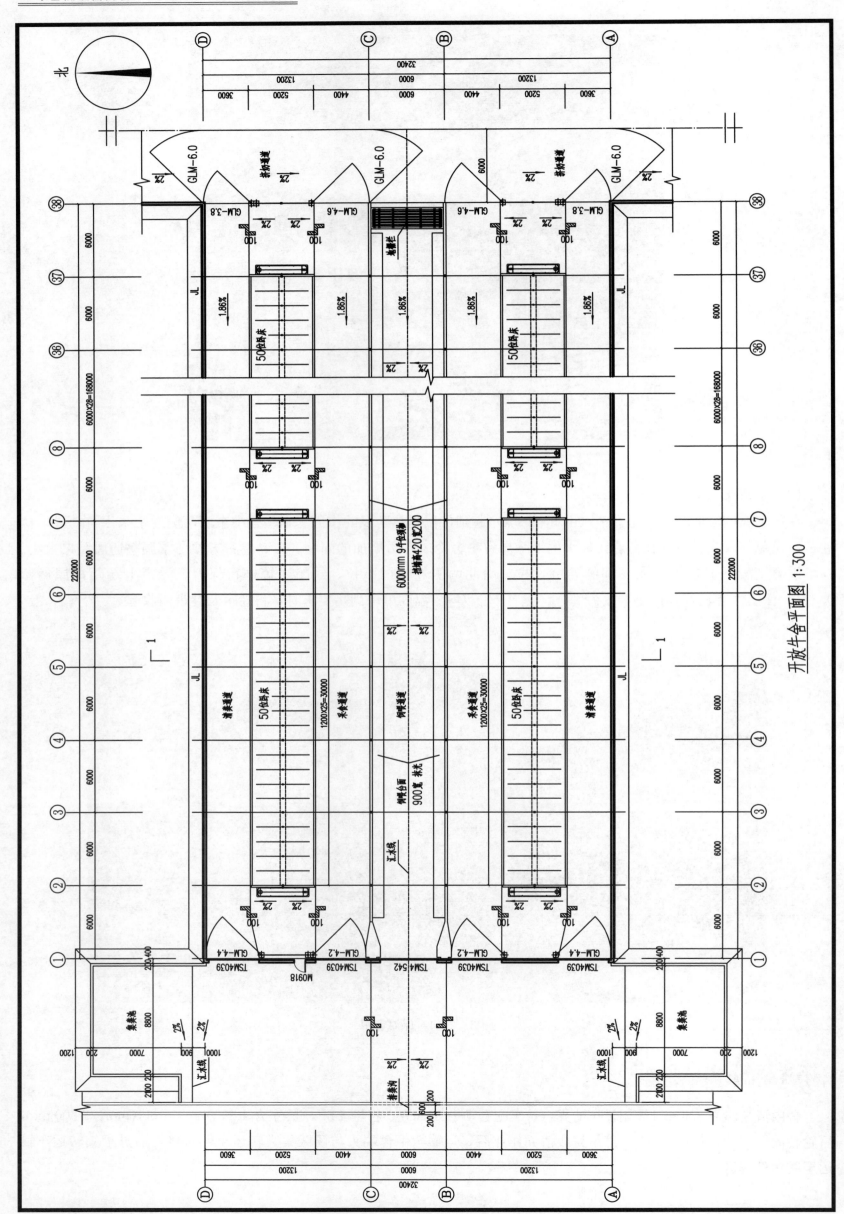

开放牛舍平面图 1:300

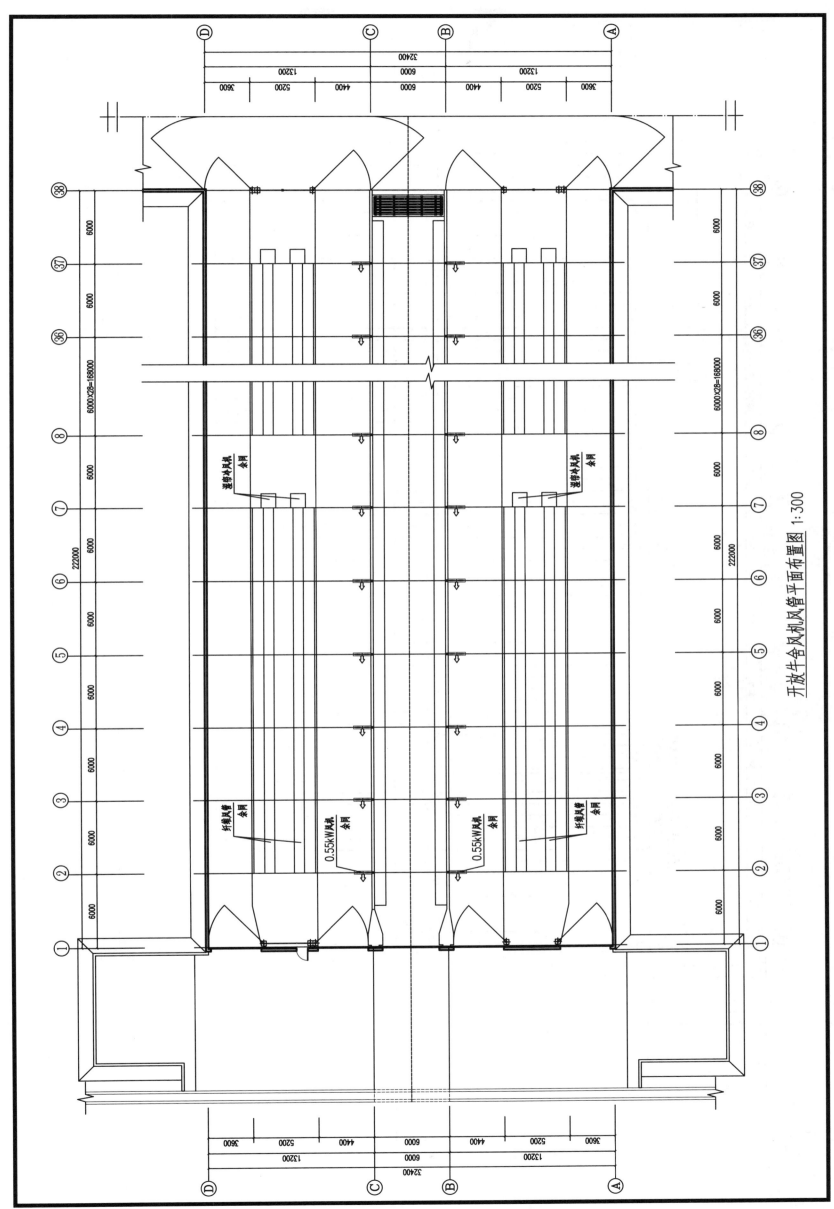

开放牛舍风机风管平面布置图 1:300

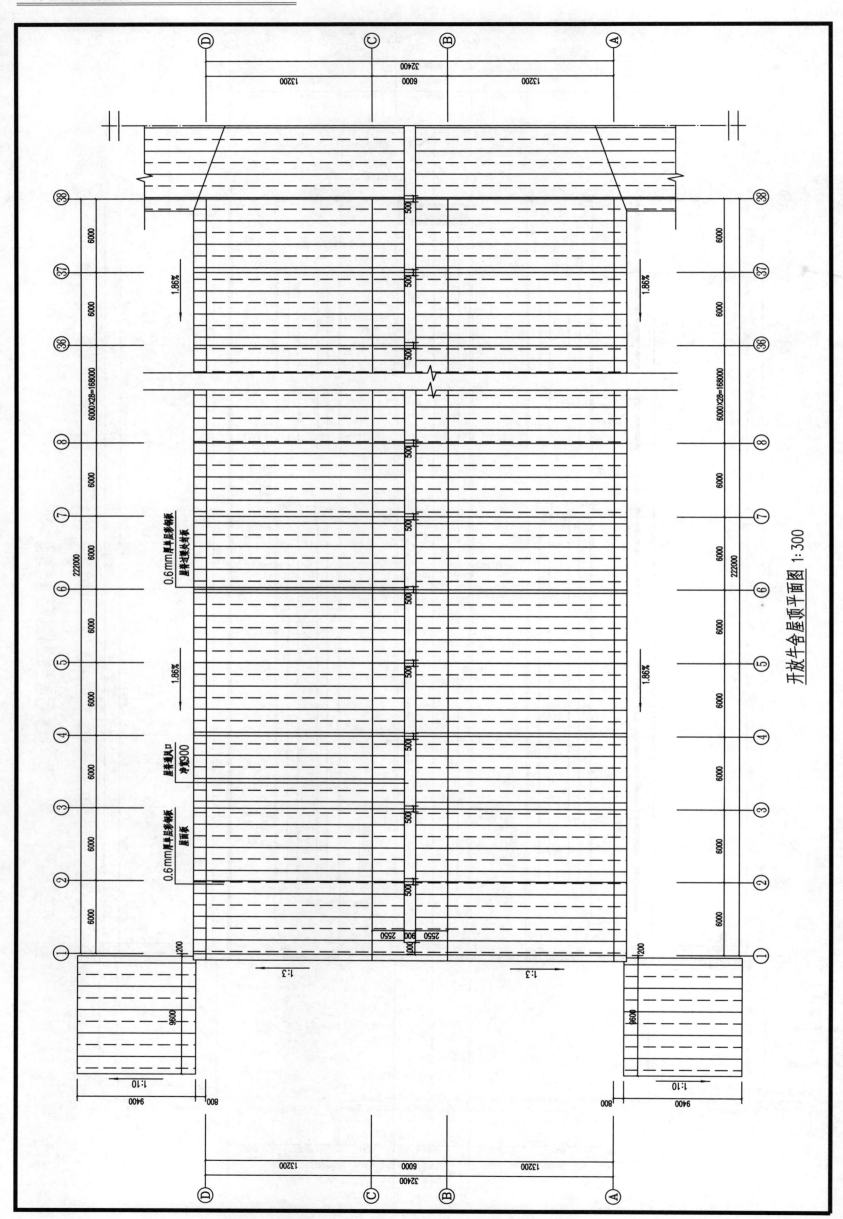

开放牛舍屋顶平面图 1:300

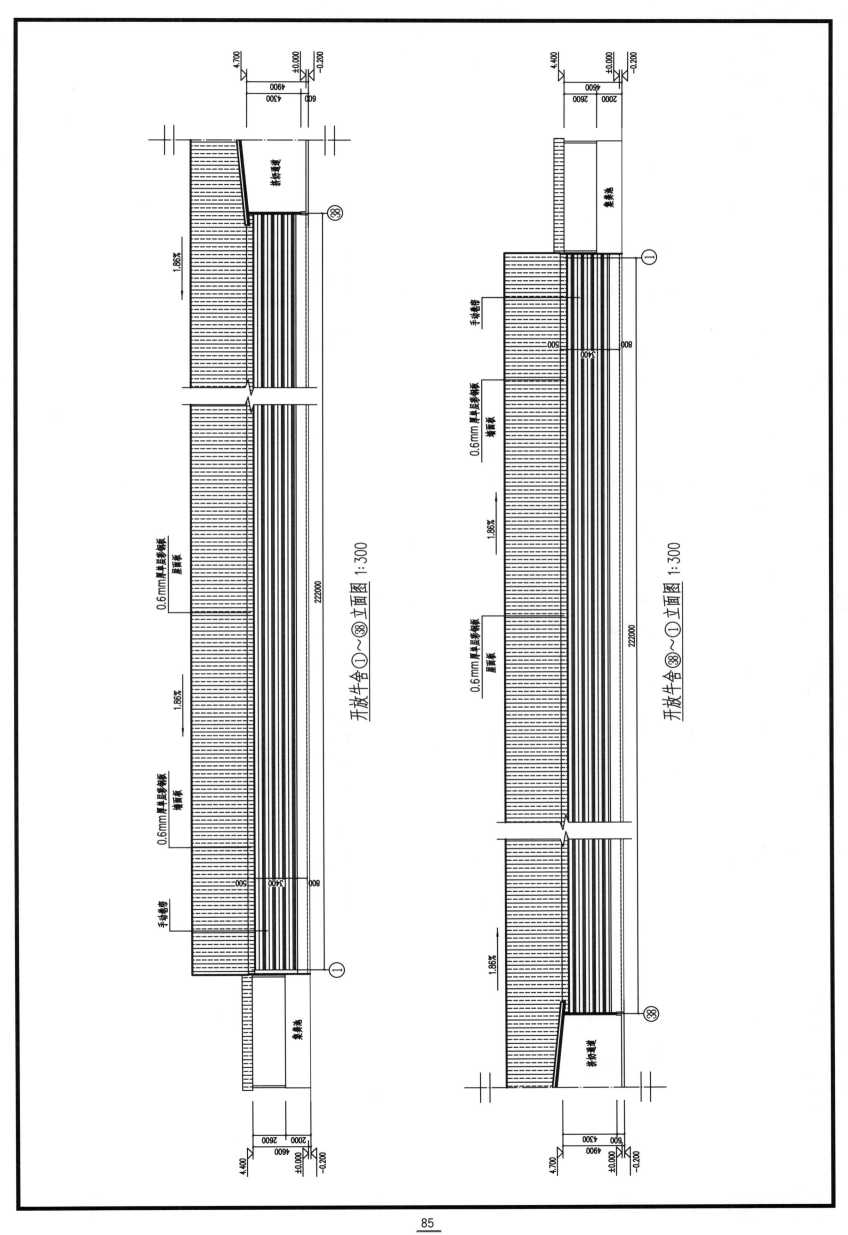

开放牛舍①～㊳立面图 1:300

开放牛舍㊳～①立面图 1:300

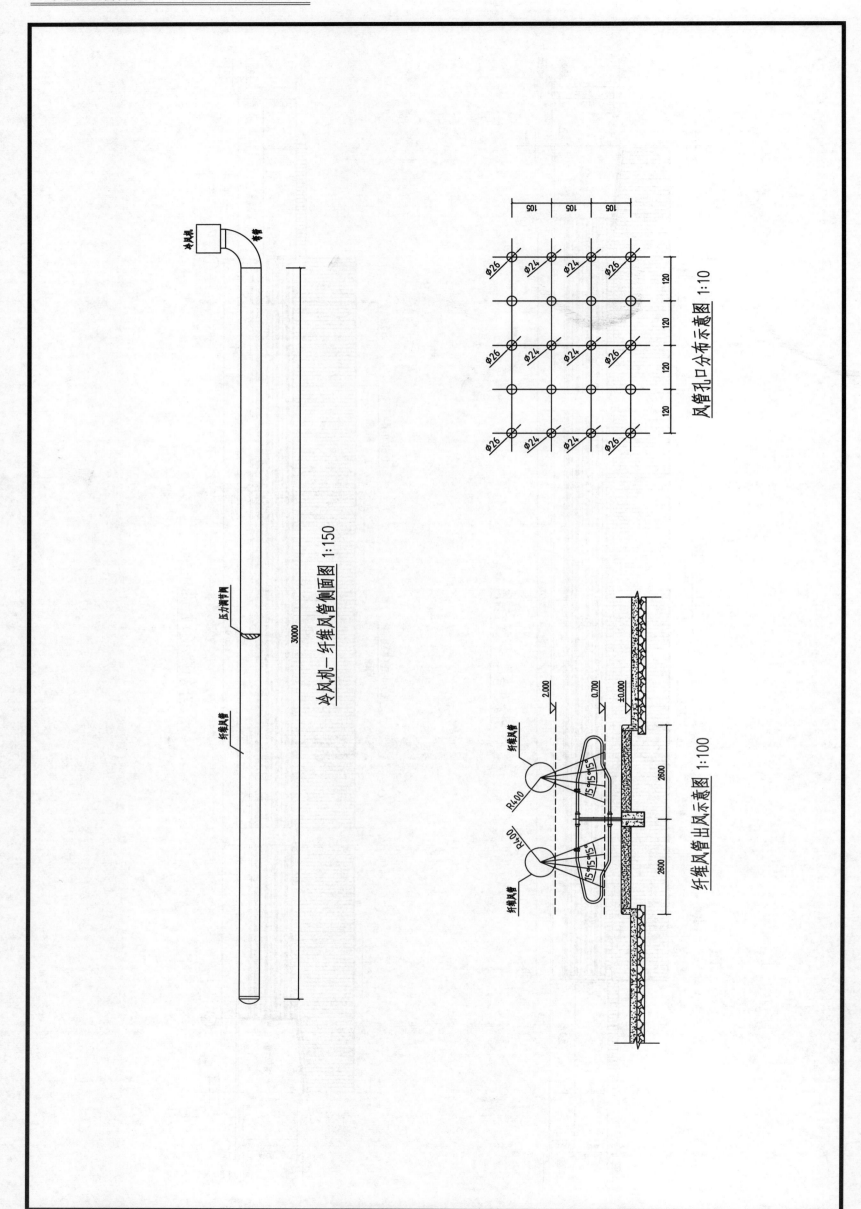

冷风机—纤维风管侧面图 1:150

风管孔口分布示意图 1:10

纤维风管出风示意图 1:100

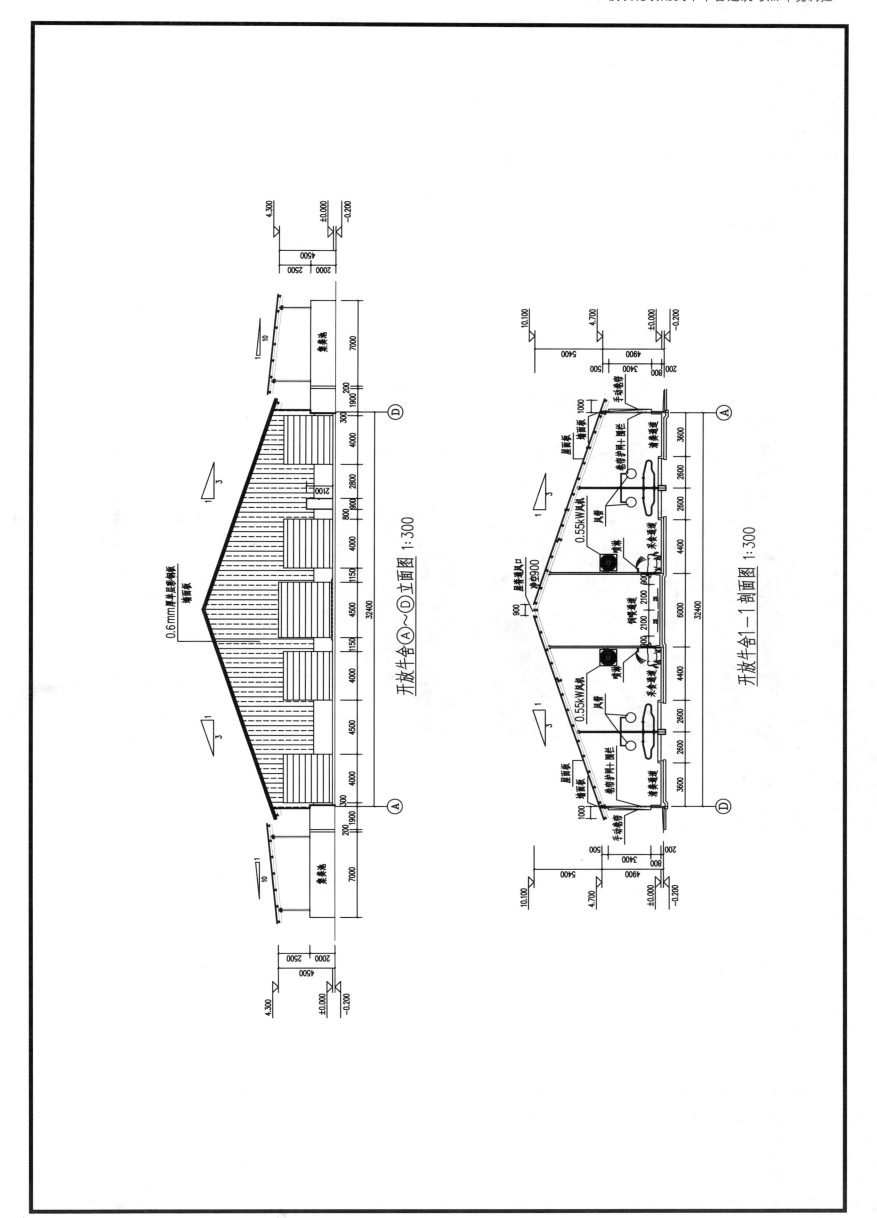

开放牛舍 Ⓐ~Ⓓ立面图 1:300

开放牛舍1-1剖面图 1:300

3.3 模块化装配式育肥肉牛舍

3.3.1 牛舍概述

模块比装配式育肥肉牛舍，单栋饲养 340 头育肥肉牛，饲养周期为 12～18 月龄。牛舍采用舍饲散放饲养，双列布局。育肥牛采用密闭舍饲，有利于调控牛舍内温湿度、光照等环境因子，提高肉牛个体的生长和育肥效果。

以下分工艺、饲养设备、牛舍建筑、环控系统和清粪系统 5 个模块展开详细介绍。

3.3.2 模块说明

《《 模块 1 - 工艺 》》

育肥肉牛舍采用舍饲散放饲养模式（图 3 - 3 - 1），单栋饲养量 340 头，饲养面积 7.7 m²/头。育肥肉牛舍内饲养 12～18 月龄的育肥肉牛，采用双列分栏布置。

图 3 - 3 - 1 舍饲散放饲养模式

《《 模块 2 - 饲养设备 》》

（1）饲喂设备

用 TMR 撒料车机械喂料，定时饲喂，肉牛定时采食，每一分群内自由采食。TMR 车容量为 30 m³，满载质量 34.5 t，卧式搅拌。牛舍中央为饲喂通道，宽 5.0 m。

（2）饮水设备

肉牛舍每 2 个围栏配备 1 个六孔浮球保温饮水槽，浸没式加热，自动上水。一个水槽满足约 20 头牛的饮水需要。饮水槽尺寸为 2 400 mm×600 mm×730 mm。

《《 模块 3 - 牛舍建筑 》》

（1）建筑结构

牛舍建筑构造采用现场装配式，具体做法见本书"模块化装配式畜禽舍结构设计说明"部分内容。牛舍总长度 114 m，跨度 28 m，轴线面积 3 192 m²，牛舍开间 6 m，檐口高度 4.65 m，脊高 8.83 m，南侧坡屋面倾斜角度 1：8.3，北侧坡屋面倾斜角度 1：2.9，出檐距离 0.4 m。牛舍东西方向布置，舍内南北方向对称分布。

（2）围护结构

屋面采用双层压型玻璃丝棉卷毡彩钢板，非对称方式布置，高差立面设置阳光板上悬窗，电动启闭，坡屋面每隔6m设置1道透明树脂采光带,每道采光带宽1.2m。侧墙底部设1.7m高保温矮墙,墙上设1.5m高阳光板滑拉窗,其他部位采用双层压型玻璃丝棉卷毡彩钢板封闭。山墙底部设1.7m高保温矮墙,墙上采用双层压型玻璃丝棉卷毡彩钢板封闭,出入口设推拉门、卷帘门。坡道、散水及饲喂通道地面采用水泥砂浆抹平。

《《 **模块4-环控系统** 》》

牛舍环控系统主要包括夏季通风系统和冬季保温系统。肉牛舍采用自然通风,两侧墙各安装2扇阳光板滑拉窗(图3-3-2),钟楼上安装2扇阳光板上悬窗,滑拉窗和上悬窗联合作用,舍内风机辅助,组成牛舍通风系统。滑拉窗长52.0m,高1.5m,面积78.0 m^2。钟楼阳光板上悬窗长52.0m,高1.0m,面积52.0 m^2。

图3-3-2 阳光板滑拉窗

(1)夏季通风系统

夏季利用空气热对流的方式,新鲜冷空气从牛舍两侧流入,将污浊气体从屋顶通风窗排出,达到净化舍内空气、降低温度的作用。夏季炎热时,启用舍内风机辅助(图3-3-3)。风机在颈枷上方安装,离地高2.5m,沿纵轴方向每隔12m设置1个,安装角度(风机轴线与水平线间夹角)在0°~30°范围内可调。

图3-3-3 舍内风机

（2）冬季保温系统

严寒或寒冷地区牛舍冬季应尽量呈封闭状态。但为了保持牛舍内空气清洁，同时防止外界冷空气过多流入，会关闭侧窗，开启顶部上悬窗，实现舍内空气内外循环。阳光板上悬窗兼具采光和通风功能，可根据室内环境因子变化及通风需求联动调节，电动启闭，齿轮齿条系统精准调节上悬窗开启角度。

《《 模块 5 -清粪系统 》》

肉牛舍采用铲车定期清粪。清粪时打开牛栏的隔栏门，将牛分隔到门的一侧，进行清粪，于舍外端头集粪池进行收集。每端头设置 2 个集粪池，集粪池 3 面为 1.3 m 高混凝土挡墙。用铲车将牛粪推入集粪池中，再从集粪池将粪污运往粪污处理区。

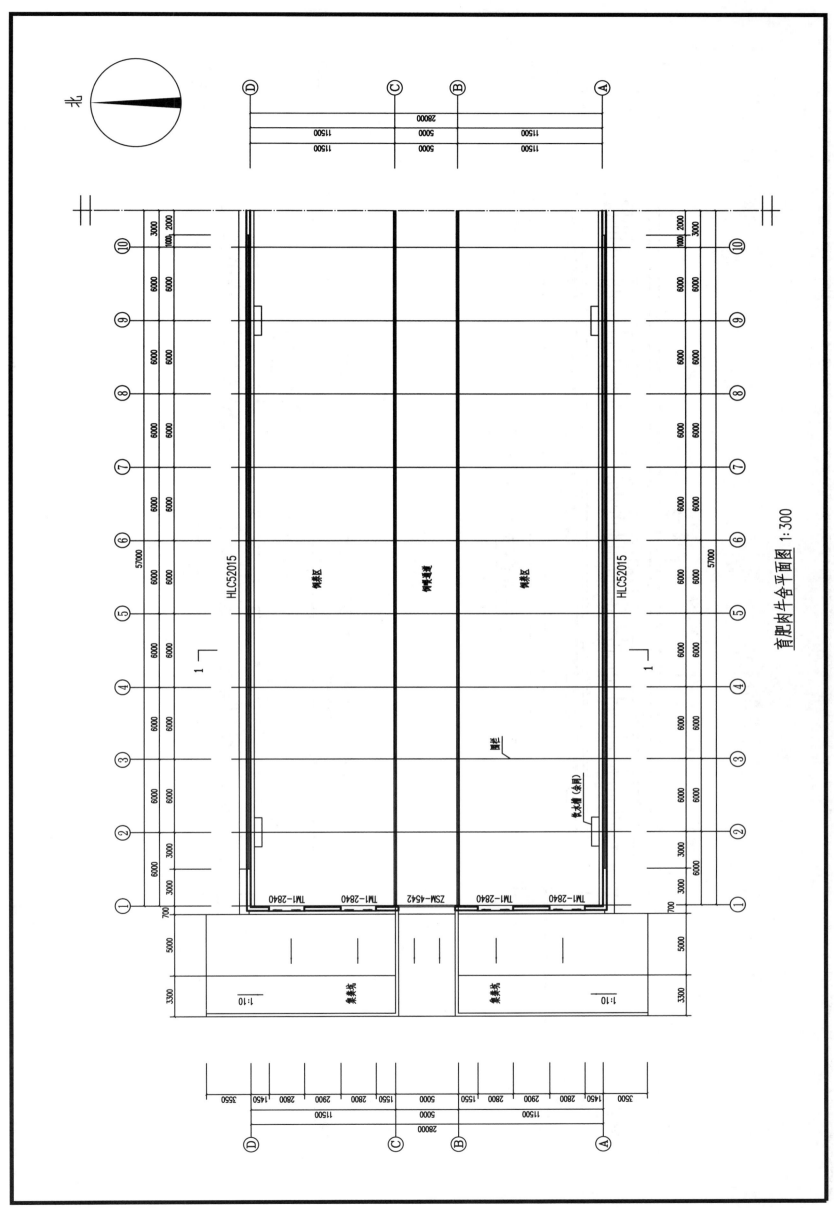

育肥肉牛舍平面图 1:300

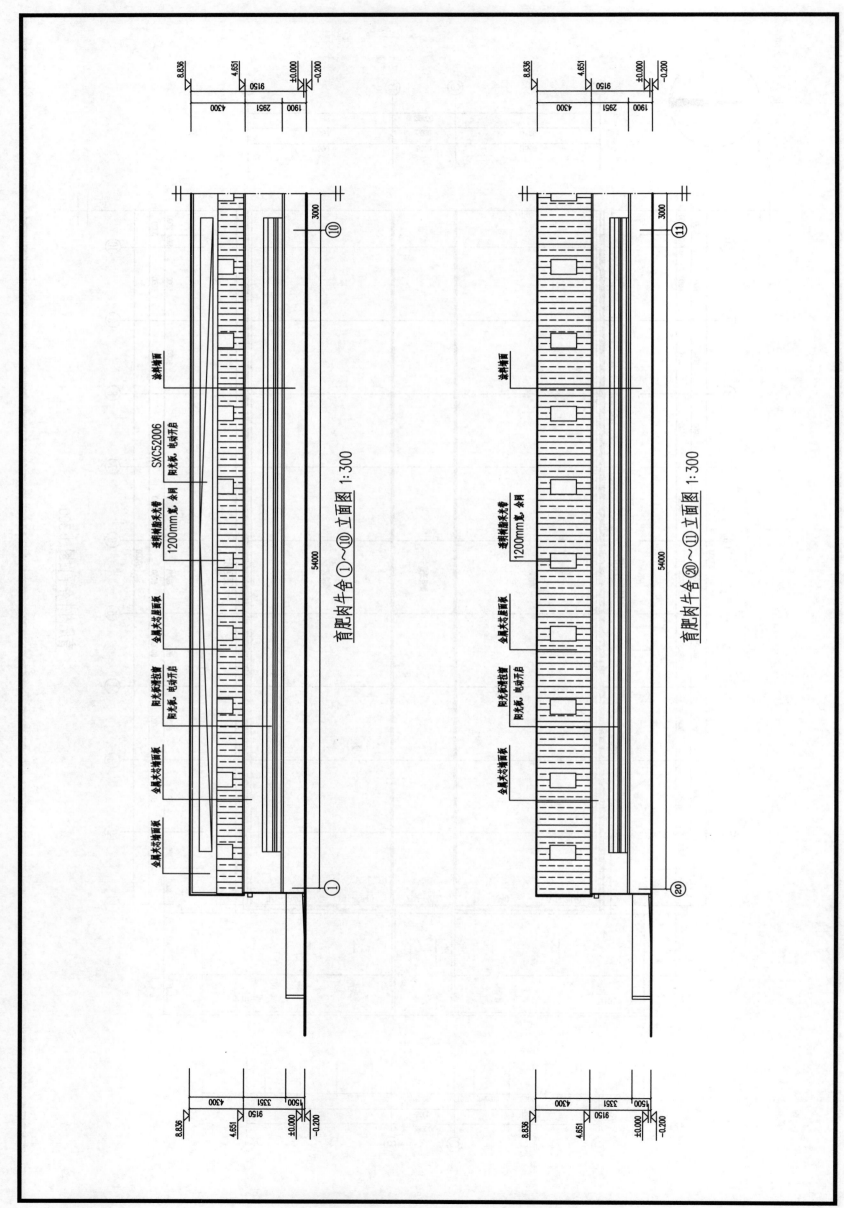

育肥肉牛舍①～⑩立面图 1:300

育肥肉牛舍⑳～⑪立面图 1:300

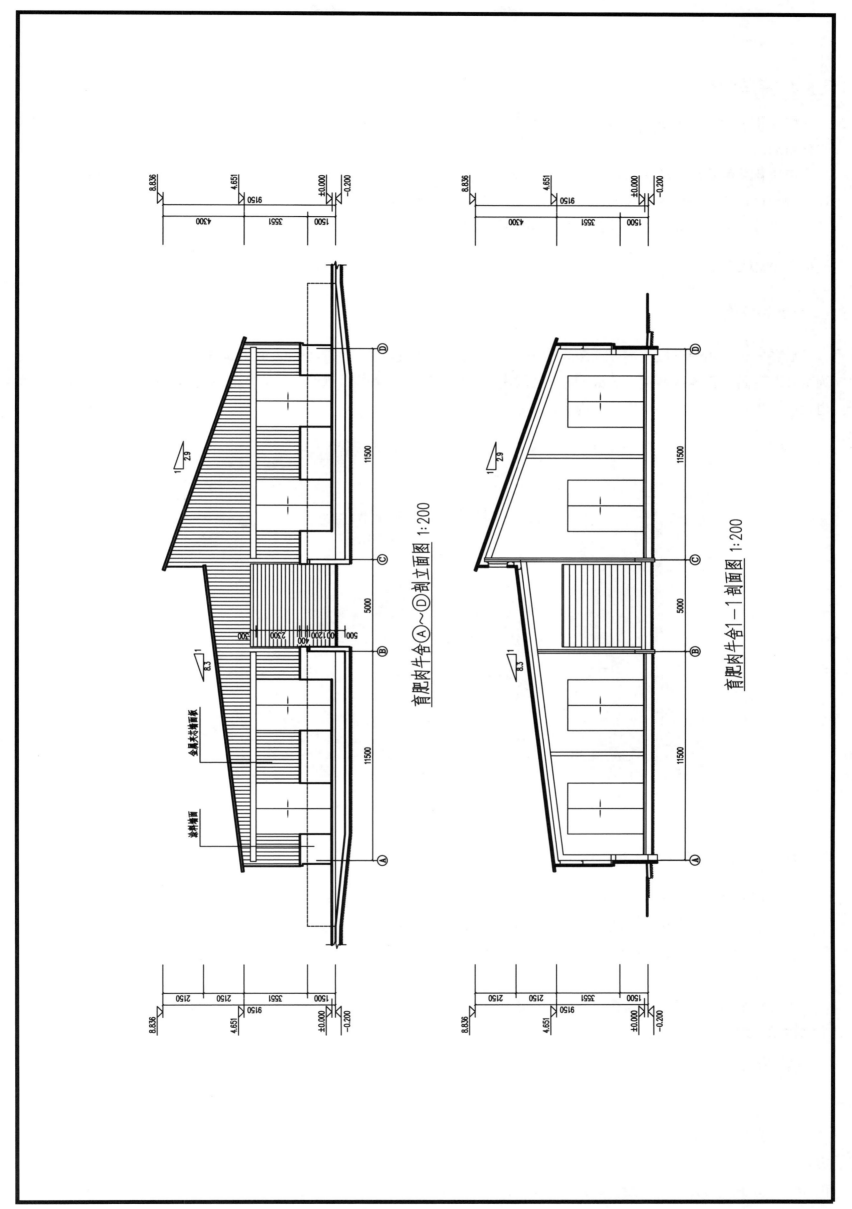

育肥肉牛舍Ⓐ~Ⓓ剖立面图 1:200

育肥肉牛舍1—1剖面图 1:200

3.4　模块化装配式后备羊舍

3.4.1　羊舍概述

模块化装配式后备羊舍，单栋饲养 300 只后备羊，饲养周期为 7～18 月龄。羊舍为开放式，采用散放式饲养，双列布局。

模块化装配式后备羊舍设计基于工艺需求构建羊舍空间，并以此为基础，开展结构优化设计、围护结构设计、环境调控设计等，并配置相应的设备系统，为内部养殖提供全方位的需求保障。

以下分工艺、饲养设备、羊舍建筑、环控系统和清粪系统 5 个模块展开详细介绍。

3.4.2　模块说明

《 模块 1-工艺 》

后备羊舍采用舍饲散放饲养（图 3-4-1），双列分栏布置，单栋饲养量 300 只，饲养面积 1.3 m²/只，饲养周期为 7～18 月龄。饲养区域宽 4.5 m，饲养区域用金属围栏分隔，舍外两侧设 9.0 m 宽的运动场。运动场围栏设置与舍内对应，羊只可以通过侧墙门从舍内到运动场。

图 3-4-1　肉羊舍饲散放饲养模式

《 模块 2-饲养设备 》

（1）饲喂设备

羊舍采用 TMR 撒料车机械喂料，定时饲喂，肉羊定时采食，每一圈内自由采食。TMR 车容量为 30 m³，满载质量 34.5 t，卧式搅拌。羊舍中央为饲喂通道，宽 4.0 m，通道两侧设有颈杠。饲喂台面宽 500 mm，表面抹光。

（2）饮水设备

羊舍每个围栏配备 1 个 6 孔浮球保温饮水槽，浸没式加热，自动上水，尺寸为 4 800 mm×500 mm×730 mm。1 个水槽满足约 50 只羊的饮水需要。

《 模块 3-羊舍建筑 》

（1）建筑结构

羊舍建筑构造采用现场装配式，为单跨双坡型门式刚架结构，梁、柱等截面采用工字钢，檩条、墙梁为冷弯卷边 C 形钢，具体做法见本书"模块化装配式畜禽舍结构设计说明"部分内容。羊舍总长度 42 m，跨度 13 m，轴线面积 546 m²，开间 6 m，檐口高度 3.0 m，脊高 4.75 m，屋面坡度 1/4，出檐距离 0.4 m。羊舍东西方向布置，舍内南北方向对称设置。

（2）围护结构

侧墙底部设 1.2 m 高保温矮墙，墙上设 1.2 m 高阳光板滑拉窗，其他部位采用双层压型玻璃丝棉卷毡彩钢板封闭。山墙底部设 1.2 m 高保温矮墙，墙上采用双层压型玻璃丝棉卷毡彩钢板封闭，出入口设推拉门、卷帘门。坡道、散水及饲喂通道地面采用水泥砂浆抹平。羊舍中央为饲喂通道，宽 4.0 m，饲养区域宽 4.5 m。

《《 模块 4-环控系统 》》

羊舍采用自然通风，两侧墙各安装 1 扇阳光板滑拉窗。滑拉窗长 34.0 m，高 1.2 m，面积为 40.8 m²。滑拉窗电动启闭，并可根据夏季、冬季不同的通风、保温需求联动调节通风口面积。

《《 模块 5-清粪系统 》》

羊舍采用铲车定期清粪，铲车配套动力 50 kW，容量 5 m³，尺寸为 4 800 mm×1 800 mm×2 600 mm，作业速度 7 km/h，清粪时用铲车直接将羊粪运往粪污处理区。

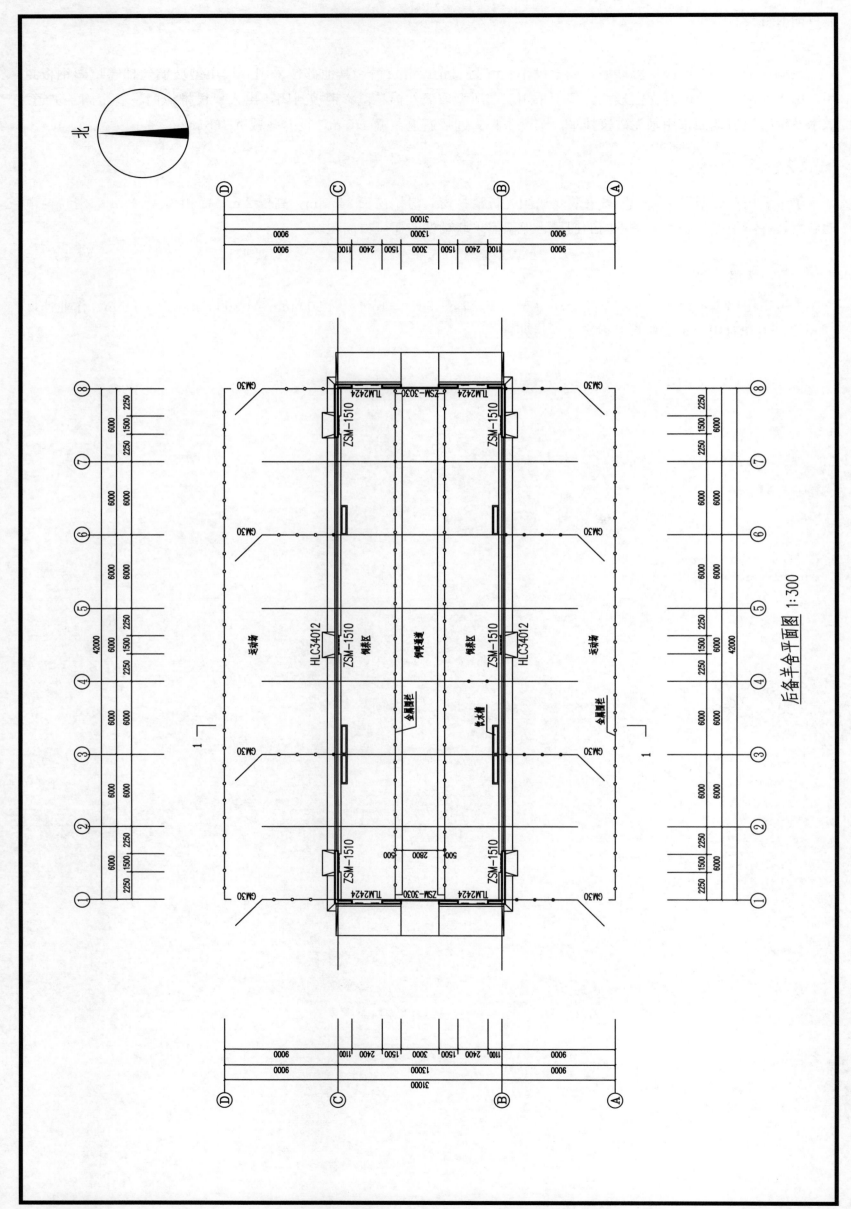

后备羊舍平面图 1:300

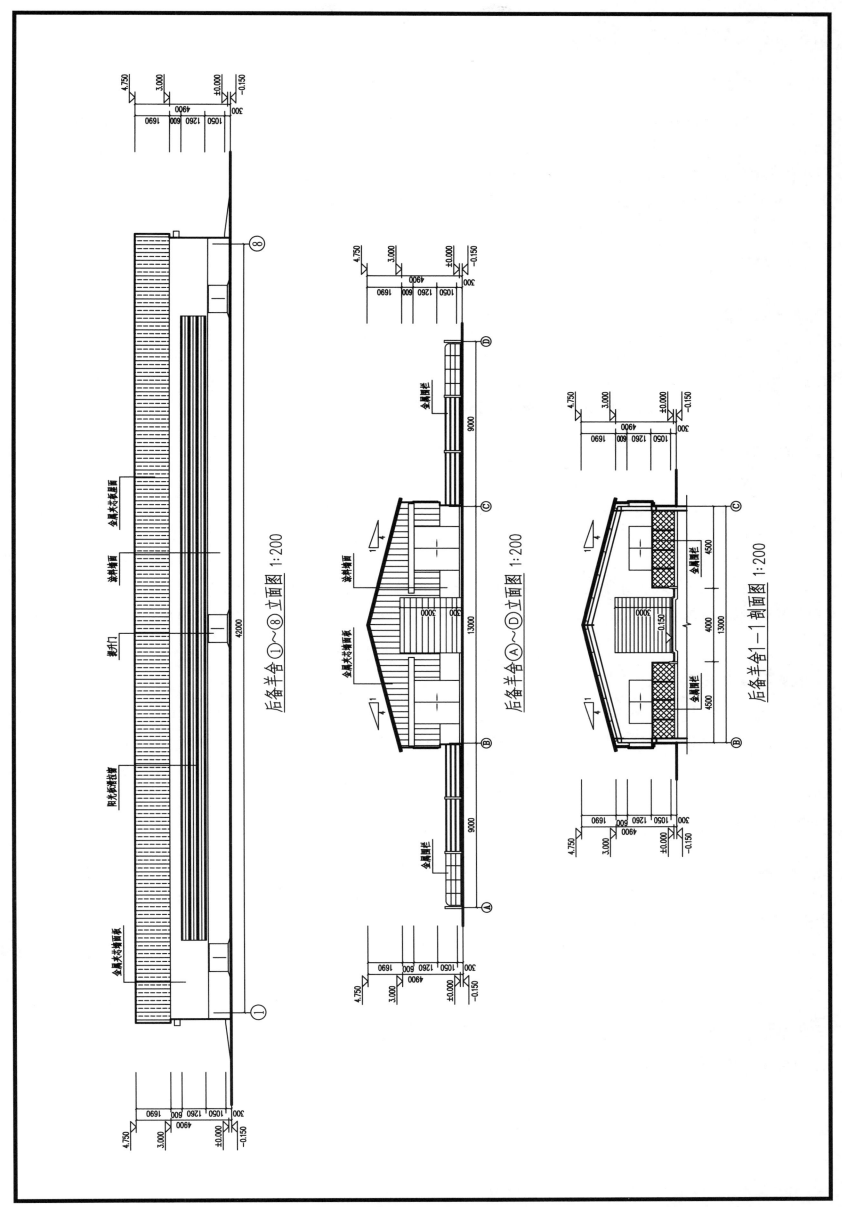

后备羊舍①～⑧立面图 1:200

后备羊舍Ⓐ～Ⓓ立面图 1:200

后备羊舍1—1剖面图 1:200

3.5 模块化装配式育肥肉羊舍

3.5.1 羊舍概述

模块化装配式育肥肉羊舍，单栋饲养 1 000 只 18 月龄以上育肥肉羊。羊舍为开放式，采用小群散放式饲养，双列布局。

模块化装配式育肥羊舍设计基于工艺需求，构建羊舍空间，并以此为基础，开展结构优化设计、围护结构设计、环境调控设计等，并配置相应的设备系统，为内部养殖提供全方位的需求保障。

以下分工艺、饲养设备、羊舍建筑、环控系统和清粪系统 5 个模块展开详细介绍。

3.5.2 模块说明

《 模块 1 -工艺 》

育肥肉羊舍采用舍饲散放饲养，单栋饲养量 1 000 只，饲养面积为 1.0 m²/只。育肥肉羊舍内饲养 18 月龄以上的育肥肉羊，舍内采用双列分栏布置。饲养区域宽 4.5 m，饲养区域用金属围栏分隔，舍外两侧设 9.0 m 宽的运动场。运动场围栏设置与舍内对应，羊只可以通过侧墙门从舍内到运动场。

《 模块 2 -饲养设备 》

（1）饲喂设备

羊舍采用 TMR 撒料车机械喂料，定时饲喂，肉羊定时采食。羊舍中央为饲喂通道，宽 4.0 m，通道两侧设有颈杠。饲喂台面宽 500 mm，表面抹光。

（2）饮水设备

饮水为自由饮水，考虑到寒冷地区冬季温度较低，使用恒温水槽，肉羊饮用温水。每个围栏配备 1 个 6 孔浮球保温饮水槽，浸没式加热，自动上水，尺寸为 4 800 mm×500 mm×730 mm。1 个水槽可满足约 80 只羊的饮水需要。

《 模块 3 -羊舍建筑 》

（1）建筑结构

羊舍建筑构造采用现场装配式，为单跨双坡型门式钢架结构，梁、柱等截面采用工字钢，檩条、墙梁为冷弯卷边 C 形钢，具体做法见本书"模块化装配式畜禽舍结构设计说明"部分内容。羊舍总长度 108 m，跨度 13 m，轴线面积 1 404 m²，开间 6 m，檐口高度 3.0 m，脊高 4.75 m，屋面坡度 1/4，出檐距离 0.4 m。羊舍东西方向布置，舍内南北向对称设置。

（2）围护结构

侧墙底部设 1.2 m 高保温矮墙，墙上设 1.2 m 高阳光板滑拉窗，其他部位采用双层压型玻璃丝棉卷毡彩钢板封闭。山墙底部设 1.2 m 高保温矮墙，墙上采用双层压型玻璃丝棉卷毡彩钢板封闭，出入口设推拉门、卷帘门。坡道、散水及饲喂通道地面采用水泥砂浆抹平。

《 模块 4 -环控系统 》

羊舍采用自然通风，两侧墙各安装 2 扇阳光板滑拉窗，单扇滑拉窗长 48.0 m、高 1.2 m、面积 57.6 m²。滑拉窗电动启闭，并可根据夏季、冬季不同的通风、保温需求联动调节通风口面积。

《 模块 5 -清粪系统 》

羊舍采用漏缝地板配合刮板清粪模式（图 3-5-1）。漏缝地板下为 600 mm 深的贮粪池，采用刮板清粪，刮板速度为 4 m/min，刮板高度为 210 mm，最大刮粪量 6 t。羊粪由刮板清到端部集粪池中，再从集粪池将粪污运往粪污处理区。

图 3-5-1　清粪刮板

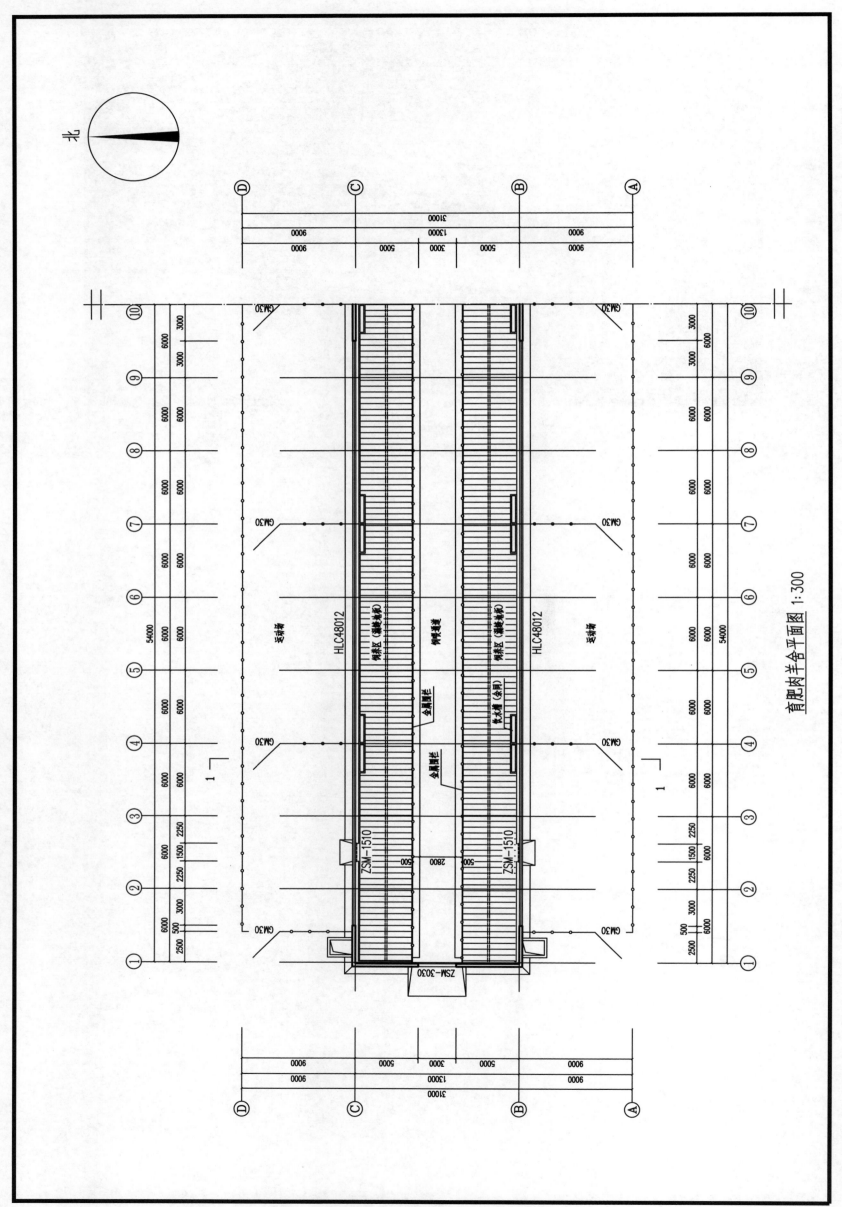

育肥肉羊舍平面图 1:300

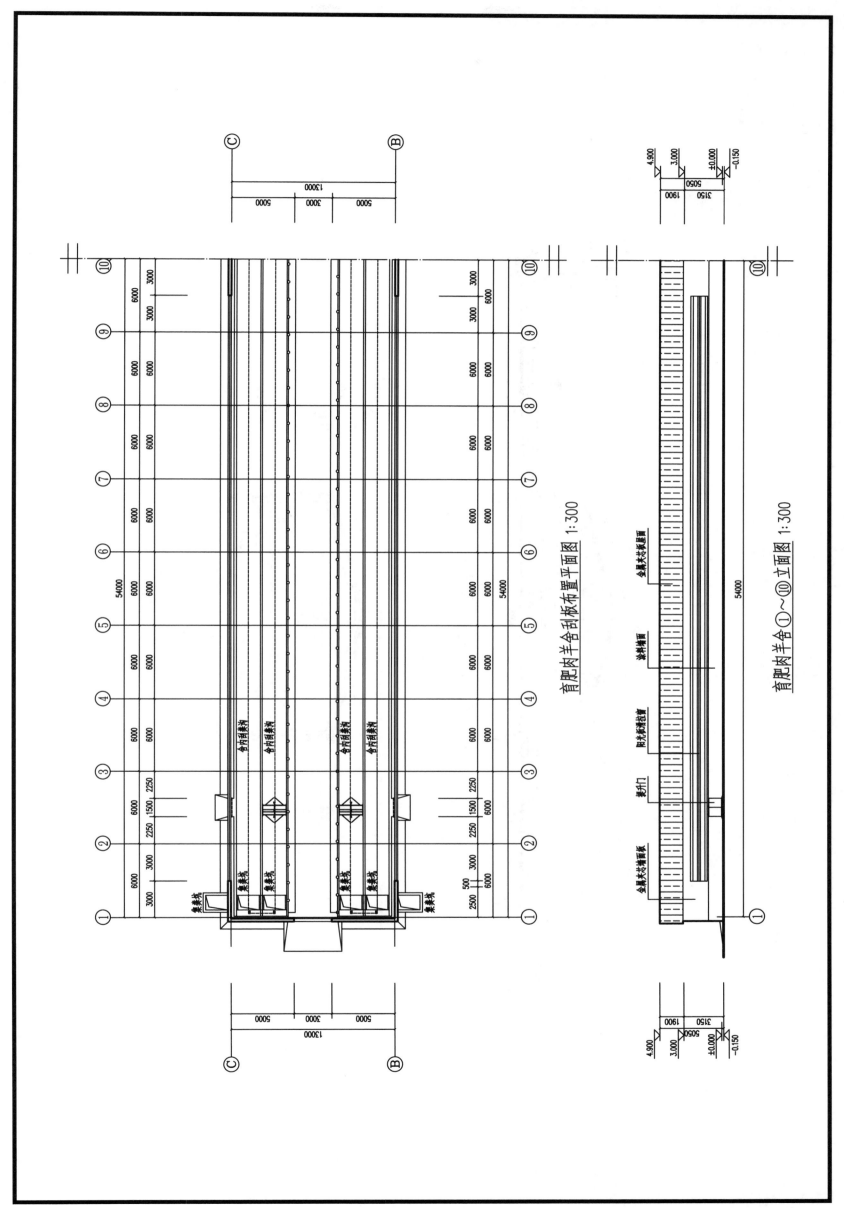

育肥肉羊舍刮板布置平面图 1:300

育肥肉羊舍①～⑩立面图 1:300

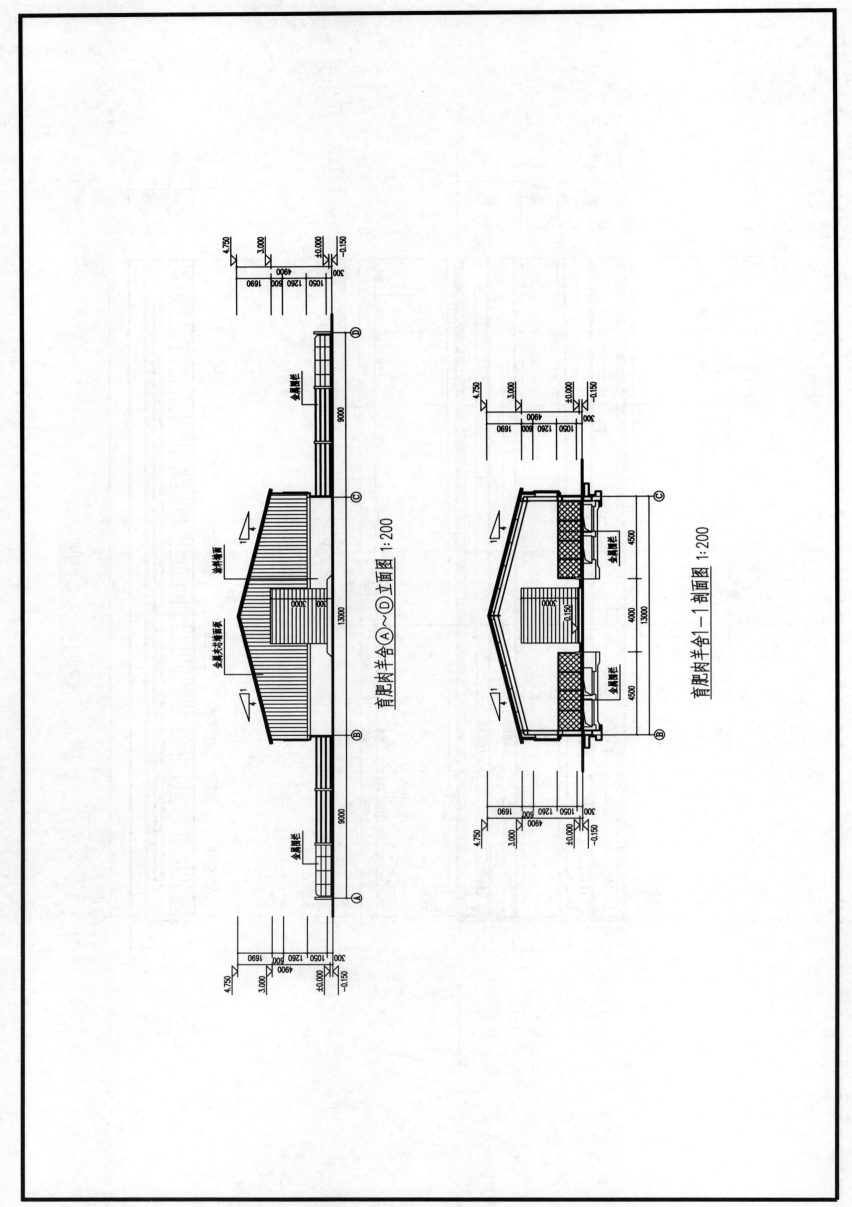

育肥肉羊舍Ⓐ～Ⓓ立面图 1:200

育肥肉羊舍1-1剖面图 1:200

4 模块化装配式猪舍建筑与热环境调控

我国现代猪舍建筑与环境控制基本采用密闭式猪舍和负压机械通风模式。基于不同气候区特点以及母猪和保育/生长育肥猪分段式新型饲养工艺的猪舍空间功能分区、建筑与轻简化结构设计以及热环境综合调控技术，是保障猪只发挥遗传潜力和生产效率的基础。近年来，楼房立体养殖模式在国内快速发展，然而，楼房立体养殖不等同于平层模式叠加，对建筑与热环境调控提出了更高的要求。本项目将楼房猪舍建筑与通风、送料、排污及猪只垂直转运等技术融合创新，形成了一套成熟的楼房立体养殖模式。该模块化系列猪舍建筑方案，围绕我国猪舍建筑的气密性与热环境调控的标准化设计方法等问题，对猪舍建筑与热环境调控技术进行研发及应用示范，主要特点有：

（1）优化了猪舍围护结构气密性和保温性能的做法

该系列方案研发了猪舍双层压型钢板复合保温隔热墙体做法，可有效改善猪舍围护结构负压通风时的气密性。复合保温墙体内设置的防水层可有效延长围护结构隔热保温材料使用寿命，缓解因潮湿所引起的保温性能下降问题。在吊顶进风侧墙排风情况下，复合保温墙体妊娠猪舍内冬季温度平均值基本可以控制在不同位置相差 2.5 ℃以内，分娩猪舍内冬季温度平均值基本可以控制在不同位置相差 1 ℃以内。

（2）集成了利用中央走廊气楼对空气预处理的猪舍通风模式

基于对负压通风猪舍通风模式的研究，该系列方案集成了利用中央走廊气楼对空气预处理的一体化猪舍通风模式，实现对进舍空气温度的控制。相对传统猪舍，集成一体化猪舍窝仔猪断奶数增加 7.6%，断奶均重增加 7.2%，仔猪死亡率降低 1.3%，母猪断奶配种率提高 4%，分娩舍 7 d 内母猪发情率更高，并且配种怀孕率高于传统模式猪场。

（3）采用了楼房猪舍地板下相邻粪沟间的风道结合吊顶进风窗的冬季通风模式

该通风模式在冬季可有效利用粪沟余热对进舍新风进行预热，预热后的新风由均匀布置的吊顶进风窗分散出风并与舍内空气充分混合，避免冷空气接触猪只造成的冷应激。冬季舍外新风经三防网、进风口进入地板下相邻粪沟侧壁构成的密闭风道，由吊顶进风窗进入舍内，由风机排出舍外。在南方地区冬季舍外气温 2 ℃时，分娩舍吊顶进风窗的出风温度可达到 11.3 ℃，妊娠舍吊顶进风窗的出风温度可达到 10.6 ℃，舍内温度可保持在 15.4 ℃以上。

4.1 模块化装配式一体化母猪舍

4.1.1 猪舍概述

模块化装配式一体化母猪舍，包括分娩舍、空怀妊娠舍和后备舍，单栋饲养 750 头猪，采用全进全出饲养模式。猪舍为全密闭式，整场为平层阁楼式猪舍。

猪舍采用阁楼式通风，夏季经侧墙湿帘进风，冬季经顶棚进风窗垂直进风，对进风有夏季预冷、冬季预热的作用，减少季节气候变化形成的猪舍温差，提高猪舍温度的稳定性。

以下将从工艺、饲养设备、猪舍建筑、环控系统、清粪系统配置 5 个模块展开详细介绍。

4.1.2 模块说明

《 模块 1-工艺 》

一体化母猪舍包括分娩舍、空怀妊娠舍和后备舍，采用全进全出、周批次养殖模式。母猪空怀配种期 4 周，妊娠期 12 周，提前 1 周上产床，3 周断奶，1 周空舍消毒。分娩舍每单元产床为 2 列 3 走道布置。空怀妊娠舍采用限位栏饲养，10 列 11 走道布置，还设有大栏用于放置诱情公猪、病弱母猪、长期不发情母猪。后备舍采用大栏饲养，布置 1 列，饲养密度为 1.5 m²/头。

《 模块 2-饲养设备 》

（1）猪舍栏位

分娩舍分为 5 个单元，每单元 32 套产床（图 4-1-1），单套产床长 2 400 mm、宽 1 800 mm。产床布置为尾对尾布置，尾对尾走道宽 800 mm，头对墙走道宽 900 mm。空怀妊娠舍共设有 648 套限位栏（图 4-1-2）和 4 套大栏，限位栏尺寸为 2 200 mm×650 mm，大栏尺寸为 2 600 mm×2 200 mm，头对头过道宽 900 mm，尾对尾过道宽 650 mm。后备舍设有 10 个大栏，每个大栏尺寸为 3 000 mm×6 000 mm，过道宽 900 mm。

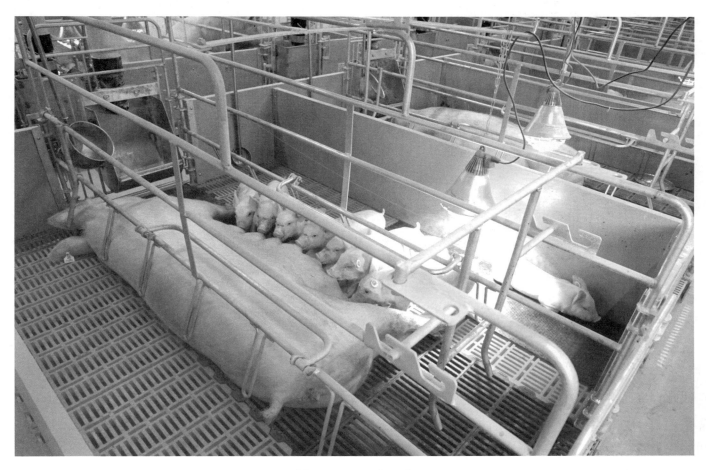

图 4-1-1 产 床

（2）饲喂设备

饲料采用散装料车运输，通过车辆洗消中心消毒，沿场区围墙外道路送到集中料塔，禁止料车进入生产场区。集中料塔采用气动输送方式，以高速的低压空气为动力来源，通过管道输送方式把集中储存的饲料按类、按量、按

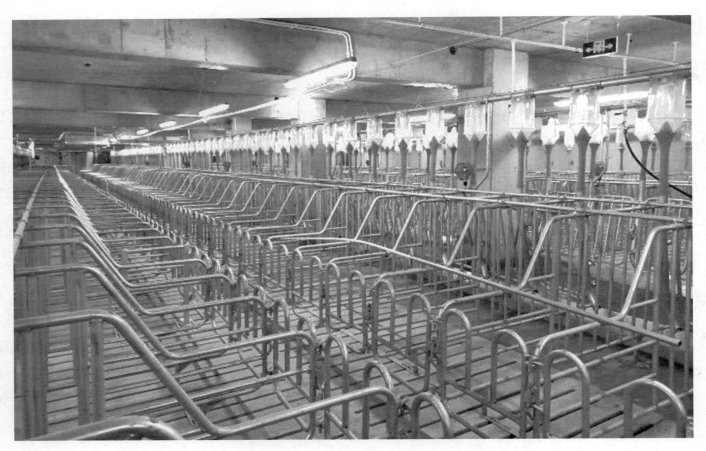

图 4-1-2　限位栏

时输送至各猪舍料塔。料塔由 1.5 mm 厚的镀锌钢板冲压而成。猪舍采用塞盘式料线饲喂方式（图 4-1-3），其主要由驱动部件、塞盘链条、输送料管及落料组件等组成。

图 4-1-3　塞盘料线

（3）饮水设备

猪舍采用自动饮水系统，由水线前端系统、水管及饮水设备等组成，水线前端配有 Y 形过滤器、水表、减压阀、阀门和加药支路等（图 4-1-4）。

妊娠舍使用通体食槽蓄水，每 10 个栏位配 1 个水位控制器，使用压力范围 0.15～0.25 MPa，水位控制器连接水管至通体食槽（图 4-1-5），水管末端距离食槽位置可调，水位达不到预设高度即补水，用于保持通体食槽水位，满足猪只饮水。分娩舍每个栏位内配母猪饮水碗和仔猪饮水碗（图 4-1-6），水管通过软管直接与饮水碗相连，进行补水。

图 4-1-4　水线前端

图 4-1-5　水位控制器

模块 3-猪舍建筑

（1）建筑结构

猪舍建筑构造采用现场装配式，具体做法见本书"模块化装配式畜禽舍结构设计说明"部分内容。猪舍长90.28 m，宽 37.87 m，檐口高度 3.2 m，脊高 5.106 m，屋面坡度 1/10，散水宽度 0.5 m，吊顶高度 2.45 m。地面采用 100 mm 厚 C25 混凝土，随打随抹，面层向粪沟处扫毛；素土夯实压实系数≥0.95。粪沟底板内侧采用 20 mm厚水泥砂浆（掺 5％防水剂），100 mm 厚 C25 钢筋混凝土，60 mm 厚 C15 混凝土垫层，素土夯实系数≥0.94。粪沟池壁内侧采用 20 mm 厚水泥砂浆（掺 5％防水剂），100 mm或 150 mm 厚 C25 钢筋混凝土。门采用单扇平开不锈钢铁门，窗采用双层玻璃铝合金推拉窗。

（2）围护结构

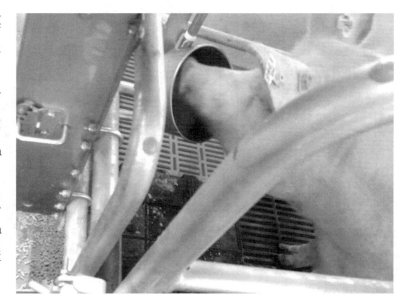

图 4-1-6　母猪圆形饮水碗

猪舍墙厚 240 mm。墙裙高 900 mm，采用砖墙，外贴B1 级挤塑板。建议上半截墙体采用双层压型钢板复合保温隔热墙体，由外到内依次为压型钢板外侧墙板、防水层、玻璃棉卷毡（双层，垂直交错布置，防止漏缝）、防水层（隔热反射铝箔，复合墙体有空气间层时）、压型钢板内侧墙板。出粪口、输料线等与墙体连接处，在墙体上预留洞口，安装后应进行边界密封处理。屋面采用岩棉彩钢夹芯板，屋脊屋顶板缝隙不大于 50 mm，里外做双层脊瓦，中间空隙采用聚氨酯发泡胶做密封填充处理。吊顶做法为下侧采用压型钢板，上层采用玻璃棉。玻璃棉（双层，垂直交错布置，防止漏风）上下层均用高质量防水层包装，保证不漏风。玻璃棉下侧塑料膜与下层钢板之间采用双面胶粘贴。

《模块 4-环控系统》

猪舍采用全密闭方式，配有自动化环境控制系统。环控系统主要包括通风系统、加热系统和除臭系统。

（1）通风系统

猪舍冬季采用顶棚进风窗进风，风机排风的垂直通风模式；夏季采用纵向通风模式；过渡季节根据温度采用垂直通风或纵向通风，通风量根据饲养要求设定的温度和压差而确定。顶棚进风窗于舍内均匀分布，尺寸为 670 mm×500 mm，进风量 2 500 m³/h。负压风机带拢风筒（图 4-1-7）。

图 4-1-7　玻璃钢百叶风机

分娩舍每单元设有 24 寸地沟调速风机 1 台、36 寸风机 1 台、55 寸风机 1 台、6 000 mm×1 800 mm 湿帘 1 块、顶棚进风窗 5 套、纵向进风滑帘调节板 4 套等。单套进风滑帘调节板尺寸为 1 050 mm×1 060 mm。

空怀妊娠舍设有 36 寸调速风机 3 台、55 寸风机 11 台、21 000 mm×2 000 mm 湿帘 2 块、顶棚进风窗 35 套、纵向进风滑帘调节板 30 套等。单套进风滑帘调节板尺寸为 1 200 mm×1 230 mm。

后备舍设有 36 寸调速风机 2 台、55 寸风机 1 台、6 600 mm×2 000 mm 湿帘 1 块、顶棚进风窗 5 套、纵向进风滑帘调节板 3 套。单套进风滑帘调节板尺寸为 1 200 mm×1 230 mm。

（2）加热系统

分娩舍初生仔猪配备加热系统。加热设备主要包含保温灯、保温盖板和电热板等（图 4-1-8），保证仔猪活动区域温度稳定在 35～38 ℃。分娩栏每栏配备 1 个保温灯和 1 套电热板，两栏共用 1 套保温盖板。

图 4-1-8　保温加热设备

（3）除臭系统

猪舍尾端配备除臭系统，对舍内排出的污浊空气进行净化处理。除臭系统通过化学过滤将废气中的粉尘以及颗粒物质分离去除，同时吸收废气中的 NH_3。每层配置 1 套除臭系统，除臭滤帘高 2.4 m，宽度为相邻两个结构柱的净距。除臭回水池深 0.6 m、宽 1.5 m（图 4-1-9）。

图 4-1-9 除臭设备布置图

《 **模块 5-清粪系统** 》

　　常见的排污工艺主要有液态粪尿管道系统和刮粪机清粪两种模式（图 4-1-10）。猪舍采用水泡粪模式。分娩舍为栏内全漏粪模式，每单元 2 条粪沟，与风道互相间隔，粪沟宽度 2.2 m。空怀妊娠舍为栏内半漏粪模式，每 2 列栏位设 1 条粪沟，共 5 条，粪沟宽度为 2.8 m。粪沟两侧设有沉淀池，通过插拔沉淀池排粪塞子（图 4-1-11）进行清粪。

a.水泡粪　　　　　　　　　　　　　　　　　b.刮粪机

图 4-1-10 清粪工艺

图 4-1-11 排粪塞子

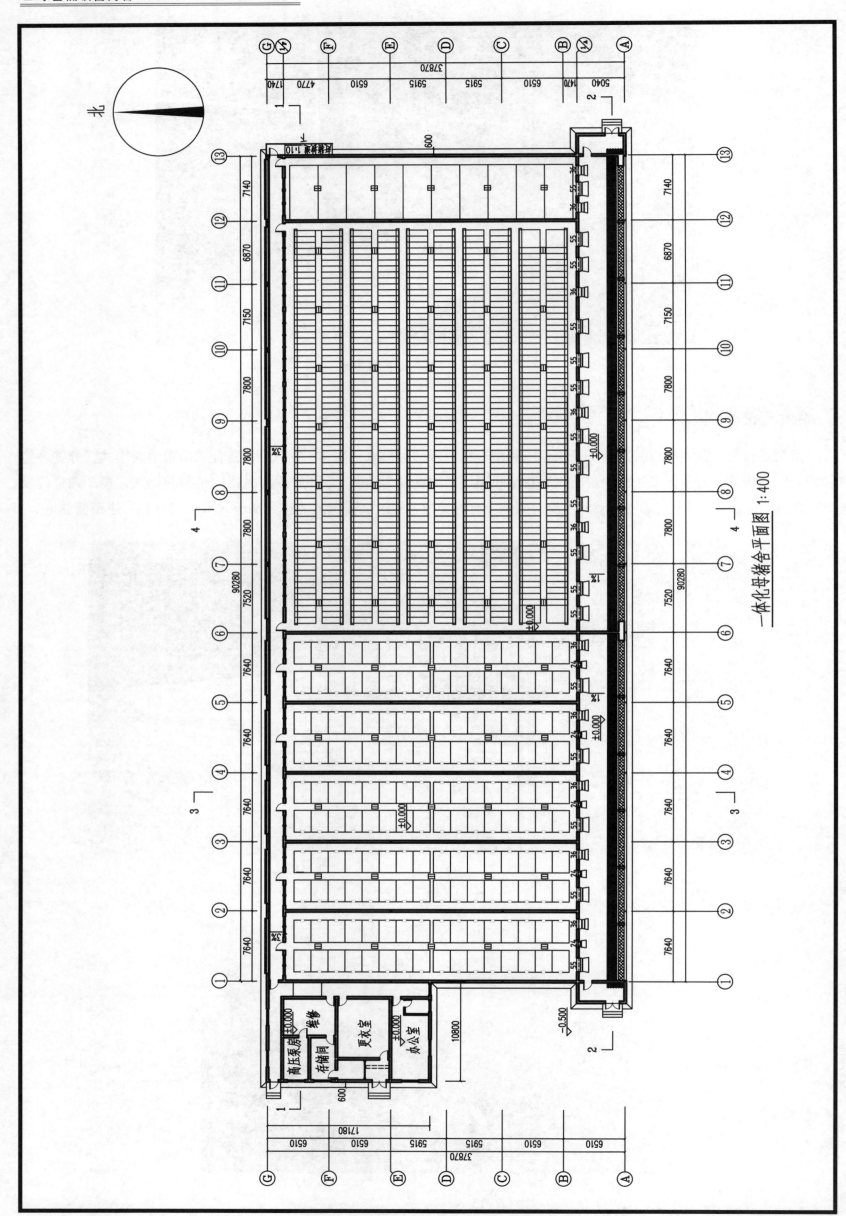

一体化母猪舍平面图 1:400

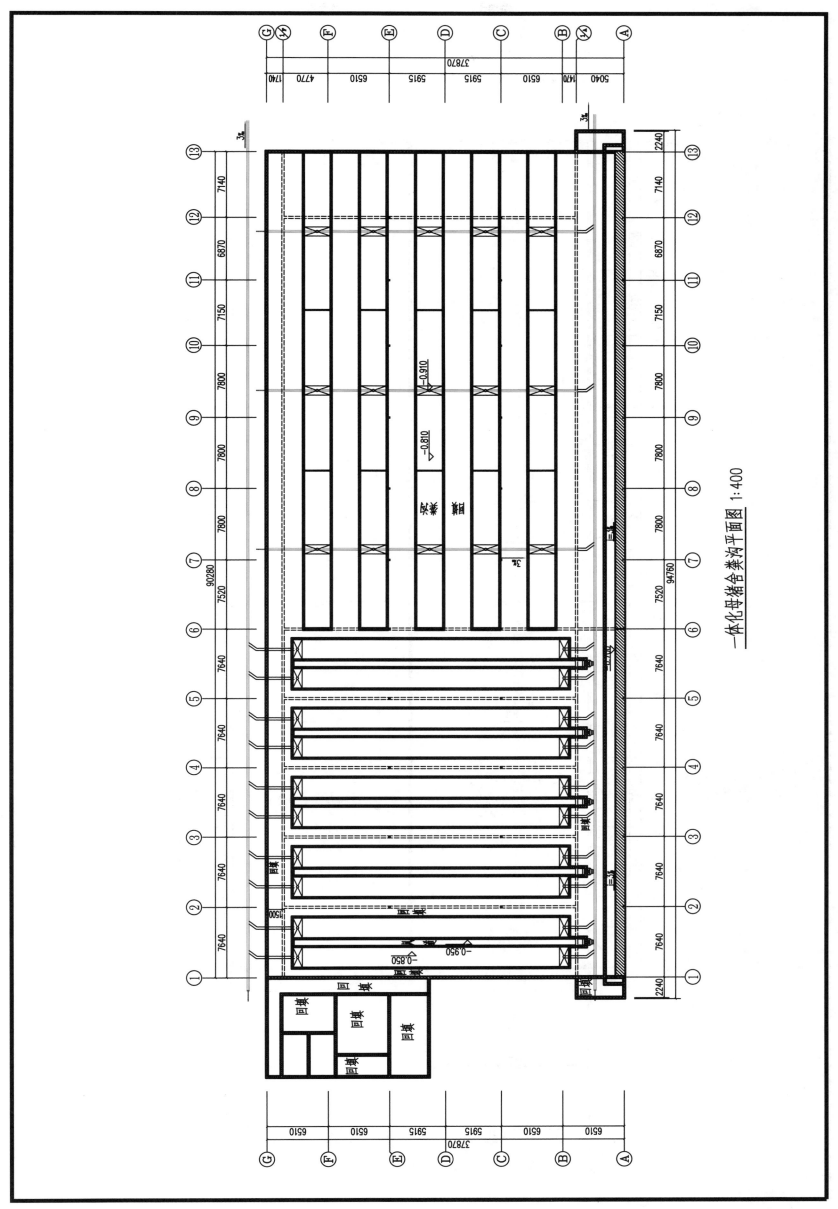

一体化母猪舍全粪沟平面图 1:400

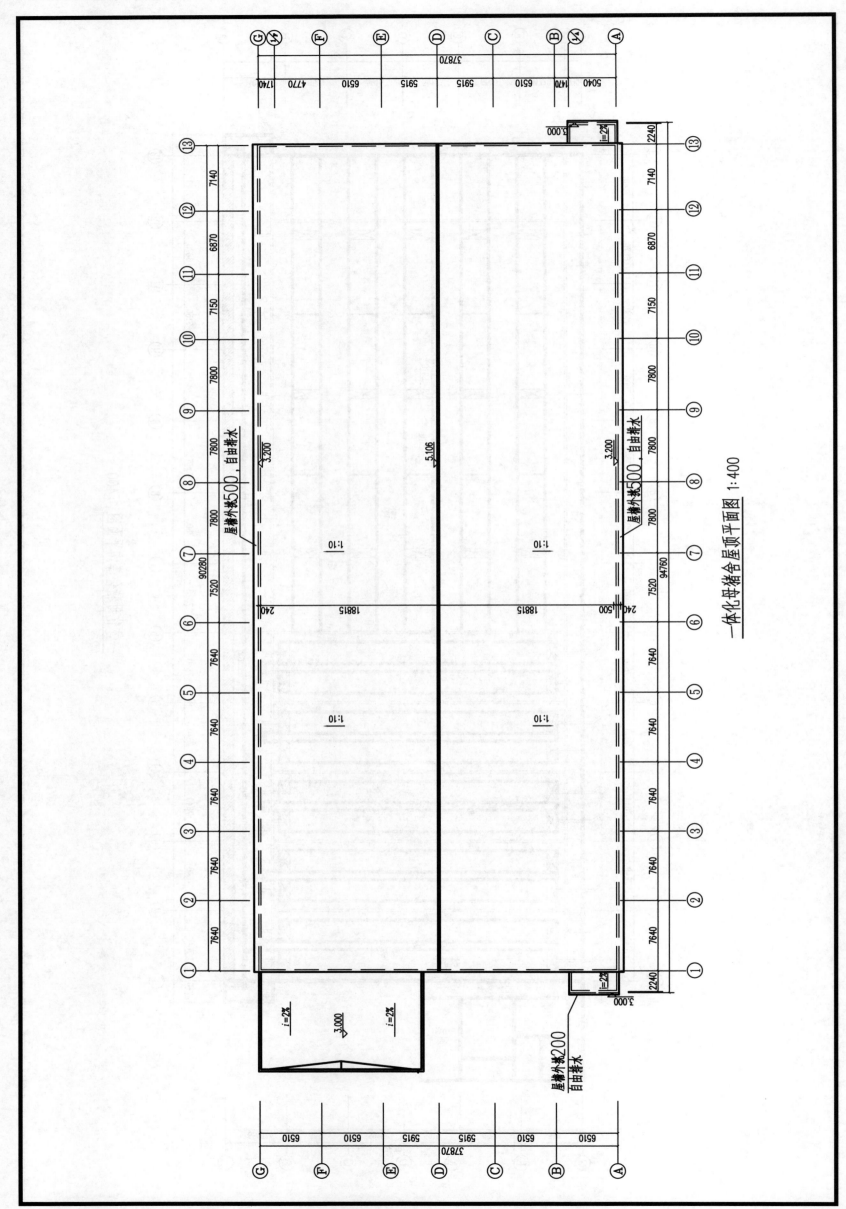

一体化母猪舍屋顶平面图 1:400

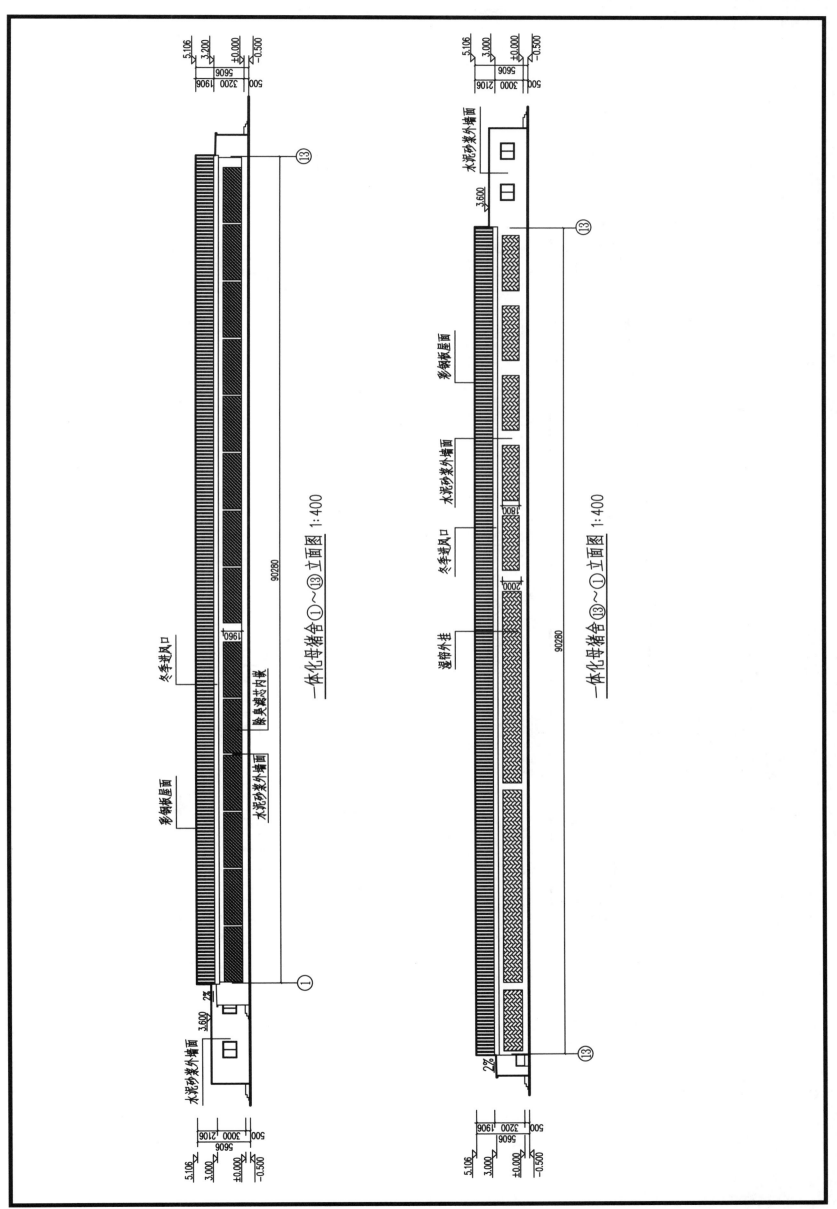

一体化母猪舍 ①~⑬ 立面图 1:400

一体化母猪舍 ⑬~① 立面图 1:400

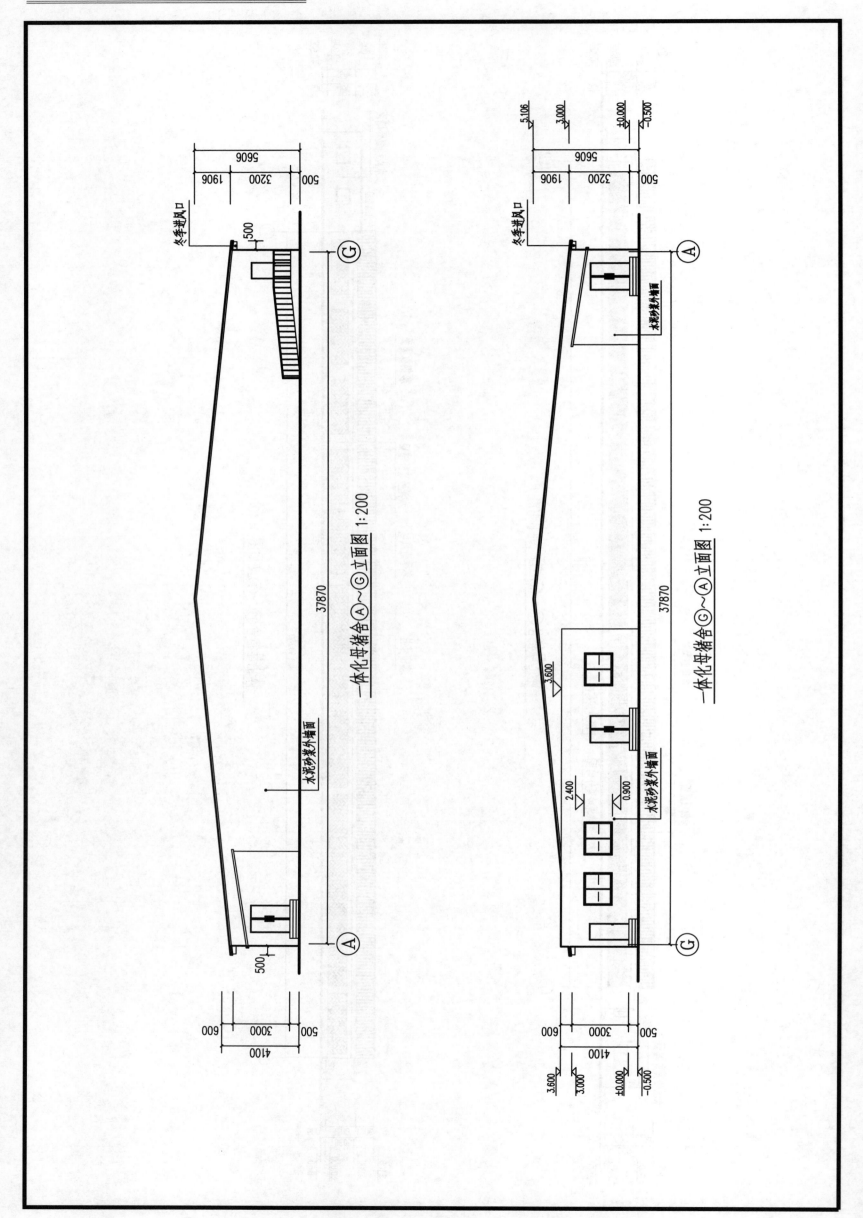

一体化母猪舍 Ⓐ～Ⓖ 立面图 1:200

一体化母猪舍 Ⓖ～Ⓐ 立面图 1:200

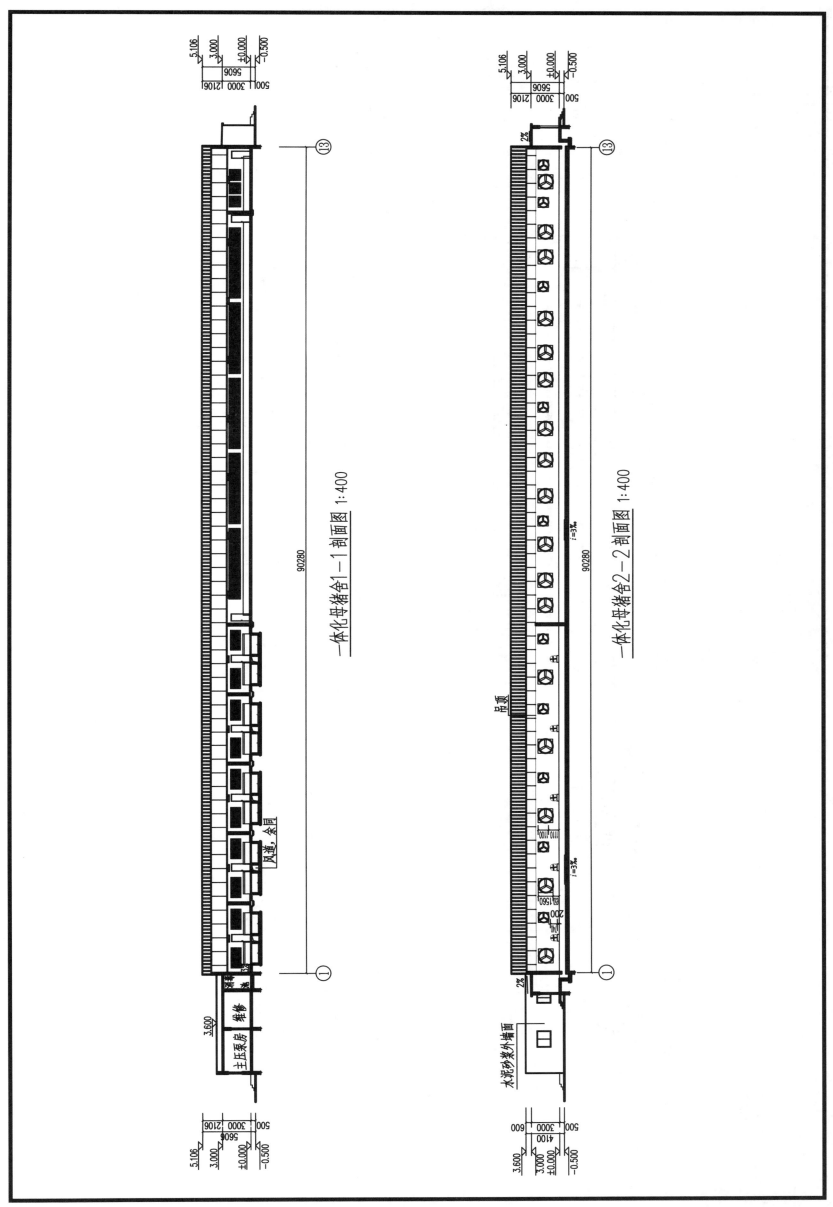

一体化母猪舍1—1剖面图 1:400

一体化母猪舍2—2剖面图 1:400

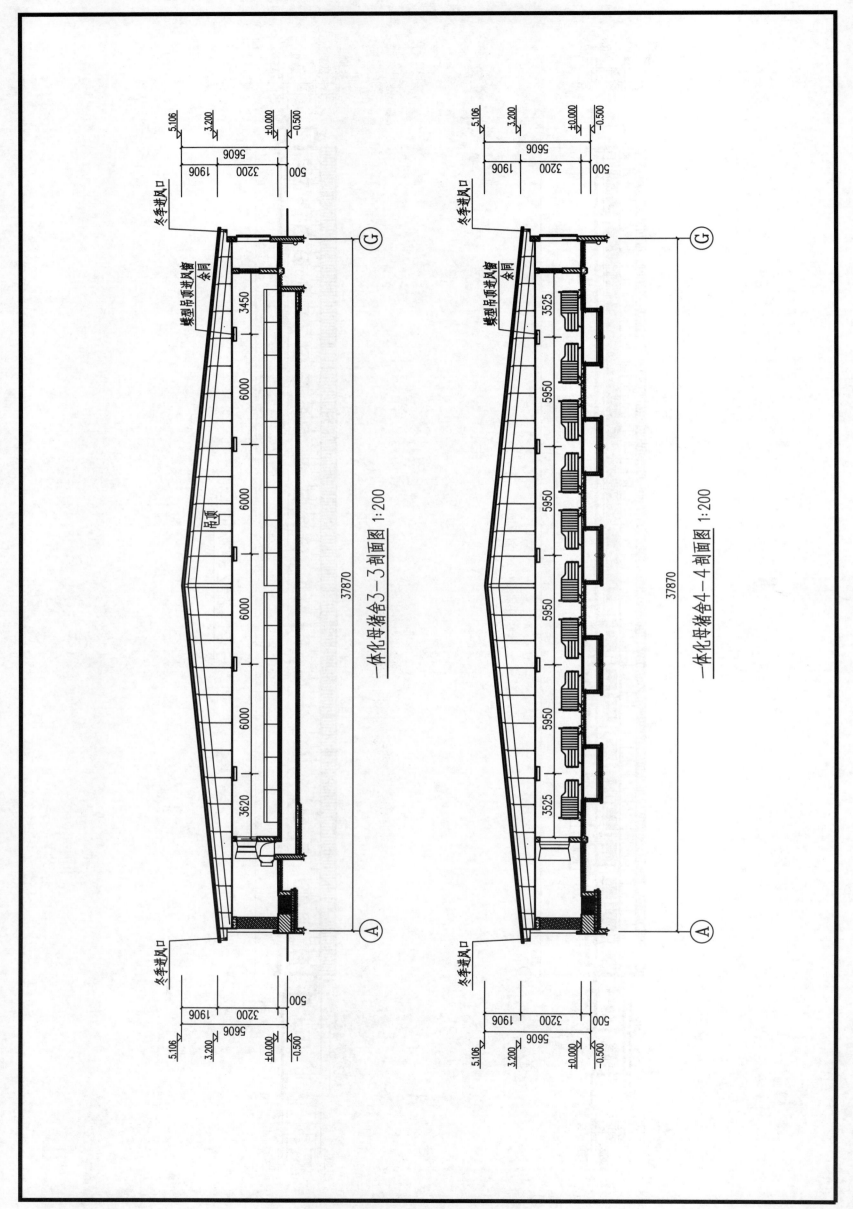

一体化母猪舍3—3剖面图 1:200

一体化母猪舍4—4剖面图 1:200

4.2 模块化装配式生长育肥猪舍

4.2.1 猪舍概述

模块化装配式生长育肥猪舍，单栋饲养 3 500 头猪，采用全进全出饲养模式。猪舍为全密闭式，整场为平层阁楼式猪舍。

猪舍采用阁楼式通风，夏季经侧墙湿帘进风，冬季经顶棚进风窗垂直进风，对进风有夏季预冷、冬季预热的作用，减少季节气候变化形成的猪舍温差，提高猪舍温度的稳定性。

以下将从工艺、饲养设备、猪舍建筑、环控系统、清粪系统配置 5 个模块展开详细介绍。

4.2.2 模块说明

《 模块1-工艺 》

生长育肥猪舍采用全进全出、周批次养殖模式，饲养育肥母猪 7 周，空舍消毒 1 周。生长育肥猪舍为全密闭式，采用分单元大栏饲养，每单元栏位为 2 列 1 走道布置，饲养密度为 0.8 m²/头。

《 模块2-饲养设备 》

（1）猪舍栏位

生长育肥猪舍分为 8 个单元，第 1 单元设有 1 列 5 个尺寸为 4 000 mm×6 800 mm 的大栏和 1 列 10 个尺寸为 4 000 mm×3 400 mm 的大栏，其余 7 个单元每单元 20 个大栏（图 4-2-1），每列 10 个，单个大栏尺寸为 6 000 mm× 3 400 mm。猪舍每单元中间走道宽 900 mm。

图 4-2-1 育肥大栏

（2）饲喂设备

饲料采用散装料车运输，通过车辆洗消中心消毒，沿场区围墙外道路输送到集中料塔，禁止料车进入生产场区。整个场区采用气动输送方式，以高速的低压空气为动力来源，通过管道输送方式把集中储存的饲料按类、按量、按时输送至各猪舍料塔。猪舍的一端根据料量需求配备料塔，由材料为 1.5 mm 厚的镀锌钢板冲压而成。猪舍采用塞盘式料线饲喂方式，其主要由驱动部件、塞盘链条、输送料管及落料组件等组成。

（3）饮水设备

猪舍采用自动饮水系统，由水线前端系统、水管及饮水设备等组成，水线前端配有 Y 形过滤器、水表、减压阀、阀门和加药支路等。猪舍大栏内主要配置防漏水的饮水器（图4-2-2），通过软管与水管相连接，育肥猪约每10头猪配1个饮水器。在普通鸭嘴式饮水器外侧加设钢制圆筒，可以防止猪饮水时外漏水到地面及粪坑，所漏的水用管道引流到舍外（可直接流到池塘养鱼），该部分水量约为猪饮用水的2倍。使用防漏水饮水器不仅可确保猪舍干燥，还可显著实现粪污的源头减量。

图4-2-2　猪用防漏水圆形饮水器

《 模块3-猪舍建筑 》

（1）建筑结构

猪舍建筑构造采用现场装配式，具体做法见本书"模块化装配式畜禽舍结构设计说明"部分内容。猪舍长109.36 m，宽41.52 m，檐口高度3.2 m，脊高5.288 m，屋面坡度1/10，散水宽度0.5 m，吊顶高度2.45 m。地面采用100 mm厚C25混凝土，随打随抹，面层向粪沟处扫毛；素土夯实压实系数≥0.95。粪沟底板内侧采用20 mm厚水泥砂浆（掺5%防水剂），100 mm厚C25钢筋混凝土，60 mm厚C15混凝土垫层，素土夯实压实系数≥0.94。粪沟池壁内侧采用20 mm厚水泥砂浆（掺5%防水剂），100 mm或150 mm厚C25钢筋混凝土。门采用单扇平开不锈钢铁门，窗采用双层玻璃铝合金推拉窗。

（2）围护结构

猪舍墙厚240 mm。墙裙高900 mm，采用砖墙，外贴B1级挤塑板。上半截墙体推荐采用双层压型钢板复合保温隔热墙体，由外到内依次为压型钢板外侧墙板、防水层、玻璃棉卷毡（双层，垂直交错布置，防止漏缝）、防水层（隔热反射铝箔，复合墙体有空气间层时）、压型钢板内侧墙板。出粪口、输料线等与墙体连接处，在墙体上预留洞口，安装后应进行边界密封处理。屋面采用岩棉彩钢夹芯板，屋脊屋顶板缝隙不大于50 mm，里外做双层脊瓦，中间空隙采用聚氨酯发泡胶做密封填充处理。吊顶做法为下侧采用压型钢板，上层采用玻璃棉。玻璃棉（双层，垂直交错布置，防止漏风）上下层均用高质量防水层包装，保证不漏风。玻璃棉下侧塑料膜与下层钢板之间采用双面胶粘贴。

《 模块4-环控系统 》

猪舍采用全密闭方式，配有自动化环境控制系统。环控系统主要包括通风系统和除臭系统。

（1）通风系统

猪舍冬季采用顶棚进风窗进风、风机排风的垂直通风模式；夏季采用纵向通风模式；过渡季节根据温度采用垂直通风或纵向通风，通风量根据饲养要求设定的温度和压差而确定。顶棚进风窗于舍内均匀分布，尺寸为670 mm×500 mm，进风量2 500 m³/h。

猪舍第1单元设有36寸风机1台、55寸风机2台、8 400 mm×2 000 mm湿帘1块、顶棚进风窗6套、纵向进风滑帘调节板4套等。单套进风滑帘调节板尺寸为1 200 mm×1 230 mm。

猪舍其他7个单元每单元设有36寸风机1台、55寸风机3台、12 000 mm×2 000 mm湿帘1块、顶棚进风窗12套、纵向进风滑帘调节板7套等。单套进风滑帘调节板尺寸为1 200 mm×1 230 mm。

（2）除臭系统

猪舍尾端配备除臭系统，对舍内排出的污浊空气进行净化处理。除臭系统通过化学过滤将废气中的粉尘以及颗粒物质分离去除，同时吸收废气中的 NH_3。每层配置 1 套除臭系统，除臭滤帘高 2.4 m，宽度为相邻两个结构柱的净距。除臭回水池深 0.6 m、宽 1.5 m。

《《 **模块 5-清粪系统** 》》

猪舍采用干湿分离刮粪机工艺，栏内全漏粪，粪沟宽度 2.8 m，深度 1 m。

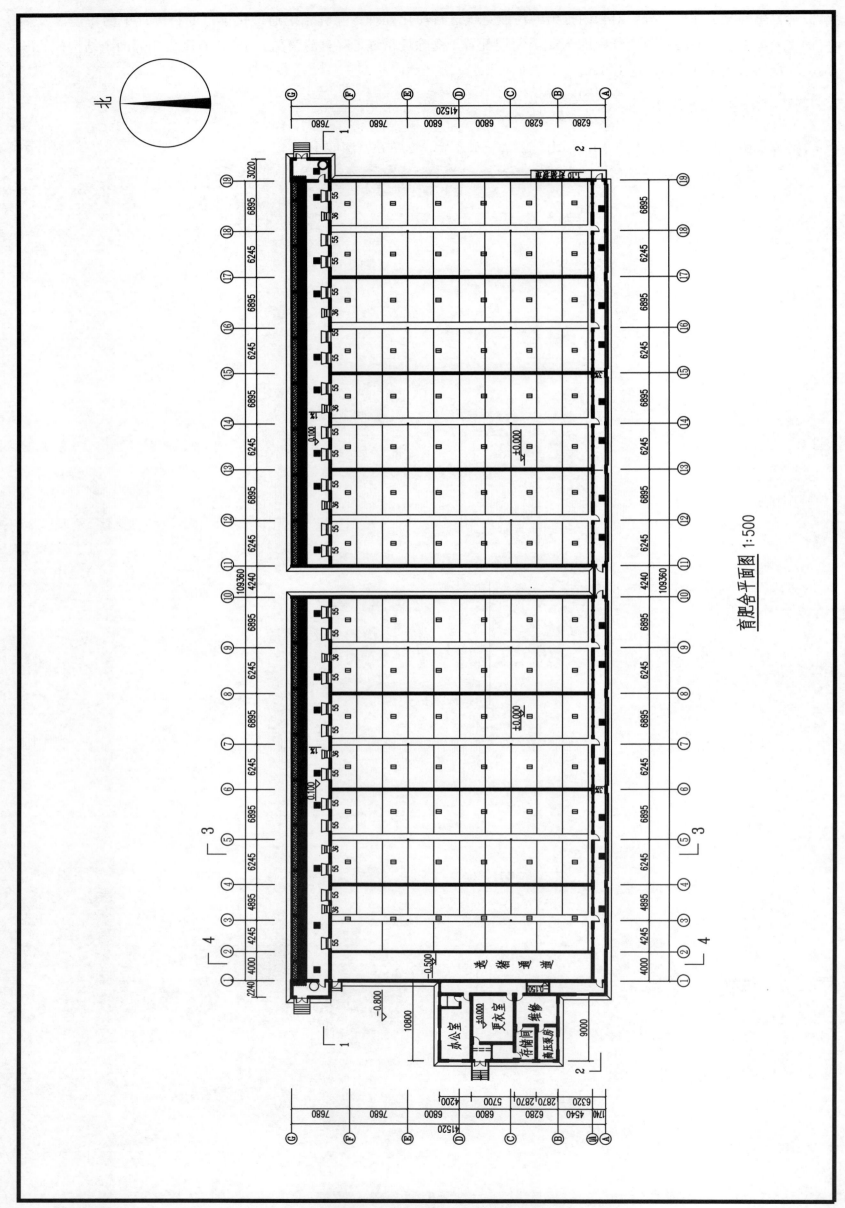

育肥舍平面图 1:500

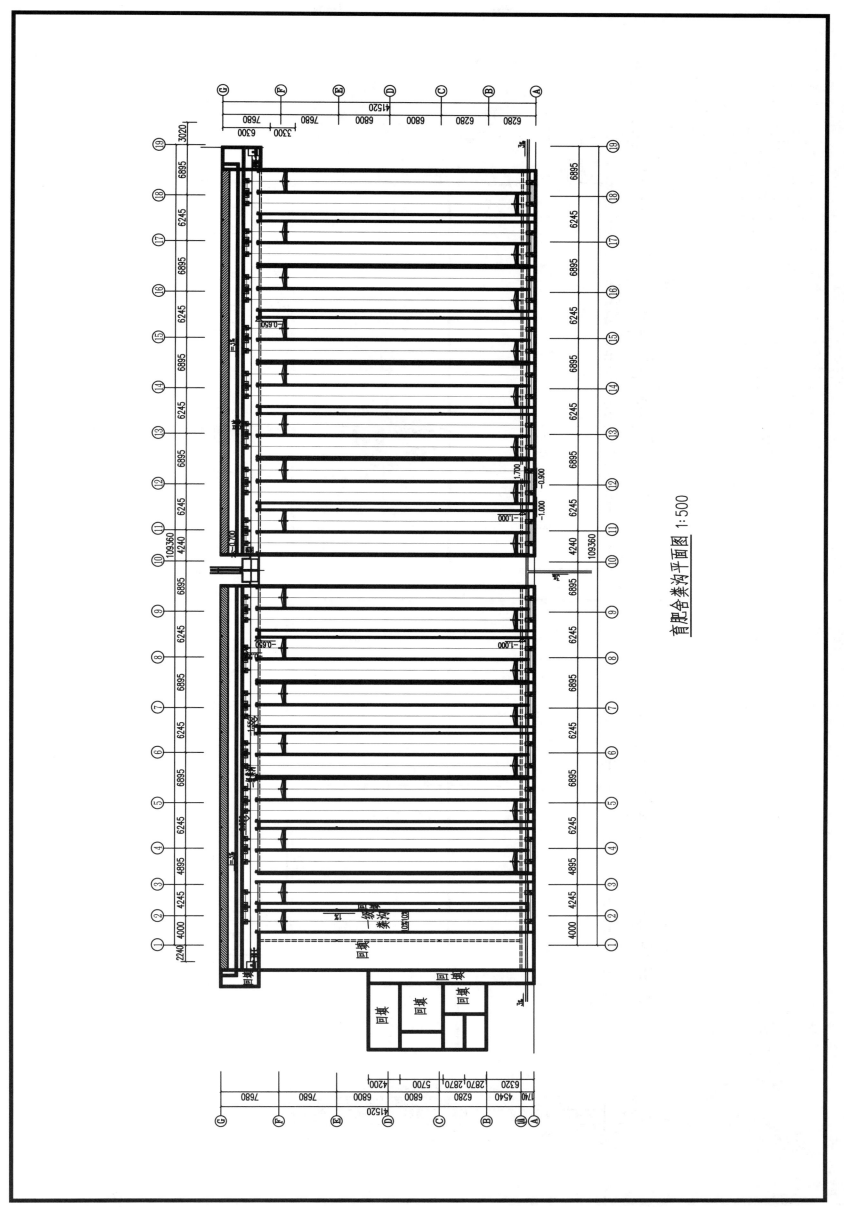

育肥舍粪沟平面图 1:500

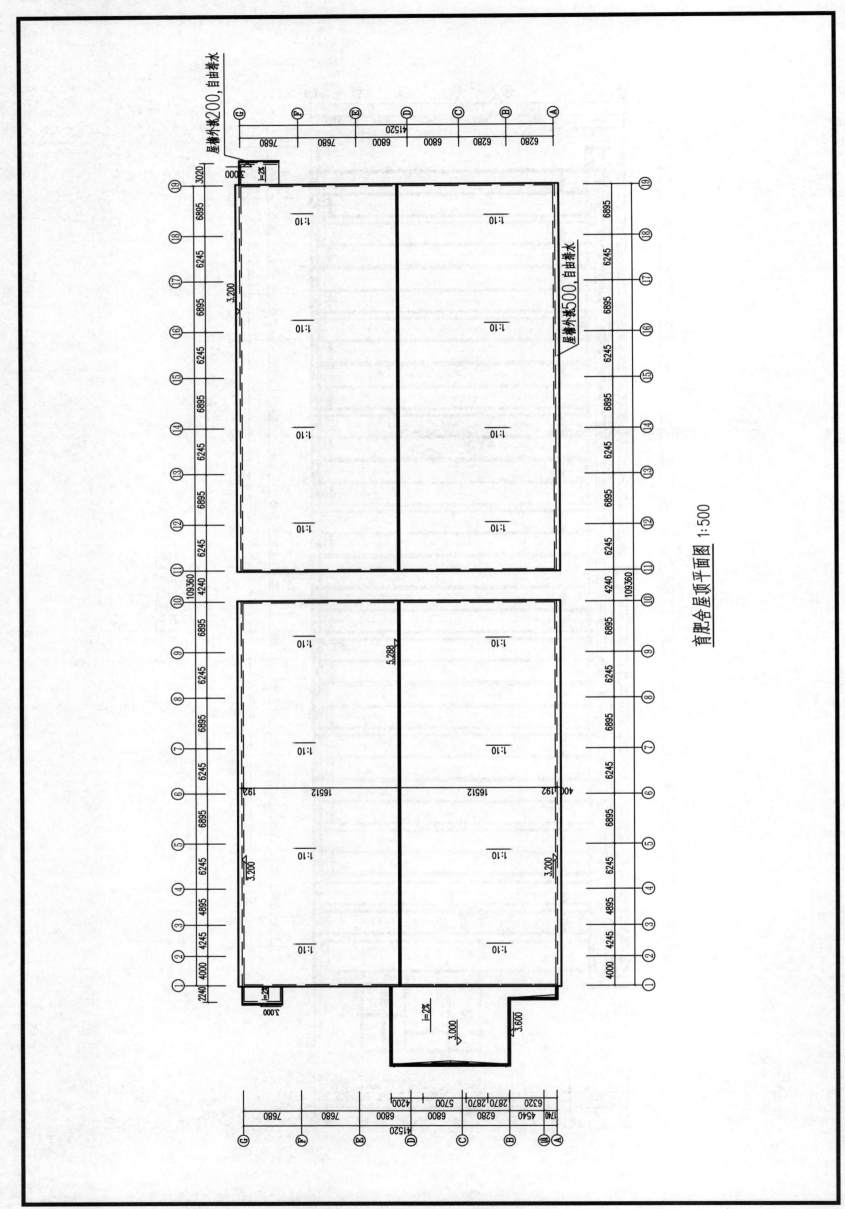

育肥舍全屋顶平面图 1:500

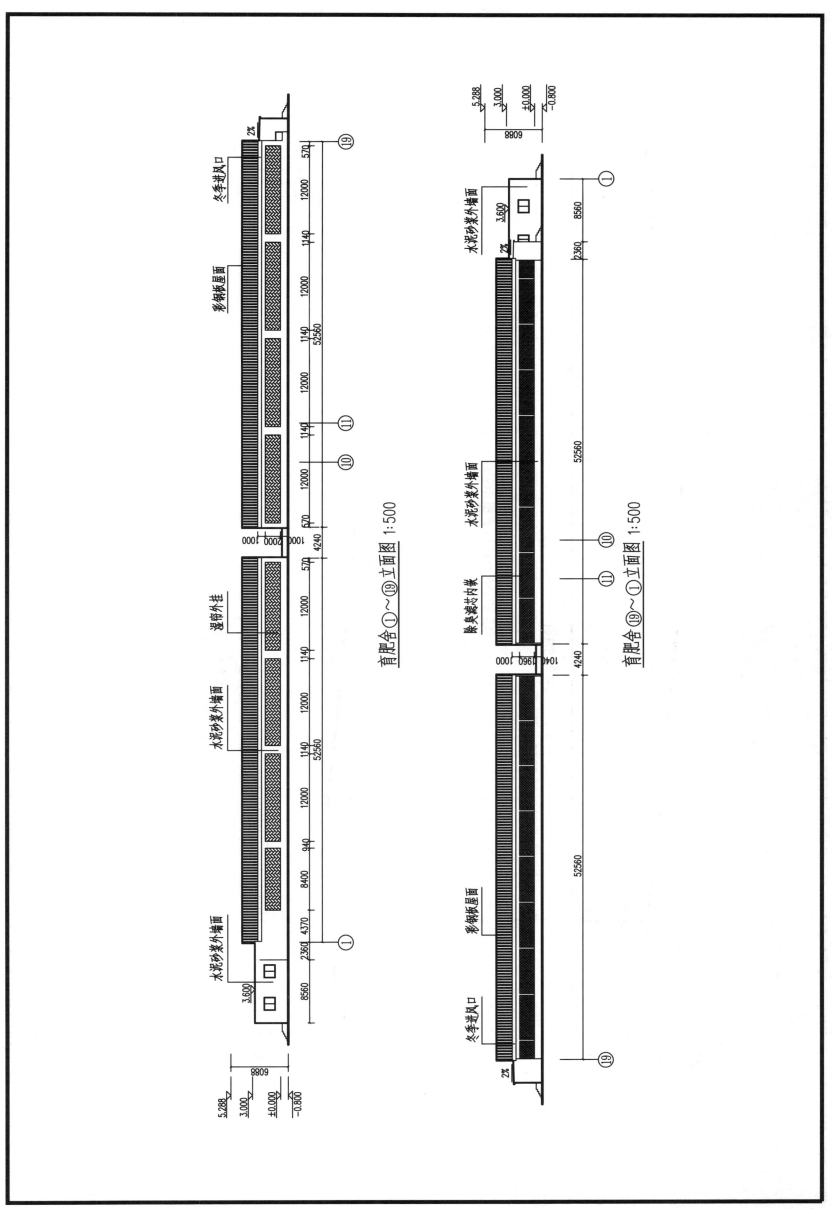

育肥舍 ①~⑲ 立面图 1:500

育肥舍 ⑲~① 立面图 1:500

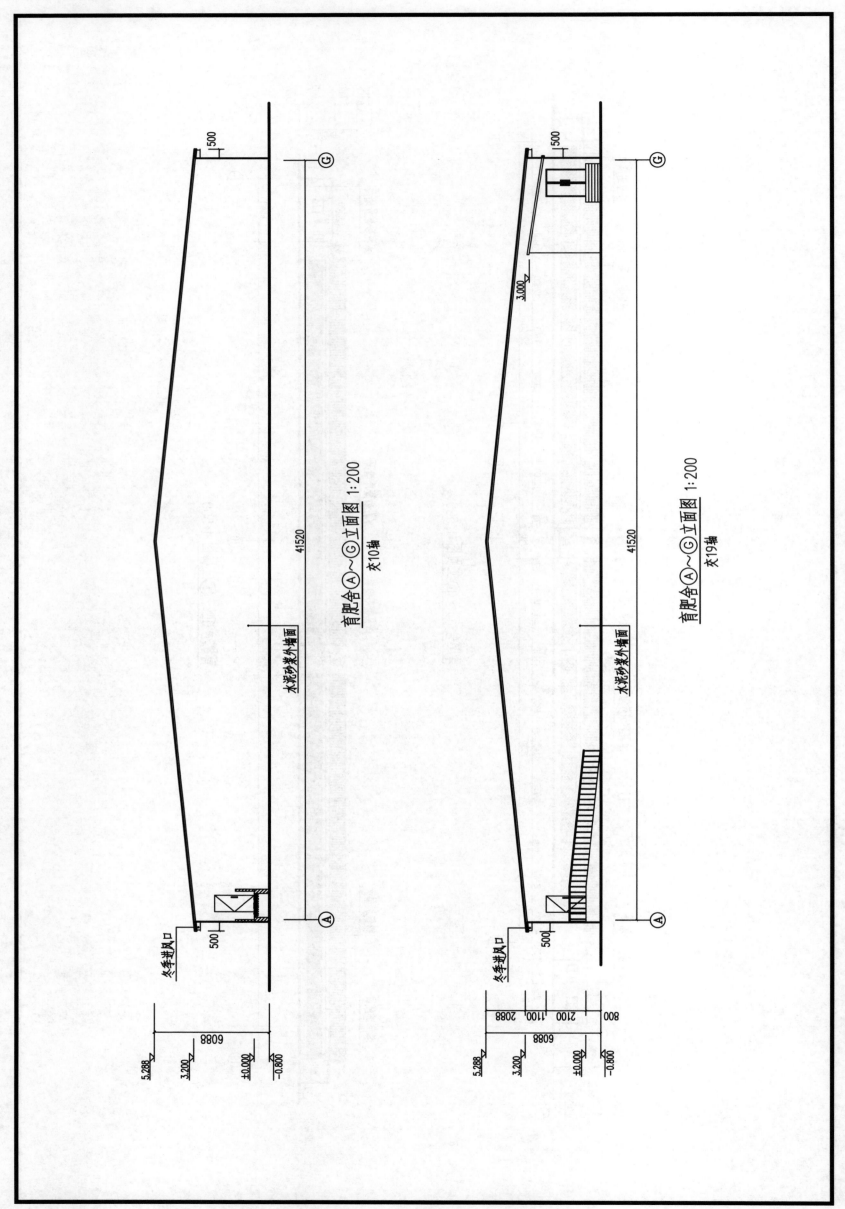

育肥舍Ⓐ～Ⓖ立面图 1:200
交10轴

水泥砂浆外墙面

冬季进风口

育肥舍Ⓐ～Ⓖ立面图 1:200
交19轴

水泥砂浆外墙面

冬季进风口

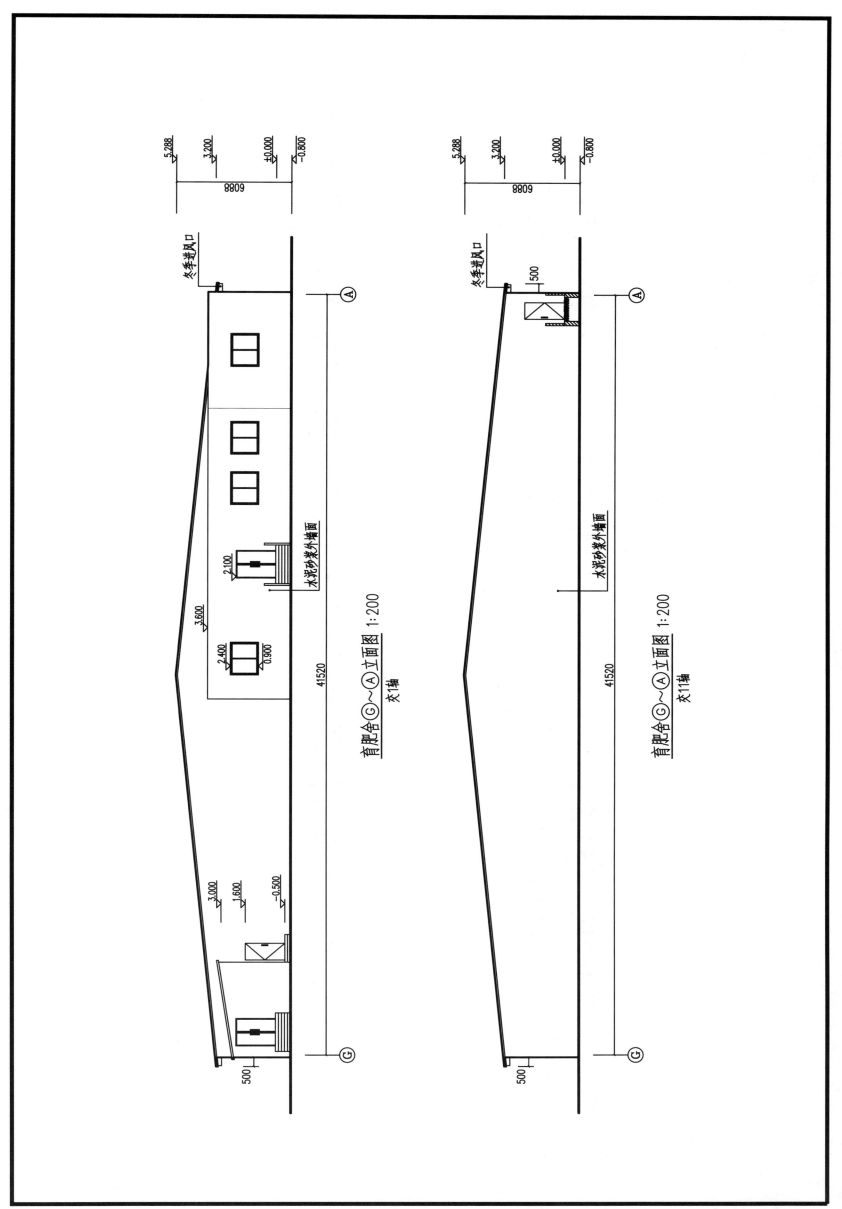

育肥舍 Ⓖ～Ⓐ立面图 1:200
交1轴

育肥舍 Ⓖ～Ⓐ立面图 1:200
交11轴

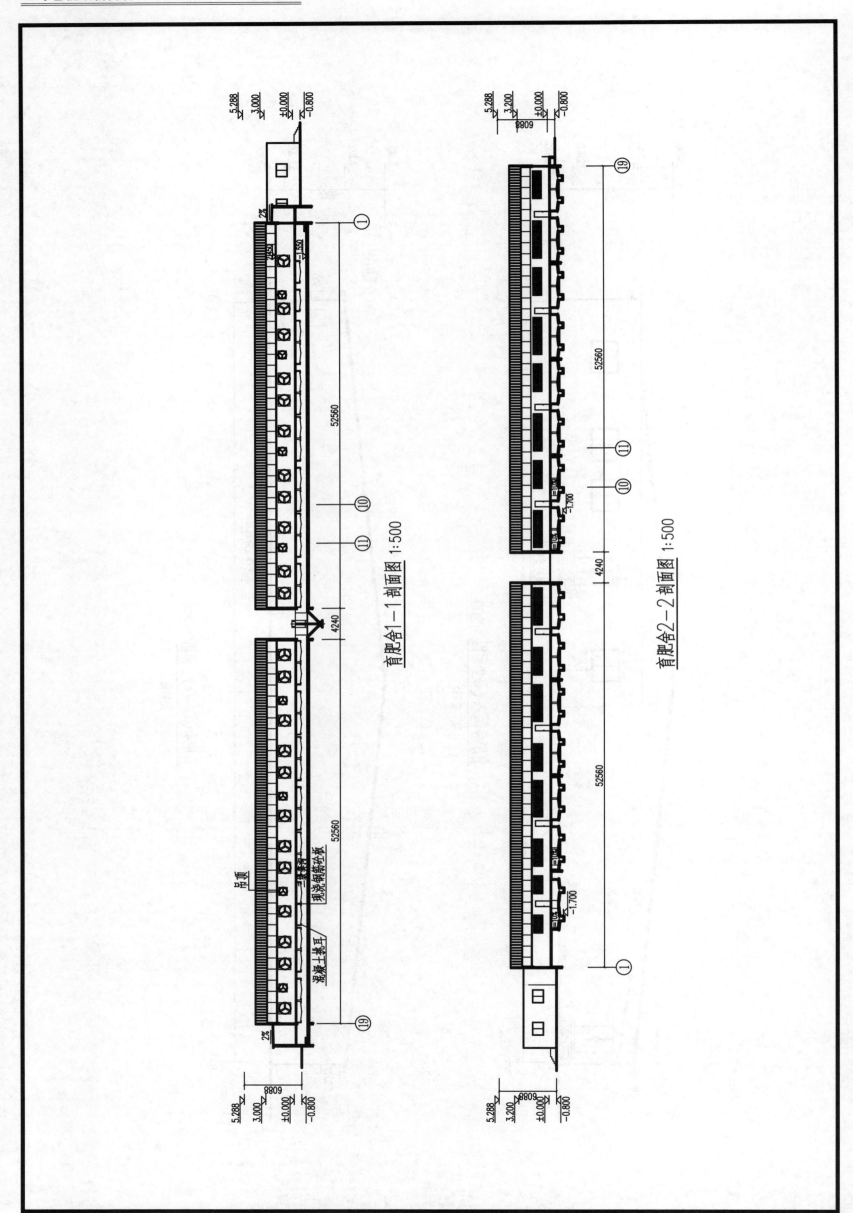

育肥舍1－1剖面图 1:500

育肥舍2－2剖面图 1:500

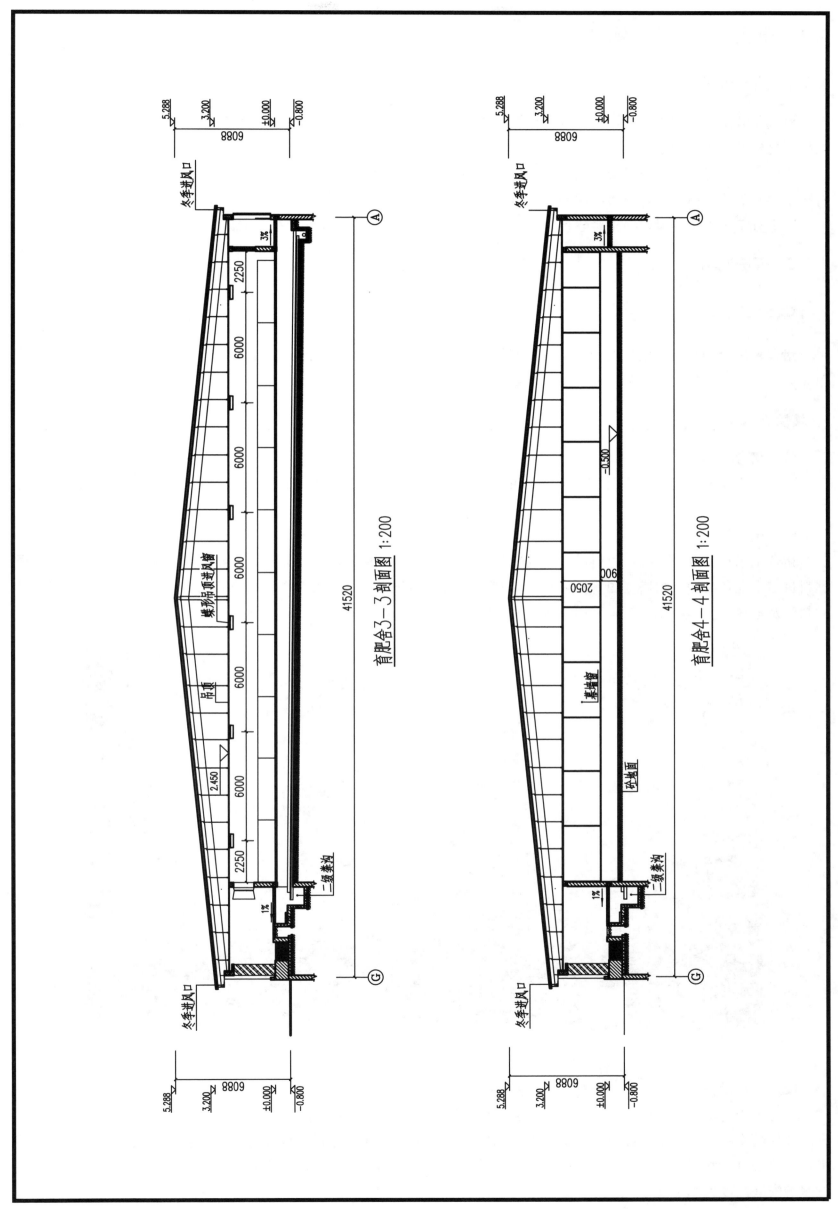

育肥舍3—3剖面图 1:200

育肥舍4—4剖面图 1:200

4.3 模块化装配式分娩母猪舍

4.3.1 猪舍概述

模块化装配式分娩母猪舍,单栋饲养规模为240头,饲养周期28 d。猪舍采用全漏缝地板饲养模式,生产工艺采用批次化生产,采用全进全出饲养模式。

猪舍采用双层压型钢板复合保温隔热墙体,可有效改善猪舍围护结构负压通风时的气密性;复合保温墙体内设有防水层和隔热反射铝箔,可缓解因潮湿所引起的保温性能下降问题,提高猪舍的保温隔热性能。

以下分工艺、饲养设备、猪舍建筑、环控系统和清粪系统5个模块展开详细介绍。

4.3.2 模块说明

《模块1-工艺》

猪舍采用全进全出、周批次养殖模式,提前1周上产床,3周断奶,1周空舍消毒。分娩舍为全密闭式,采用分单元大栏饲养,每单元栏位为4列5走道布置。

《模块2-饲养设备》

(1)猪舍栏位

猪舍分为5个单元,每单元60套产床,单套产床长2 400 mm、宽1 800 mm,中间走道宽1 000 mm,两边走道宽780 mm。

(2)饲喂设备

猪舍采用自动输料系统,由料塔、驱动输送、下料器、下料释放、料管支撑、控制系统等组成。猪舍的一端根据料量需求配备玻璃钢料塔(图4-3-1),采用塞盘式料线饲喂方式,其主要由驱动部件、转角器、塞盘链条、输送料管及落料组件等组成。猪舍采用单体食槽,尺寸为430 mm×360 mm×230 mm。

图4-3-1 玻璃钢料塔

(3)饮水设备

猪舍采用自动饮水系统,由水线前端系统、水管及饮水设备等组成,水线前端配有Y形过滤器、水表、减压阀、阀门和加药支路等。每个栏位内配母猪饮水碗和仔猪饮水碗,水管通过软管直接与饮水碗相连。饮水器长径与地面平行。分娩母猪水流速要求为2 000 mL/min,饮水碗安装高度为0.6 m。哺乳仔猪水流速要求为300~800 mL/min,饮水碗安装高度为0.12 m。

《《 **模块 3-猪舍建筑** 》》

（1）建筑结构

猪舍建筑构造采用现场装配式，具体做法见本书"模块化装配式畜禽舍结构设计说明"部分内容。猪舍长 72 m，宽 30.86 m，檐口高度 3.8 m，脊高 5.4 m，屋面坡度 1/10，吊顶高度 2.45 m。地面采用 100 mm 厚 C25 混凝土，随打随抹，面层向粪沟处扫毛；素土夯实压实系数≥0.95。粪沟底板内侧采用 20 mm 厚水泥砂浆（掺 5％防水剂），100 mm 厚 C25 钢筋混凝土，60 mm 厚 C15 混凝土垫层，素土夯实系数≥0.94。粪沟池壁内侧采用 20 mm 厚水泥砂浆（掺 5％防水剂），100 mm 或 150 mm 厚 C25 钢筋混凝土。门采用镀锌铁皮夹芯板。窗采用双层玻璃塑钢窗，安装纱窗。

（2）围护结构

猪舍墙厚 240 mm。墙裙高 900 mm，采用砖墙，外贴 B1 级挤塑板。上半截墙体推荐采用双层压型钢板复合保温隔热墙体，由外到内依次为压型钢板外侧墙板、防水层、玻璃棉卷毡（双层，垂直交错布置，防止漏缝）、防水层（隔热反射铝箔，复合墙体有空气间层时）、压型钢板内侧墙板。出粪口、输料线等与墙体连接处，在墙体上预留洞口，安装后应进行边界密封处理。屋面采用岩棉彩钢夹芯板，屋脊屋顶板缝隙不大于 50 mm，里外做双层脊瓦，中间空隙采用聚氨酯发泡胶做密封填充处理。吊顶做法为下侧采用压型钢板，上层采用玻璃棉。玻璃棉（双层，垂直交错布置，防止漏风）上下层均用高质量防水层包装，保证不漏风。玻璃棉下侧塑料膜与下层钢板之间采用双面胶粘贴。

《《 **模块 4-环控系统** 》》

猪舍采用全密闭方式，配有自动化环境控制系统。环控系统主要包括通风系统和加热系统。

（1）通风系统

猪舍采用湿帘+负压风机的纵向通风模式，冬季通过地沟风机进行通风，通风量根据饲养要求设定的温度和压差而确定。猪舍每单元设有 24 寸地沟调速风机 2 台、36 寸风机 2 台、55 寸风机 2 台、12 600 mm×1 750 mm×150 mm 湿帘 1 块、导流窗 8 套等。单套导流窗尺寸为 1 100 mm×1 000 mm。

（2）加热系统

为分娩舍初生仔猪配备加热系统。加热设备主要包含保温灯、保温盖板和电热板等，保证仔猪活动区域温度稳定在 35～38 ℃。分娩栏每栏配备 1 个保温灯和 1 套电热板，两栏共用一套保温盖板。

《《 **模块 5-清粪系统** 》》

猪舍采用水泡粪工艺，栏内全漏粪模式，每列栏位对应 1 条粪沟，每单元共 4 条粪沟，粪沟宽 2.4 m、深 0.9 m，通过插拔沉淀池排粪塞子进行清粪。每条粪沟前中后共设有 3 个沉淀池，沉淀池尺寸为 1 000 mm×1 000 mm×100 mm。排污管道直径为 250 mm，管道长度不大于 45 m。排污管埋深高度由地埋管深度决定，所有管道需要埋在土壤冰冻层以下。

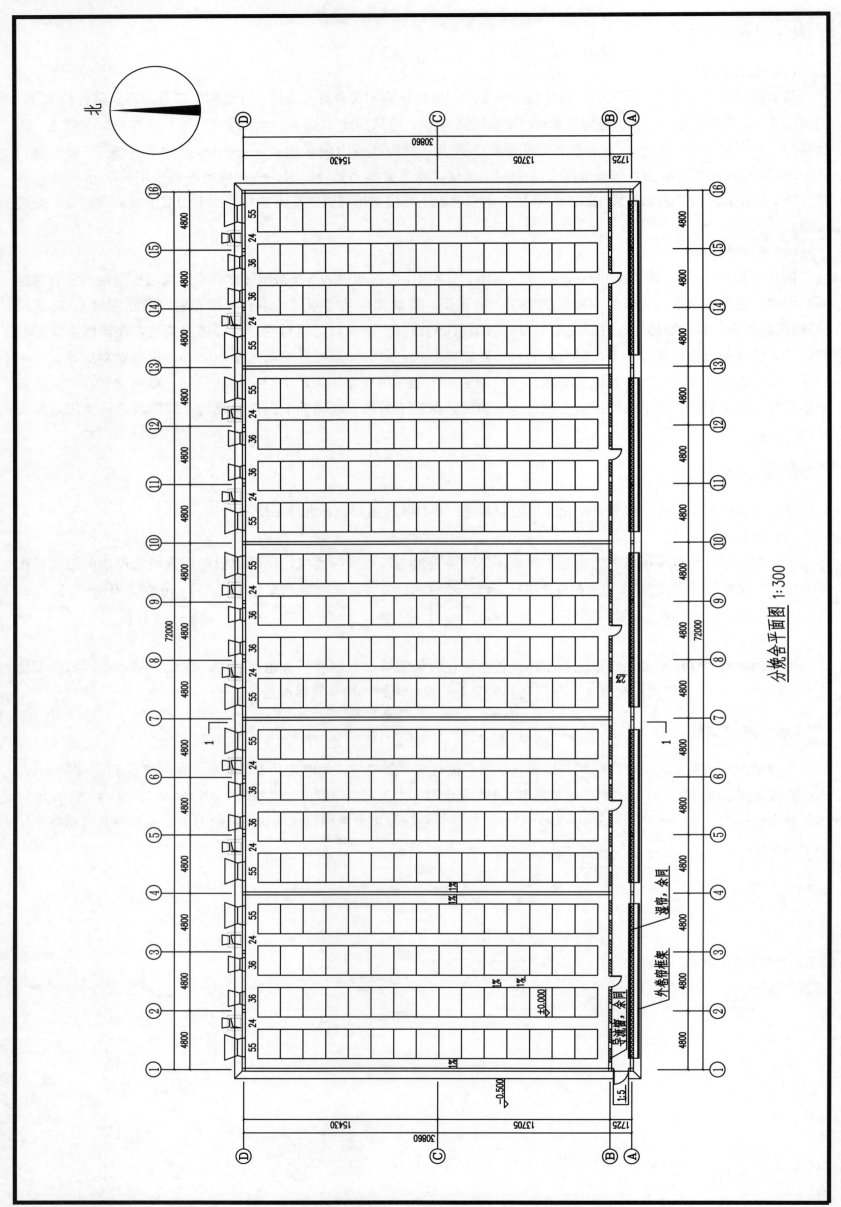

分娩舍平面图 1:300

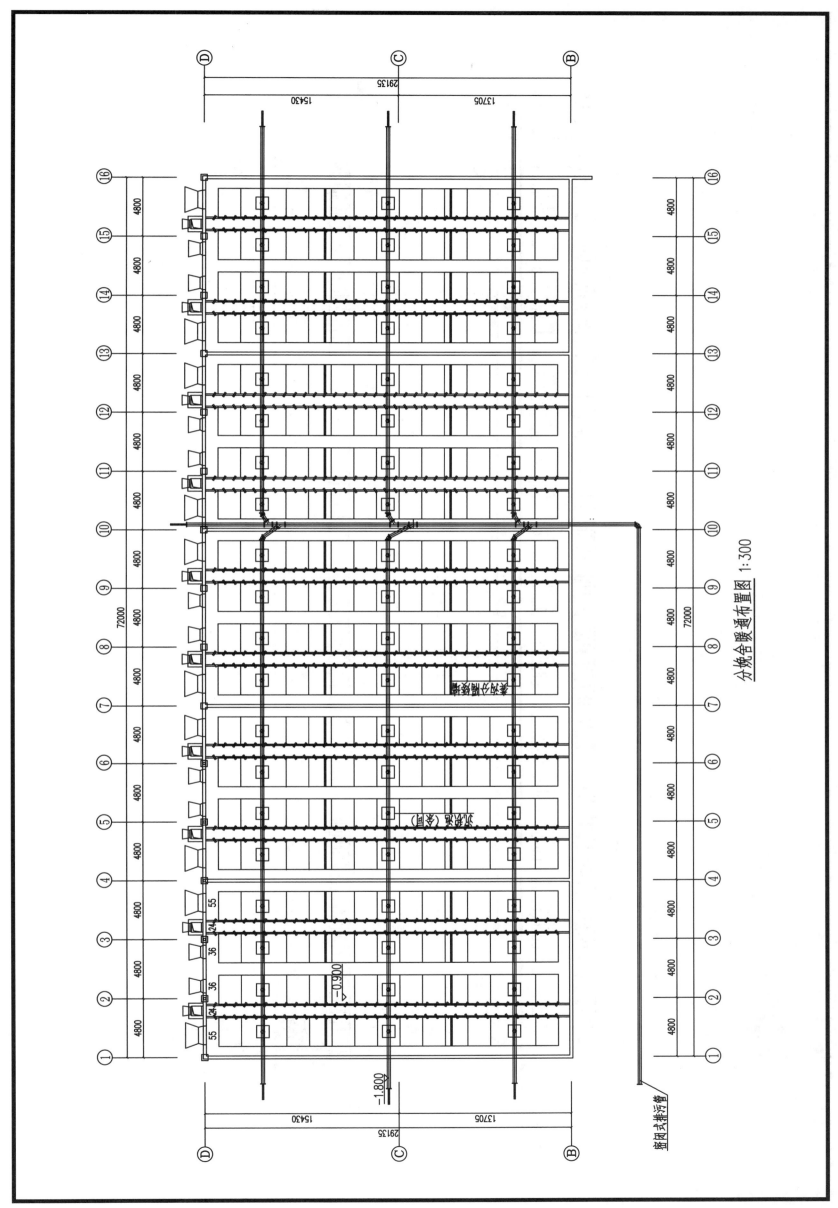

分娩舍暖通布置图 1:300

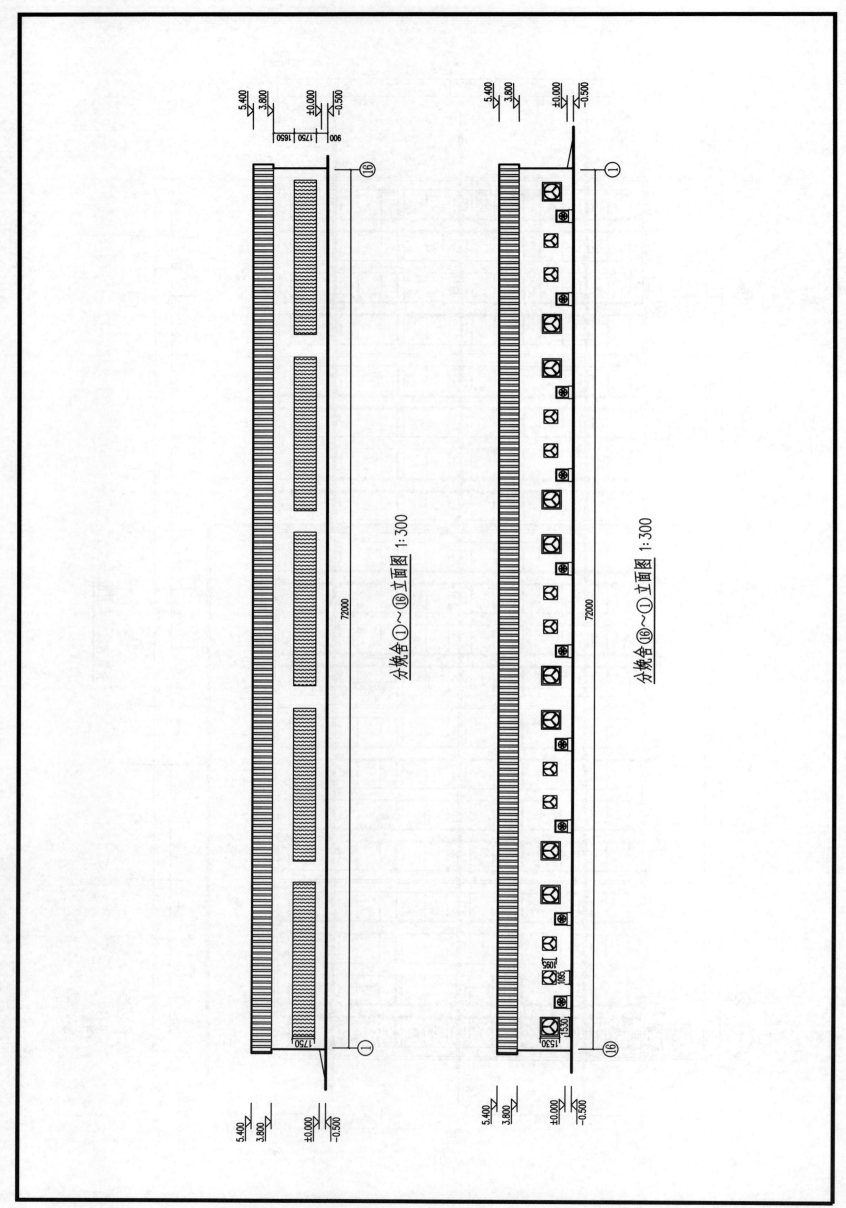

分娩舍①~⑯立面图 1:300

分娩舍⑯~①立面图 1:300

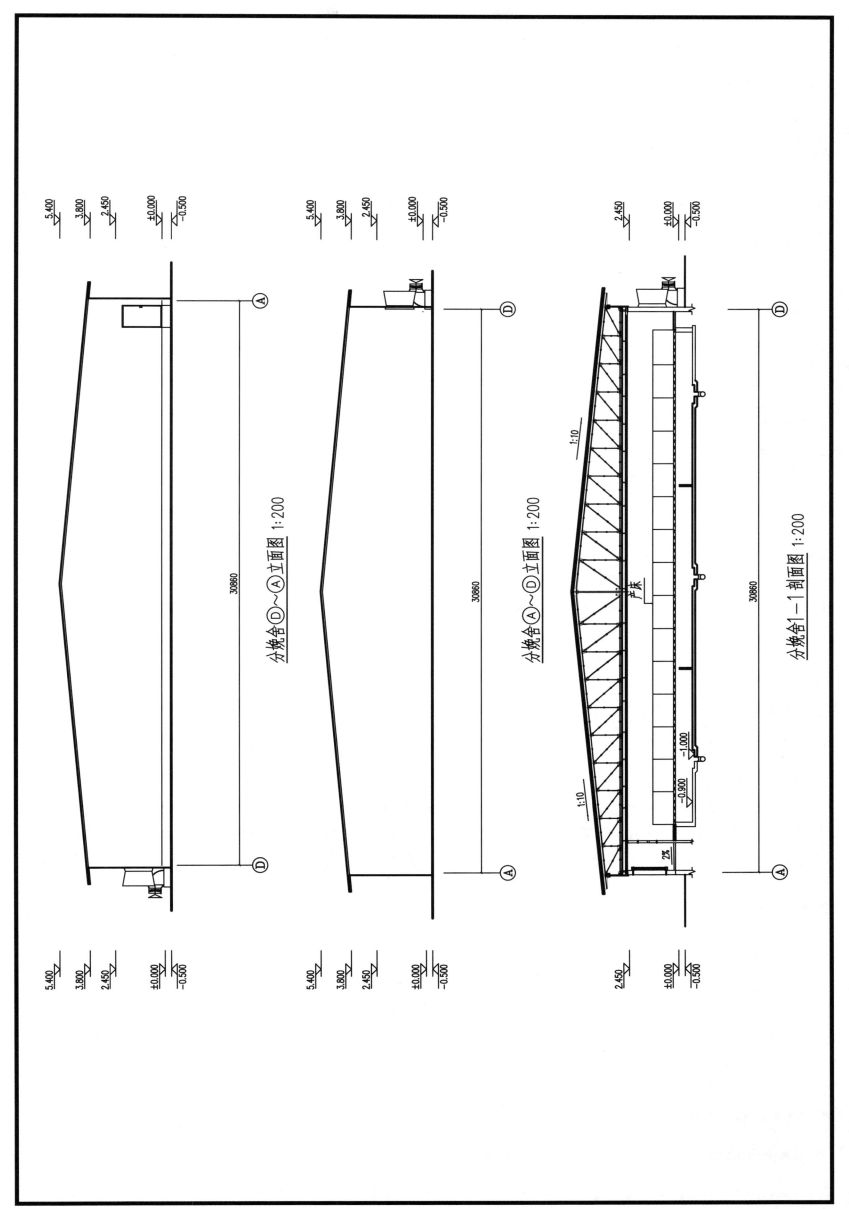

分娩舍⑩~Ⓐ立面图 1:200

分娩舍Ⓐ~⑩立面图 1:200

分娩舍1—1剖面图 1:200

4.4 模块化装配式妊娠母猪舍

4.4.1 猪舍概述

模块化装配式妊娠母猪舍，单栋饲养规模为 800 头，饲养周期 12 周。猪舍采用全漏缝地板饲养模式，生产工艺采用批次化生产，采用全进全出饲养模式。

猪舍采用双层压型钢板复合保温隔热墙体，可有效改善猪舍围护结构负压通风时的气密性；复合保温墙体内设有防水层和隔热反射铝箔，可缓解因潮湿所引起的保温性能下降问题，提高猪舍的保温隔热性能。

以下分工艺、饲养设备、猪舍建筑、环控系统和清粪系统 5 个模块展开详细介绍。

4.4.2 模块说明

《《 **模块 1-工艺** 》》

猪舍为全密闭式，采用全进全出、周批次养殖模式，饲养妊娠母猪 12 周，空舍消毒 1 周。猪舍采用限位栏饲养，栏位布置为 7 列 8 走道。

《《 **模块 2-饲养设备** 》》

（1）猪舍栏位

猪舍栏位共 896 个，单个栏位长 2 300 mm、宽 650 mm。两列栏位之间走道宽 1 000 mm，两侧走道宽 1 500 mm。

（2）饲喂设备

猪舍采用自动输料系统，由料塔、驱动输送、下料器、下料释放、料管支撑、控制系统等组成。猪舍的一端根据料量需求配备玻璃钢料塔，采用塞盘式料线饲喂方式，其主要由驱动部件、转角器、塞盘链条、输送料管及落料组件等组成。猪舍采用单体食槽，尺寸为 430 mm×360 mm×230 mm，上方配置配量器加下料管，配量器下料的均配备有释放装置，可手动或电动控制单列或每单元的下料。

（3）饮水设备

猪舍采用自动饮水系统，由水线前端系统、水管及饮水设备等组成，水线前端配有 Y 形过滤器、水表、减压阀、阀门和加药支路等。每个栏位内配母猪饮水碗，安装高度为 0.6 m。水管通过软管直接与饮水碗相连，进行补水。最小水流速要求为 2 000 mL/min。

《《 **模块 3-猪舍建筑** 》》

（1）建筑结构

猪舍建筑构造采用现场装配式，具体做法见本书"模块化装配式畜禽舍结构设计说明"部分内容。猪舍长 86.4 m，宽 25.34 m，檐口高度 3.8 m，脊高 5.1 m，屋面坡度 1/10，吊顶高度 2.45 m。地面采用 100 mm 厚 C25 混凝土，随打随抹，面层向粪沟处扫毛；素土夯实压实系数≥0.95。粪沟底板内侧采用 20 mm 厚水泥砂浆（掺 5% 防水剂），100 mm 厚 C25 钢筋混凝土，60 mm 厚 C15 混凝土垫层，素土夯实压实系数≥0.94。粪沟池壁内侧采用 20 mm 厚水泥砂浆（掺 5% 防水剂），100 mm 或 150 mm 厚 C25 钢筋混凝土。门采用镀锌铁皮夹芯板。窗采用双层玻璃塑钢窗，安装纱窗。

（2）围护结构

猪舍墙厚 240 mm。墙裙高 900 mm，采用砖墙，外贴 B1 级挤塑板。上半截墙体推荐采用双层压型钢板复合保温隔热墙体，由外到内依次为压型钢板外侧墙板、防水层、玻璃棉卷毡（双层，垂直交错布置，防止漏缝）、防水层（隔热反射铝箔，复合墙体有空气间层时）、压型钢板内侧墙板。出粪口、输料线等与墙体连接处，在墙体上预留洞口，安装后应进行边界密封处理。屋面采用岩棉彩钢夹芯板。吊顶做法为下侧采用压型钢板，上层采用玻璃棉。玻璃棉（双层，垂直交错布置，防止漏风）上下层均用高质量防水层包装，保证不漏风。玻璃棉下侧塑料膜与下层钢板之间采用双面胶粘贴。

《《 **模块 4-环控系统** 》》

猪舍采用全密闭方式，配有自动化环境控制系统。环控系统主要体现在通风系统。

猪舍采用湿帘＋负压风机的横向通风模式，通风量根据饲养要求设定的温度和压差而确定。风机带拢风筒。猪舍设有 36 寸风机 2 台、55 寸风机 14 台、18 600 mm×1 750 mm×150 mm 湿帘 4 块。

《 **模块 5-清粪系统** 》

猪舍采用水泡粪工艺，栏内全漏粪模式，每列栏位对应 1 条粪沟，每单元共 4 条粪沟，粪沟宽 2.3 m、深 0.9 m，通过插拔沉淀池排粪塞子进行清粪。每条粪沟前中后共设有 10 个沉淀池，沉淀池尺寸为 1 000 mm×1 000 mm×100 mm。排污管道直径为 250 mm，管道长度不大于 45 m。排污管埋深高度由地埋管深度决定，所有管道需要埋在土壤冰冻层以下。

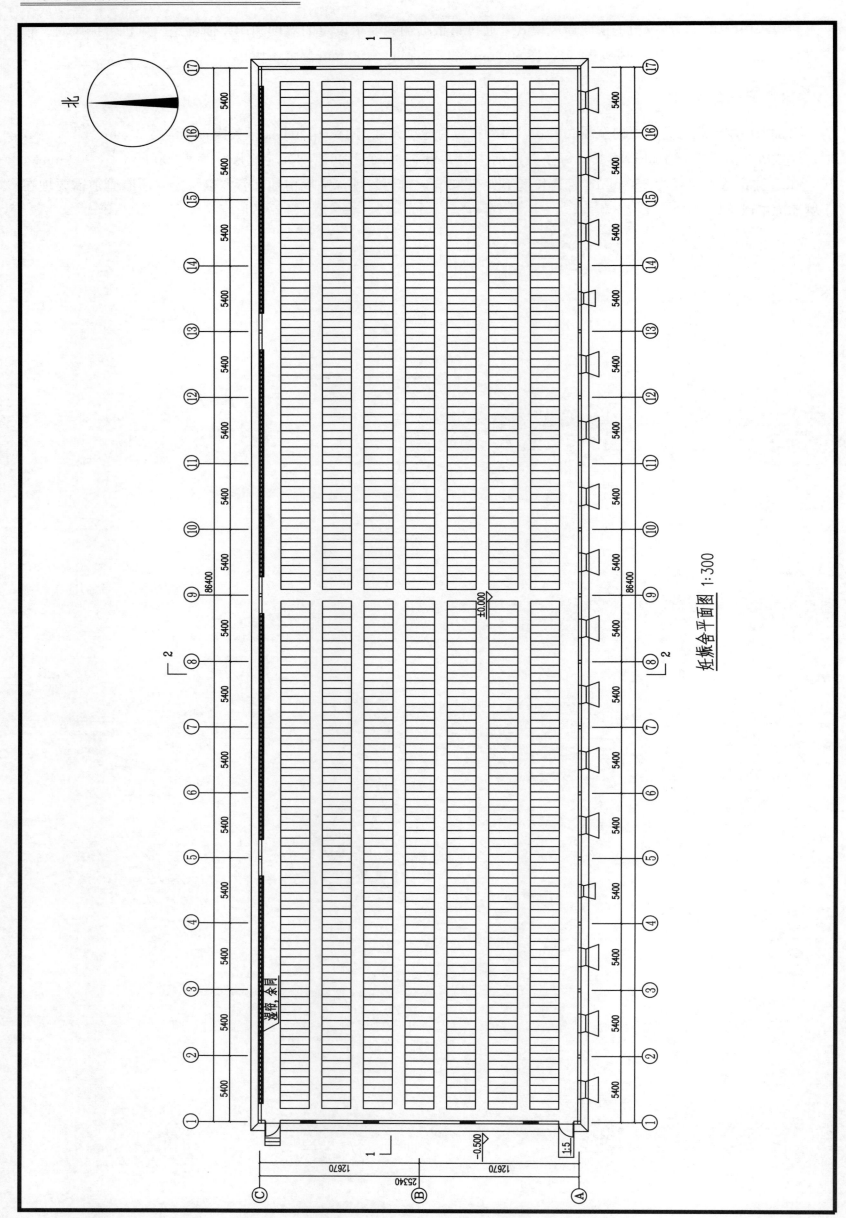

北

妊娠舍平面图 1:300

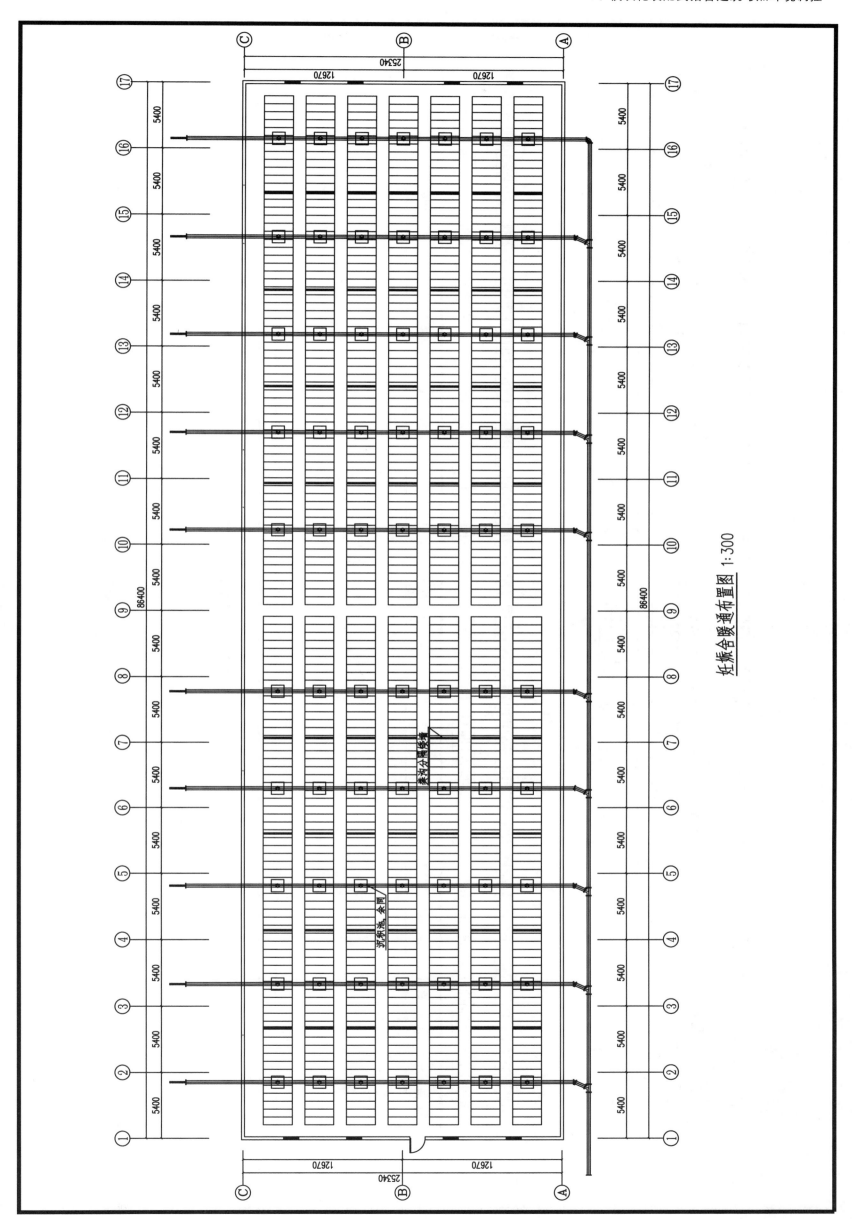

妊娠舍暖通布置图 1:300

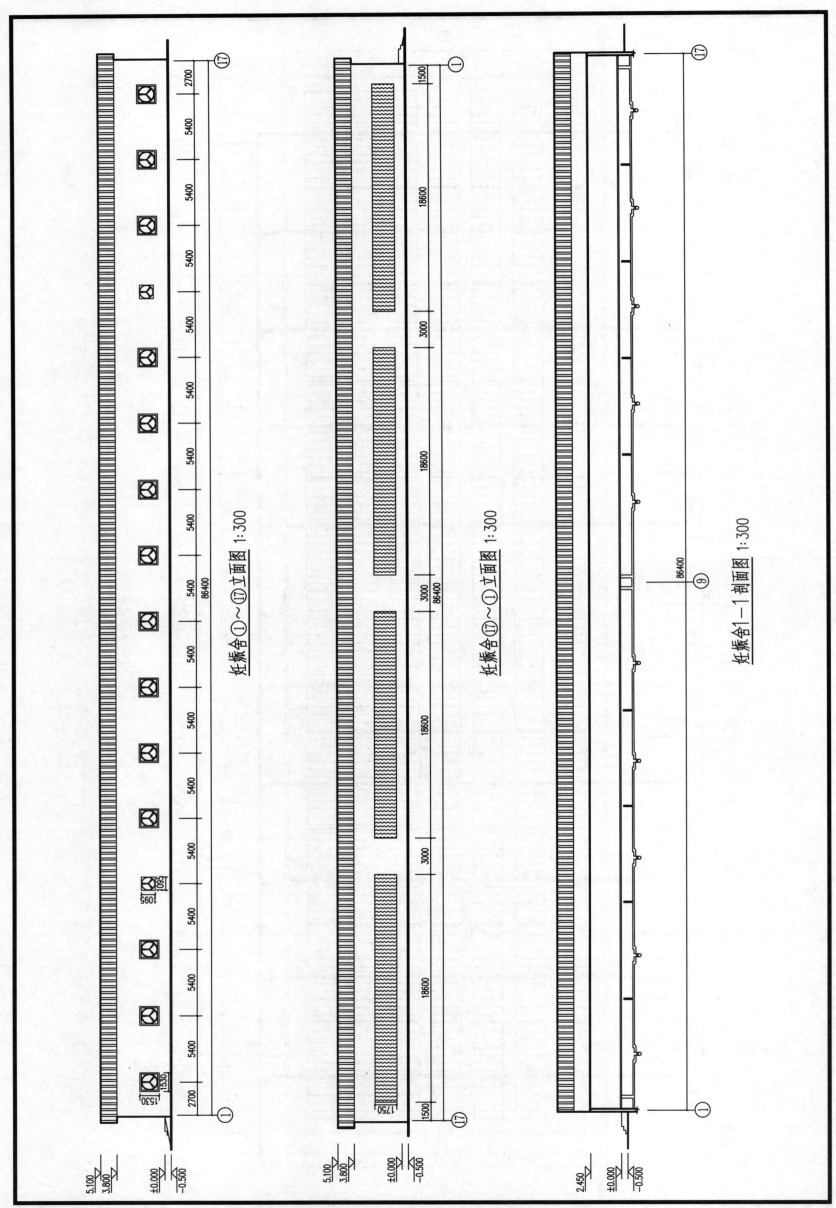

妊娠舍①～⑰立面图 1:300

妊娠舍⑰～①立面图 1:300

妊娠舍1-1剖面图 1:300

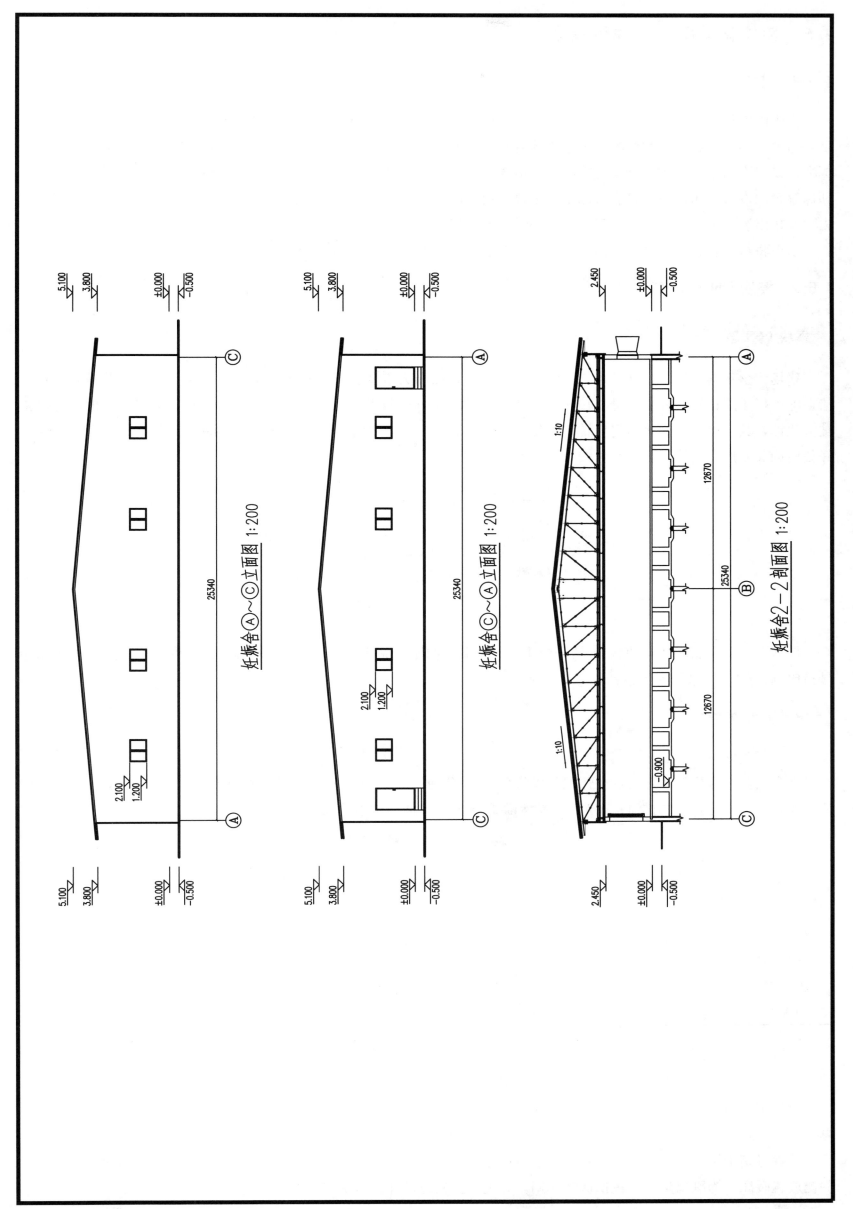

4.5 模块化装配式钟祥母猪舍

4.5.1 猪舍概述

模块化装配式钟祥母猪舍，包括妊娠舍、空怀配种舍、分娩舍和保育舍，共饲养基础母猪300头，保育仔猪960头。

猪舍采用舍饲散养福利化养猪工艺模式合理设计猪只的排泄、躺卧、采食和游玩区域。妊娠母猪采用圈栏群养饲喂，设置降温猪床，防止母猪夏季出现热应激；空怀配种母猪舍采用可自由出入的限位栏；分娩母猪舍定位栏内和保育舍内设置暖床，对仔猪进行保温。猪舍采用湿帘-风机通风系统，排风尾端设置排风通道和除臭间，能够有效去除及排出废气中的杂质和有害气体，减小对环境产生的污染。

以下将从工艺、饲养设备、猪舍建筑、环控系统和清粪系统5个模块展开详细介绍。

4.5.2 模块说明

《 模块1-工艺 》

猪场为全年均衡生产，基础母猪300头。生产过程以周为节律进行，采用舍饲散养福利化养猪工艺模式。种母猪在配种栏4周；确认妊娠的母猪转入妊娠栏，在妊娠舍饲养12周；临产前1周转入分娩栏，分娩完成的部分母猪被淘汰掉，其余母猪在仔猪断奶后转入配种舍，进入下一个繁殖周期。哺乳仔猪28日龄断奶后转入保育舍，在保育仔猪栏饲养6周。具体工艺流程见图4-5-1。

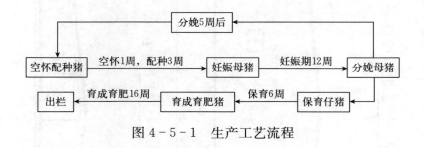

图4-5-1 生产工艺流程

母猪平均年产胎次2.24胎，产活仔数13.3头/胎；两胎间隔期152~163 d；基础母猪年更新率33%；种公猪与母猪比例1:100，采用人工授精。

《 模块2-饲养设备 》

（1）猪舍栏位

整舍饲养妊娠母猪200头，空怀配种母猪54头，分娩母猪28头。猪舍内栏位采用福利化工艺设计，保障猪只生活空间，严格规定猪只的排泄、躺卧、采食和游玩区域。具体栏位参数见表4-5-1。

表4-5-1 猪舍栏位设计

猪群类别	栏位数	每栏猪数量 （头）	单栏面积 （m²）	设计尺寸 （m）	每单元面积 （m²）	单元数	总面积 （m²）
妊娠母猪	10	20	140	6.6×9.6	683.1	1	683.1
空怀配种猪	54	1	1.26	2.1×0.6	178.2	1	178.2
分娩母猪	84	1	5.75	2.3×2.5	198	3	594
保育舍	24	40	20	5*4	198	3	594

妊娠母猪采用圈栏群养，栏位面积63.36 m²。降温猪床尺寸为2 m×0.6 m，漏缝地板宽2 m；同时在两列猪床中部设置蹭痒架，合理考虑动物福利。妊娠母猪栏位设计见图4-5-2。

空怀配种母猪采用可自由出入的限位栏饲养，限位栏尺寸为2.1 m×0.6 m。漏缝地板从限位栏后部开始布置，总宽3 m。空怀配种栏位设计见图4-5-3。

分娩母猪采用可升降定位栏饲养，定位栏尺寸为2.5 m×2.3 m。除走道外定位栏部分采用全漏缝地板；定位栏一侧放置暖床，为刚出生仔猪提供保暖作用。分娩母猪栏位设计见图4-5-4。

保育仔猪采用群养，隔周分栏，栏位面积 20 m²。猪床尺寸为 2.1 m×0.8 m，可躺卧仔猪 5 头；漏缝地板宽 0.8 m。在食槽两侧设置蹭痒架，方便仔猪的活动和游玩。保育仔猪栏位设计见图 4-5-5。

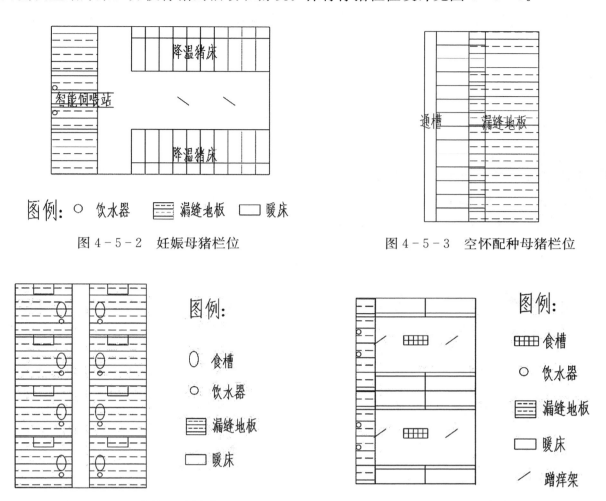

图 4-5-2 妊娠母猪栏位　　　　　　　图 4-5-3 空怀配种母猪栏位

图 4-5-4 分娩母猪栏位　　　　　　　图 4-5-5 保育仔猪栏位

（2）饲喂设备

猪舍采用自动饲喂系统进行饲料供给。自动饲喂系统由料塔、驱动输送、下料器、下料释放调节组件、料管支架、控制系统等组成。

妊娠母猪舍配备 1 个 9.2 m³ 的镀锌板料塔，1 条 60 塞盘主料线，采用智能饲喂站进行饲喂。

空怀配种舍和分娩母猪舍配备 1 个 6.8 m³ 的镀锌板料塔，2 条 60 塞盘主料线。空怀配种舍采用通槽进行饲喂，分娩母猪舍采用食槽进行饲喂。

保育舍配备 1 个 9.2 m³ 的镀锌板料塔，1 条 60 塞盘主料线，圈栏中央放置食槽，进行饲料供给。

（3）饮水设备

猪舍采用自动饮水系统，由水线前端系统、水管及饮水设备等组成，水线前端配有 Y 形过滤器、水表、减压阀、阀门和加药支路等。妊娠母猪栏位一端放置 2 个碗式饮水机；分娩母猪每个定位栏前端放置 1 个碗式饮水机；空怀配种母猪限位栏前部设通槽，每隔 4 m 通槽放置 2 个碗式饮水机；保育舍一端放置 2 个碗式饮水机。饮水中添加微酸性电解水，使得水中余氯浓度保持在 0.3 mg/L。

《 模块 3-猪舍建筑 》

（1）建筑结构

猪舍建筑构造采用现场装配式，具体做法见本书"模块化装配式畜禽舍结构设计说明"部分内容。猪舍长 62.1 m，宽 37 m。其中，妊娠母猪舍长 20.7 m，分娩母猪舍长 23.4 m，空怀配种母猪舍长 18 m，三间猪舍宽度均为 33 m；排风通道与走道均长 62.1 m，宽 2 m；除臭间及办公室尺寸均为长 6 m，宽 6 m。

（2）围护结构

猪舍墙厚 240 mm。墙裙高 900 mm，采用砖墙，外贴 B1 级挤塑板。上半截墙体推荐采用双层压型钢板复合保温隔热墙体，由外到内依次为压型钢板外侧墙板、防水层、玻璃棉卷毡（双层，垂直交错布置，防止漏缝）、防水层（隔热反射铝箔，复合墙体有空气间层时）、压型钢板内侧墙板。出粪口、输料线等与墙体连接处，在墙体上预留洞口，安装后应进行边界密封处理。屋面采用岩棉彩钢夹芯板，屋脊屋顶板缝隙不大于 50 mm，里外做双层脊瓦，中间空隙采用聚氨酯发泡胶做密封填充处理。

《《 **模块 4-环控系统** 》》

猪舍采用全密闭方式，配有自动化环境控制系统。环控系统主要包括通风系统、降温系统、加热系统和除臭系统。

（1）通风系统

猪舍采用湿帘-风机纵向通风模式。

妊娠舍设有 51 寸风机 6 台，36 寸变频风机 2 台，湿帘 4 块，湿帘尺寸为 4 500 mm×2 160 mm，湿帘墙后设置 4 个 4.2 m×1.2 m 幕帘洞口。

分娩舍设置 51 寸风机 4 台，36 寸变频风机 4 台，24 寸风机 4 台，湿帘 4 块，湿帘尺寸为 4 800 mm×2 160 mm，湿帘墙后设置 6 个 1.5 m×1.5 m 幕帘洞口。

空怀配种母猪舍设置 51 寸风机 3 台，36 寸变频风机 3 台，24 寸风机 3 台，湿帘 4 块，湿帘尺寸为 3 000 mm×2 160 mm，湿帘墙后设置 3 个 3.0 m×1.2 m 幕帘洞口。

（2）降温系统

猪的汗腺不发达，散热能力较差，因此猪容易在夏季高温炎热天气出现热应激反应。妊娠母猪舍使用降温猪床，利用地下水作为热传导介质，循环流动，使猪颈部躺卧区域的温度始终维持在 20 ℃左右，可避免母猪在夏季高温炎热天气产生热应激。

（3）加热系统

分娩舍定位栏一侧和保育舍设置暖床，对仔猪进行加热保温，暖床利用水暖供热，局部环境控温。

（4）除臭系统

猪舍内设排风通道，舍内污浊空气经风机抽出后，集中到除臭间进行统一处理。除臭间位于排风通道的一侧，其侧壁上设有用于过滤废气中的杂质和有害气体的除臭部。除臭间内的废气通过除臭部排出，能够有效过滤掉舍内排出废气的杂质和有害气体，减少污浊空气排出对环境产生的污染。

《《 **模块 5-清粪系统** 》》

猪舍粪污处理方式采用干湿分离工艺，使用刮板干清粪，粪尿一经产生便分流，干粪由人工小车运走，尿及冲洗水则从下水道流出，分别进行处理。

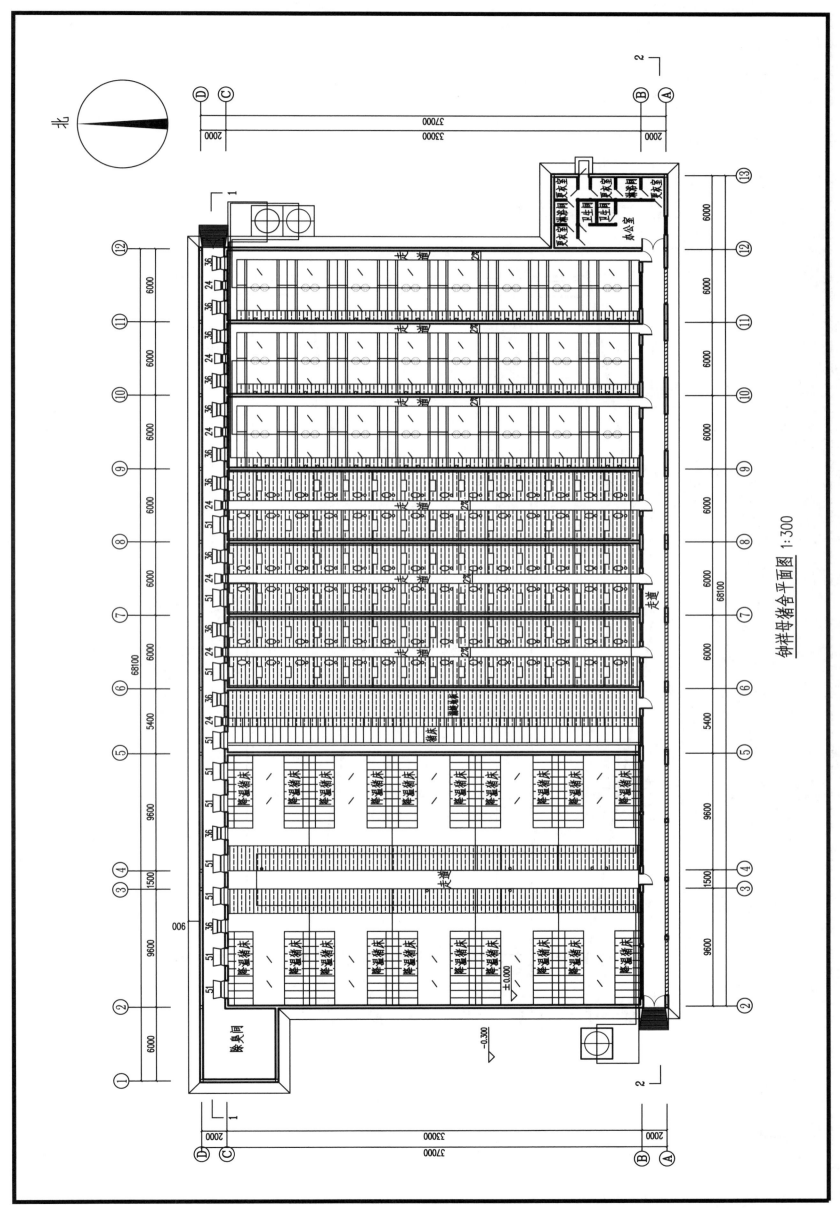

钟祥母猪舍平面图 1:300

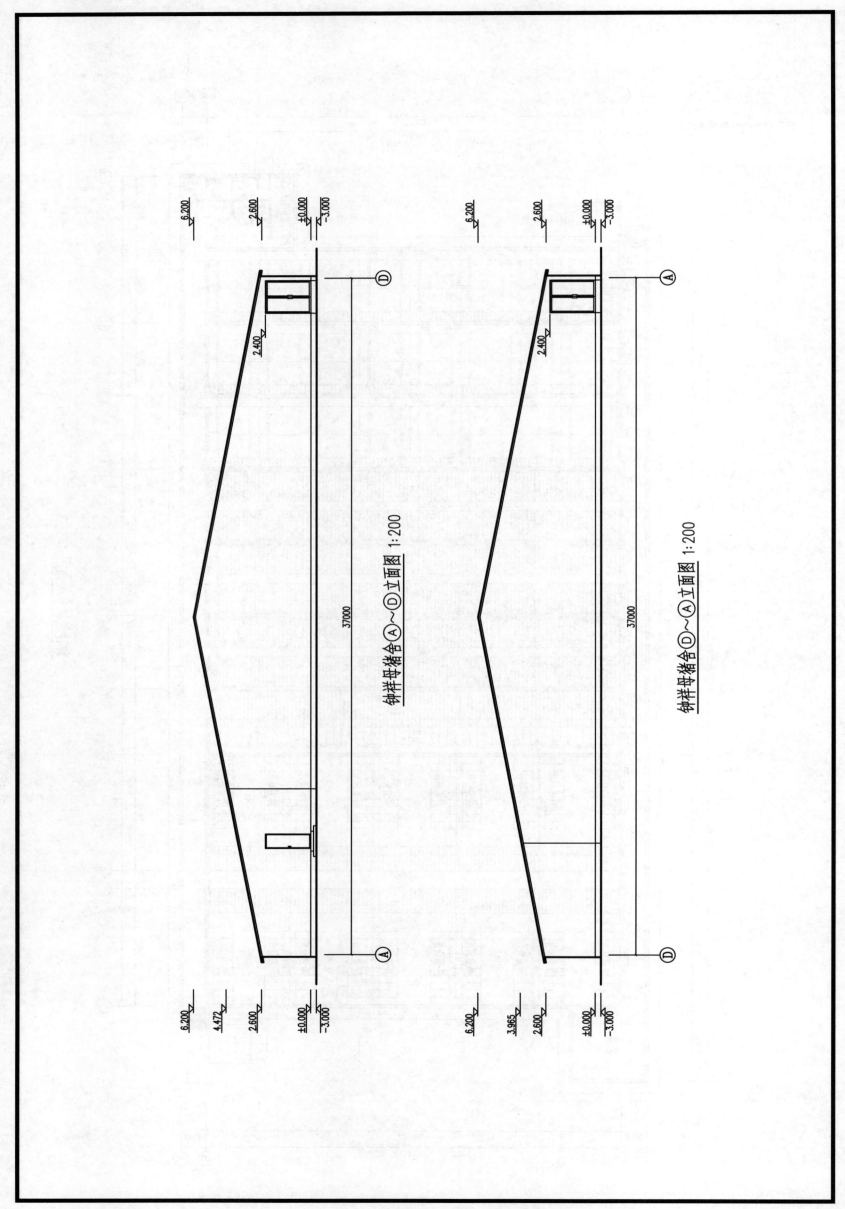

钟祥母猪舍 Ⓐ～Ⓓ 立面图 1:200

钟祥母猪舍 Ⓓ～Ⓐ 立面图 1:200

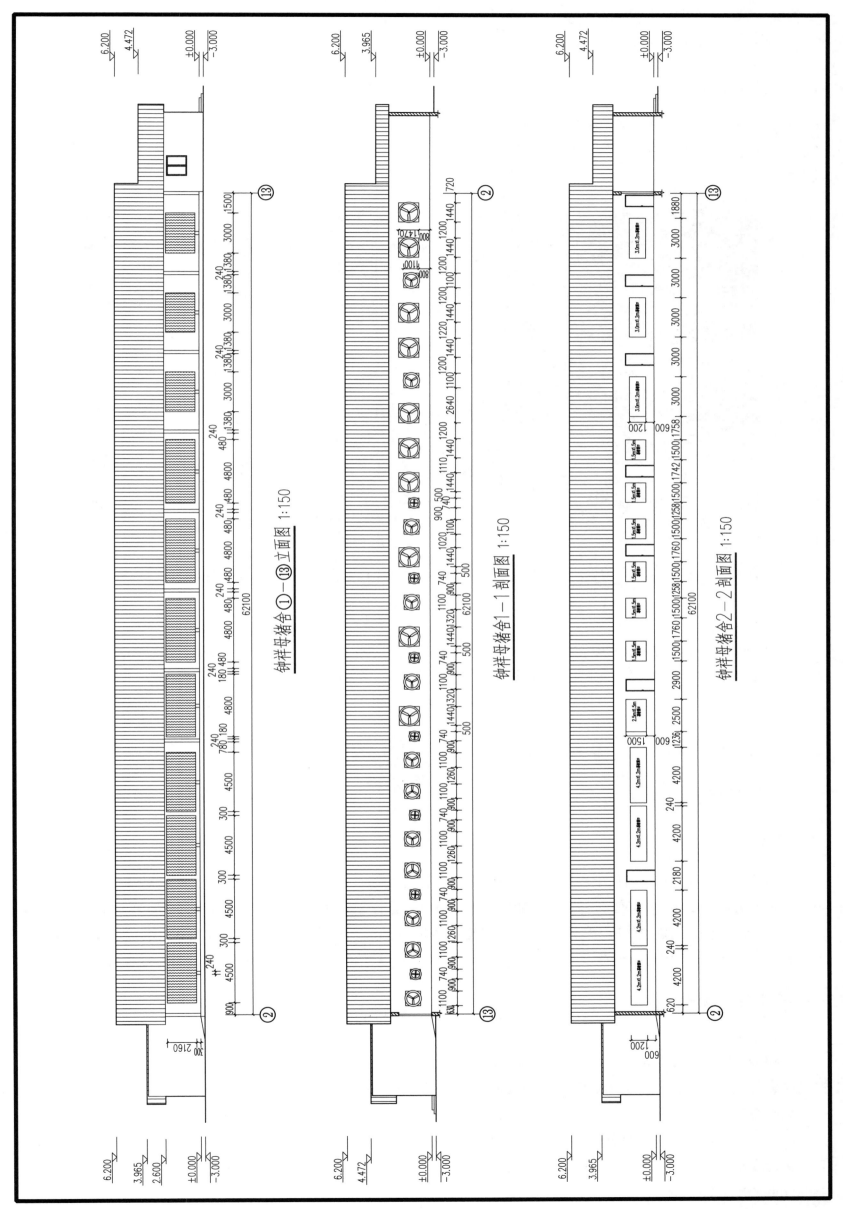

钟祥母猪舍①—⑬立面图 1:150

钟祥母猪舍1—1剖面图 1:150

钟祥母猪舍2—2剖面图 1:150

4.6 模块化楼房猪舍

4.6.1 猪舍概述

本案例为五层楼房种猪场，整场以四栋猪舍为枝干、中间附属用房为枢纽，共五层，中央集控，通达四栋，各层独立，安全隔离。猪舍总饲养数量为 11 200 头猪，采用全进全出模式。猪舍为全密闭式，整场为楼房猪舍（图 4-6-1）。

图 4-6-1 楼房养猪场

楼房猪舍热季采用湿帘-风机降温系统，冬季舍外新风经上层相邻两粪沟形成的密闭风道预热，由吊顶通风窗送入舍内。全场配置物联网系统，融合了建筑热环境与通风调控技术、环境参数自动采集与远程监控技术、自动饲喂技术、排风空气集中净化技术。排风端废气处理系统使用 PE 多孔滤网结合物理水洗工艺，极大地降低了猪舍废气中 NH_3、H_2S、吲哚类粪臭素等有害气体浓度。

以下将从工艺、饲养设备、猪舍建筑、环控系统和清粪系统 5 个模块展开详细介绍。

4.6.2 模块说明

《 模块1-工艺 》

楼房第 1 层为 1 200 头祖代生产线（祖代妊娠舍、祖代分娩舍、祖代保育育成一体舍、祖代后备舍），2～5 层为 4 条父母代生产线（每条生产线 2 500 头基础母猪规模）。总计限位栏数量 9 234 套，妊娠大栏 180 套，分娩栏 2 520 套，保育育成一体大栏 140 套，后备大栏 16 套，诱情栏 1 套。采用全进全出、周批次养殖模式，母猪提前 1 周上产床、3 周断奶、1 周空舍消毒。

《 模块2-饲养设备 》

（1）猪舍栏位

分娩舍采用 4 列 5 走道、后进后出的布置形式，每列 14 套分娩栏，每套分娩栏长度为 2 400 mm、宽度为 1 800 mm。产床布置为尾对尾布置，其中尾对尾为 1 000 mm、头对头为 1 000 mm、头对墙为 800 mm。

妊娠舍祖代生产线和父母代生产线均分为 10 个单元，其中 9 个单元为限位栏，每单元尾对尾布置 2 列 3 走道，尾对尾为 1 000 mm，头对墙为 800 mm，每列 57 套限位栏，共 1 026 套，每套限位栏尺寸长为 2 200 mm、宽为 700 mm；1 个单元为大栏，两列尾对尾布置，尾对尾无走道，头对墙为 800 mm，每列 10 套大栏，共 20 套，每套尺寸为长 4 000 mm、宽 2 600 mm。

妊娠楼保育育成一体舍分 5 个单元, 4 个单元为保育育成舍, 1 个单元为后备舍。保育育成舍每单元 2 列大栏, 每列 10 套, 其中一列栏位尺寸长 7 400 mm、宽 4 100 mm, 另一列栏位尺寸长 5 800 mm、宽 4 100 mm。后备舍设有大栏和诱情栏。诱情栏长 12 000 mm、宽 6 400 mm。大栏分 2 列布置, 每列 8 套, 尺寸与保育育成舍栏位尺寸相同。

分娩楼保育育成一体舍分 5 个单元, 每单元 2 列大栏, 每列 6 套, 其中一列栏位尺寸长 7 400 mm、宽 4 200 mm, 另一列栏位尺寸长 5 700 mm、宽 4 200 mm。

（2）饲喂设备

饲料采用散装料车运输, 通过车辆洗消中心消毒, 沿场区围墙外道路打到集中料塔, 料车不允许进入生产厂区。猪舍贮料塔由材料为 1.5 mm 厚的镀锌钢板冲压而成, 上部为圆柱形, 下部为圆锥形, 塔顶侧面开了一定数量的通气孔。

1～3 层分娩舍（每栋每层）配置 1 个 22 t 镀锌板料塔, 可以存储 8 d 饲料量。配置 1 条主料线和 5 条副料线。每天采食量约 2.8 t, 每天打料 2 次, 每次打料时间约 1 h。4 层和 5 层分娩舍（每栋每层）配置 1 个 16 t 地面料塔和 1 个 11 t 三层平台料塔, 累计储料量约 10 d, 配置 1 条主料线和 5 条副料线。每天采食量约 2.8 t, 每天打料 2 次, 每次打料时间约 1 h。

1～3 层妊娠舍（每栋每层）配置 2 个 22 t 镀锌板料塔, 可以存储 10 d 饲料量。饲喂 2 种料, 配置 2 条主料线, 5 条副料线。每天采食量约 4.2 t, 每天打料 2 次, 每次打料时间约 1 h。4 层和 5 层妊娠舍（每栋每层）配置 2 个 16 t 地面料塔和 2 个 11 t 三层平台料塔, 累计储料量约 13 d, 配置 2 条主料线和 5 条副料线。每天采食量约 4.2 t, 每天打料 2 次, 每次打料时间约 1 h。

分娩楼首层保育育肥一体舍配置 2 个 22 t 镀锌板料塔, 可以存储 8 d 饲料量。饲喂 2 种料, 配置 2 条主料线、5 条副料线。每天采食量约 5.6 t, 每天打料 2 次, 每次打料时间约 1 h。

妊娠楼首层保育育肥一体舍配置 2 个 28 t 镀锌板料塔, 可以存储 8 d 饲料量。饲喂 2 种料, 配置 2 条主料线和 5 条副料线。每天采食量约 6.9 t, 每天打料 2 次, 每次打料时间约 1.2 h。

楼房猪舍采用塞盘式料线饲喂方式, 其主要由驱动部件、塞盘链条、输送料管及落料组件等组成。塞盘式结构特点是转向灵活, 适用于楼房攀爬及入舍的各种情况, 电机通过驱动塞盘链条带动饲料来完成喂料作业, 结合末端定量筒及下料器, 保证下料均匀, 料量准确。1～3 层由塞盘直接将饲料输送到猪舍内, 4 层和 5 层由地面料塔经三层平台料塔一次中转后, 再由塞盘料线输送至舍内。

（3）饮水设备

猪舍采用自动饮水系统, 由水线前端系统、水管及饮水设备等组成, 水线前端配有 Y 形过滤器、水表、减压阀、阀门和加药支路等。

针对不同猪舍, 配备饮水设备有所差别: 妊娠舍使用通体食槽蓄水, 每 10 个栏位配 1 个水位控制器, 使用压力范围 0.15～0.25 MPa, 水位控制器连接水管至通体食槽, 水管末端距离食槽位置可调, 水位达不到预设高度即补水, 用于保持通体食槽水位, 满足猪只饮水。

分娩舍每个栏位内配母猪饮水碗和仔猪饮水碗, 水管通过软管直接与饮水碗相连, 进行补水。

保育育成舍大栏内主要配置饮水碗, 通过软管与水管相连接, 约每 10 头猪配 1 个饮水碗。

模块 3 - 猪舍建筑

（1）建筑结构

楼房以中间附属用房为枢纽, 以 4 栋猪舍为枝干。4 栋猪舍与附属用房之间设伸缩缝, 宽 120 mm。两栋妊娠楼长度为 71.5 m, 跨度为 50.9 m, 层高为 3.7 m; 两栋分娩楼长度为 71 m, 跨度为 36 m; 一栋附属房长度为 42.36 m, 跨度为 25.6 m。楼体采用混凝土框架结构。

首层地面为 100 mm 厚 C25 混凝土, 随打随抹, 面层向粪沟处扫毛, 素土夯实压实系数≥0.95; 2～5 层地面为 100 mm 厚 C25 混凝土, 随打随抹, 面层向粪沟处扫毛, 钢筋桁架楼承板 TDv1-70（肋高 30 mm）。

粪沟底板内侧为 20 mm 厚水泥砂浆（掺 5% 防水剂）, 100 mm 厚 C25 钢筋混凝土, 60 mm 厚 C15 混凝土垫层, 素土夯实系数≥0.94。粪沟池壁内侧为 20 mm 厚水泥砂浆（掺 5% 防水剂）, 100 mm 或 150 mm 厚 C25 钢筋混凝土。

（2）围护结构

猪舍墙厚 240 mm, 由 MU15 烧结砖砌筑。砌体结构施工质量控制等级为 B 级。

《 模块4-环控系统 》

猪舍采用全密闭方式，配有自动化环境控制系统。环控系统主要体现在通风系统、加热系统和除臭系统。

(1) 通风系统

冬季采用顶棚进风窗进风、风机排风的垂直通风模式，通风量根据饲养要求设定的温度和压差而确定。在冬季，猪舍外新鲜空气经三防网、湿帘进入相邻粪沟所构成的预热区域，利用粪沟余热对舍外新风进行一次预热，而后经顶棚进风窗进入猪舍；夏季采用湿帘＋风机的纵向通风模式；过渡季节根据温度变化，通过调控设备智能切换垂直通风模式或纵向通风模式进行通风。顶棚进风窗于舍内均匀分布，尺寸为 670 mm×500 mm，进风量 2 500 m³/h。

排风系统主要是安装在山墙上的带有拢风筒的负压风机。猪舍尾端配备除臭系统，对舍内排出的污浊空气进行净化处理。

分娩舍每个单元设有 24 寸调速风机 2 台、36 寸风机 2 台、55 寸风机 2 台、湿帘 2 块、顶棚进风窗 10 套、纵向进风滑帘调节板 4 套。单块湿帘长 4 500 mm，宽 1 960 mm。

分娩楼首层保育育肥一体舍每个单元设有 24 寸调速风机 22 台、36 寸风机 2 台、55 寸风机 2 台、湿帘 2 块、顶棚进风窗 10 套、纵向进风滑帘调节板 4 套。单块湿帘长 4 500 mm，宽 1 960 mm。

妊娠舍每个单元设有 36 寸调速风机 1 台、55 寸风机 2 台、湿帘 1 块、顶棚进风窗 16 套、纵向进风调节幕帘 2 套。湿帘宽 2 160 mm，首尾单元湿帘长度为 6 300 mm 和 5 100 mm，其他单元湿帘长 6 550 mm。

妊娠楼首层保育育肥一体舍每个单元设有 36 寸变频风机 1 台、36 寸定速风机 1 台、55 寸风机 4 台，湿帘 2 块、顶棚进风窗 16 套、纵向进风调节幕帘 2 套。湿帘宽 2 160 mm，首尾单元湿帘长度分别为 6 300 mm、6 550 mm 和 6 550 mm、5 100 mm，其他单元湿帘长均为 6 550 mm。

(2) 加热系统

为分娩舍初生仔猪及保育舍猪只配备加热系统。加热设备主要包含保温灯、保温盖板和电热板等。分娩舍采用保温盖板＋保温灯＋电热板组合，保证仔猪活动区域温度稳定在 35～38 ℃。分娩栏每栏配备 1 个保温灯和 1 套电热板，两栏共用一套保温盖板。保育大栏采用保温灯＋电热板组合，每栏配置保温灯 2 个，电热板 1 块。

(3) 除臭系统

猪舍尾端配备除臭系统，对舍内排出的污浊空气进行净化处理。除臭系统通过化学过滤将废气中的粉尘以及颗粒物质分离去除，同时吸收废气中的 NH_3。每层配置 1 套除臭系统，除臭滤帘高 2.4 m，宽度为相邻两个结构柱的净距。除臭回水池深 0.6 m，宽 1.5 m。

《 模块5-清粪系统 》

常见的排污工艺主要有液态粪尿管道系统和刮粪机清粪两种模式。猪舍采用水泡粪模式，保育育肥大栏区域为栏内全漏粪模式，每单元 4 条粪沟，粪沟宽度 2.8 m；分娩舍每单元设有 4 条主粪沟，粪沟与风道互相间隔，粪沟宽度为 2.2 m；妊娠单元每单元设有 1 条主粪沟，粪沟与风道互相间隔，粪沟宽度为 2.8 m。粪沟两侧设有沉淀池，通过插拔沉淀池排粪塞子进行清粪。

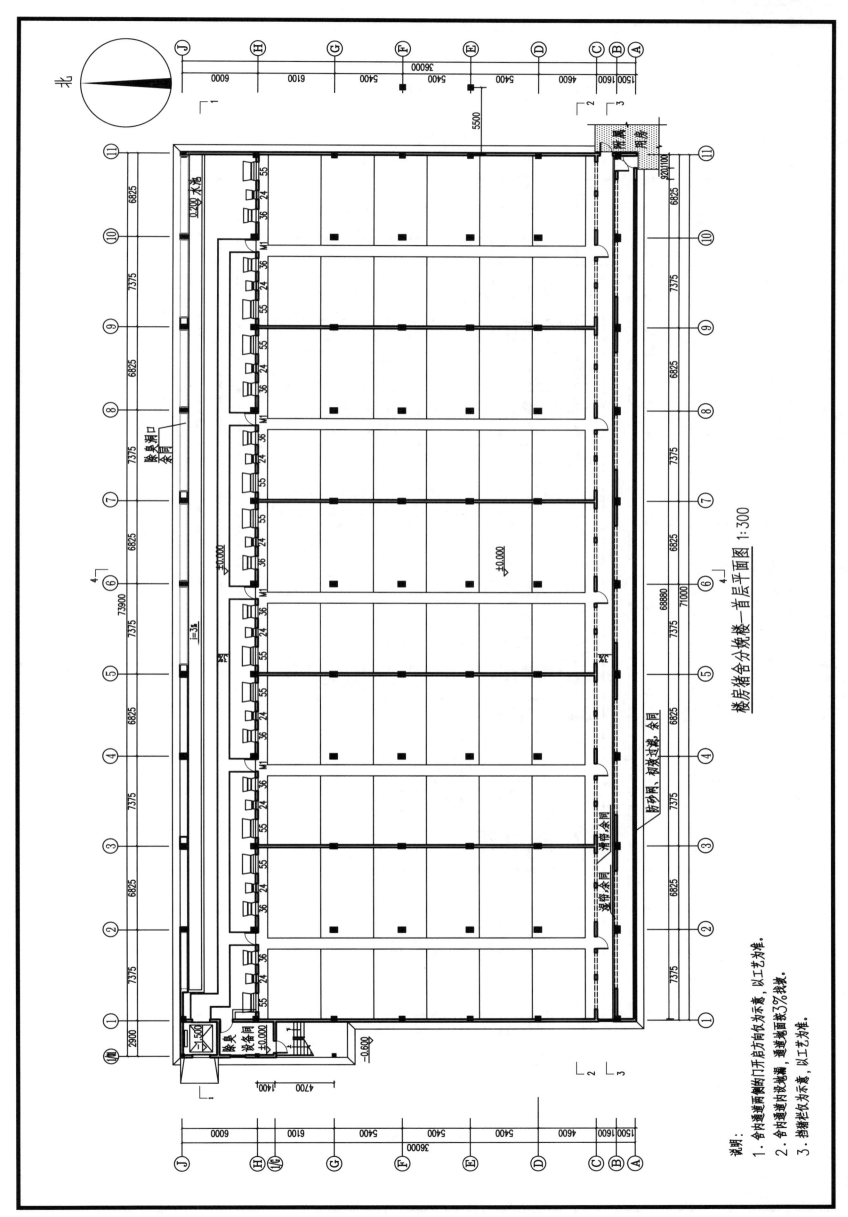

楼房猪舍全分娩楼—首层平面图 1:300

说明:
1. 舍内通道两侧的门开启方向仅为示意,以工艺为准。
2. 舍内通道内找坡找墙,通道地面找3%找坡。
3. 挡猪栏仅为示意,以工艺为准。

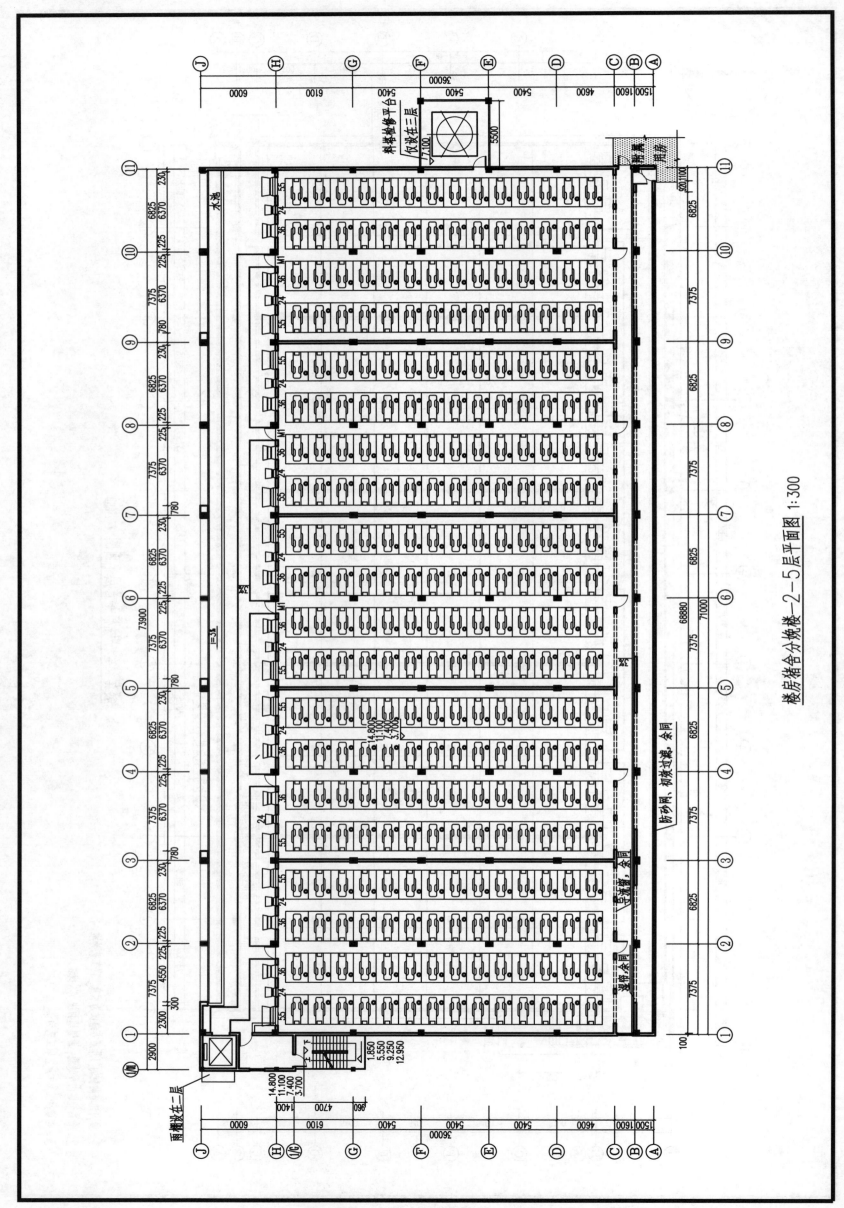

楼房猪舍分娩楼—2—5层平面图 1:300

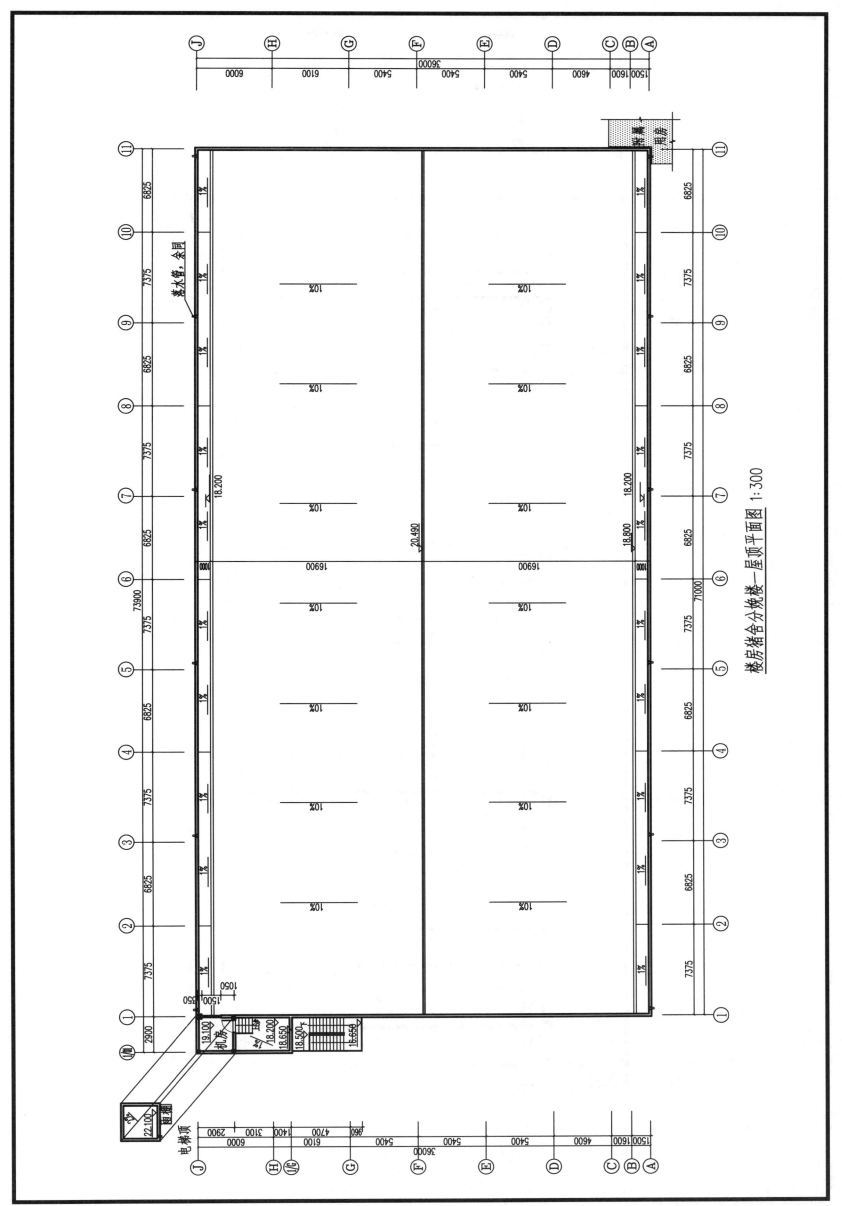

楼房猪舍分娩楼一层顶平面图 1:300

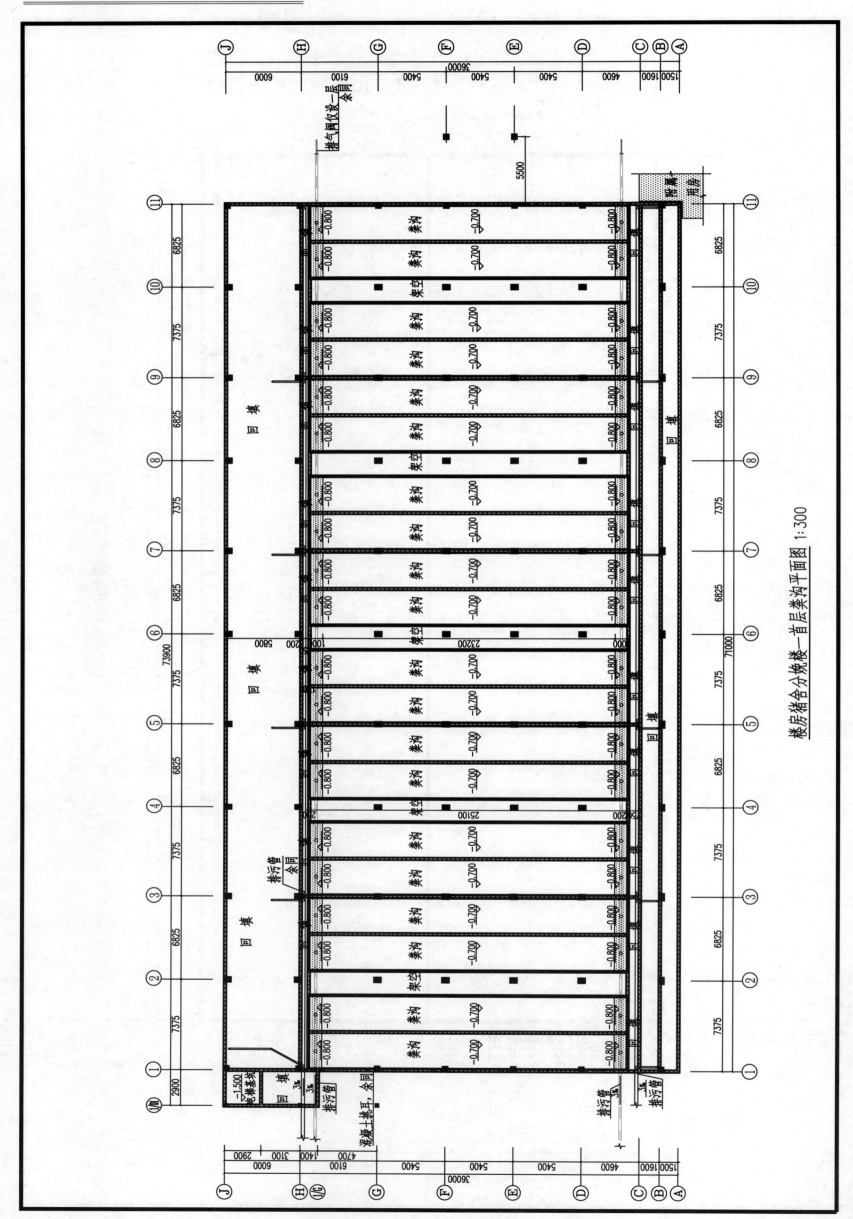

楼房猪舍分娩楼—首层粪沟平面图 1:300

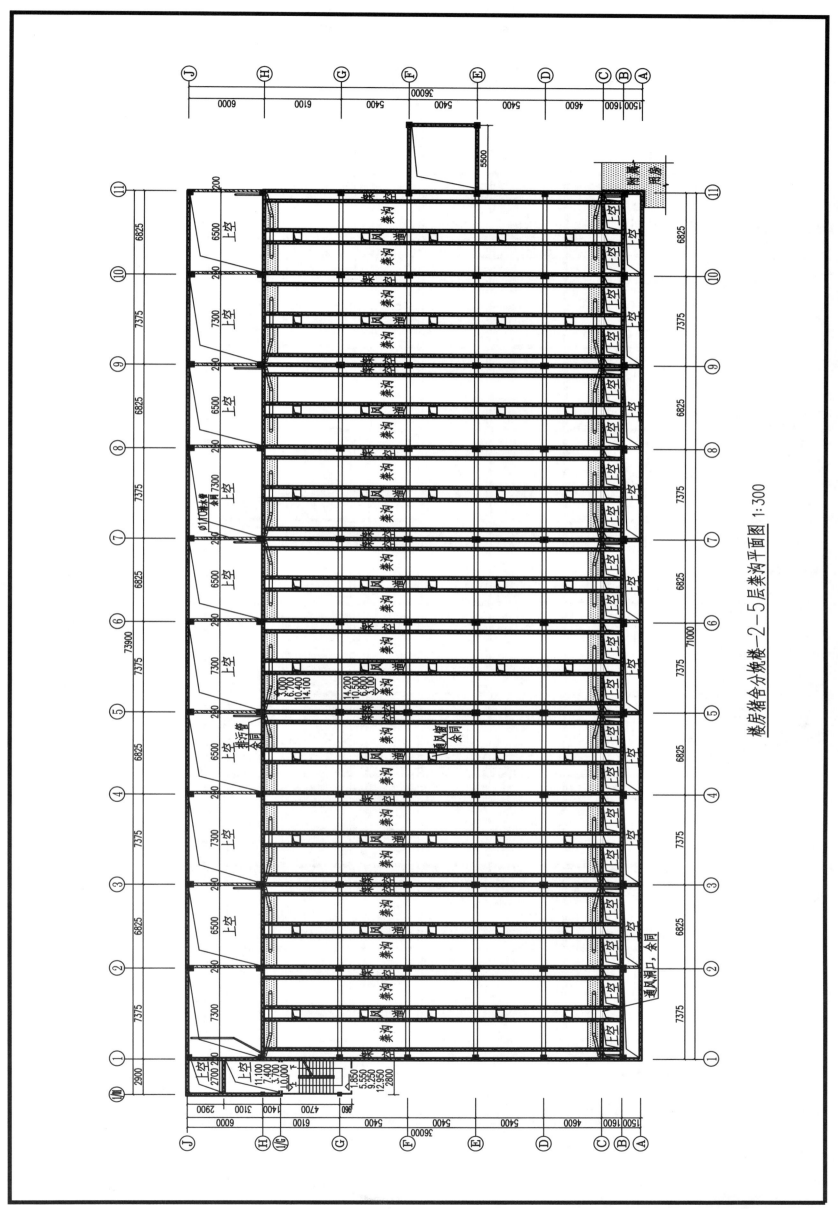

楼房猪舍分娩楼-2-5层粪沟平面图 1:300

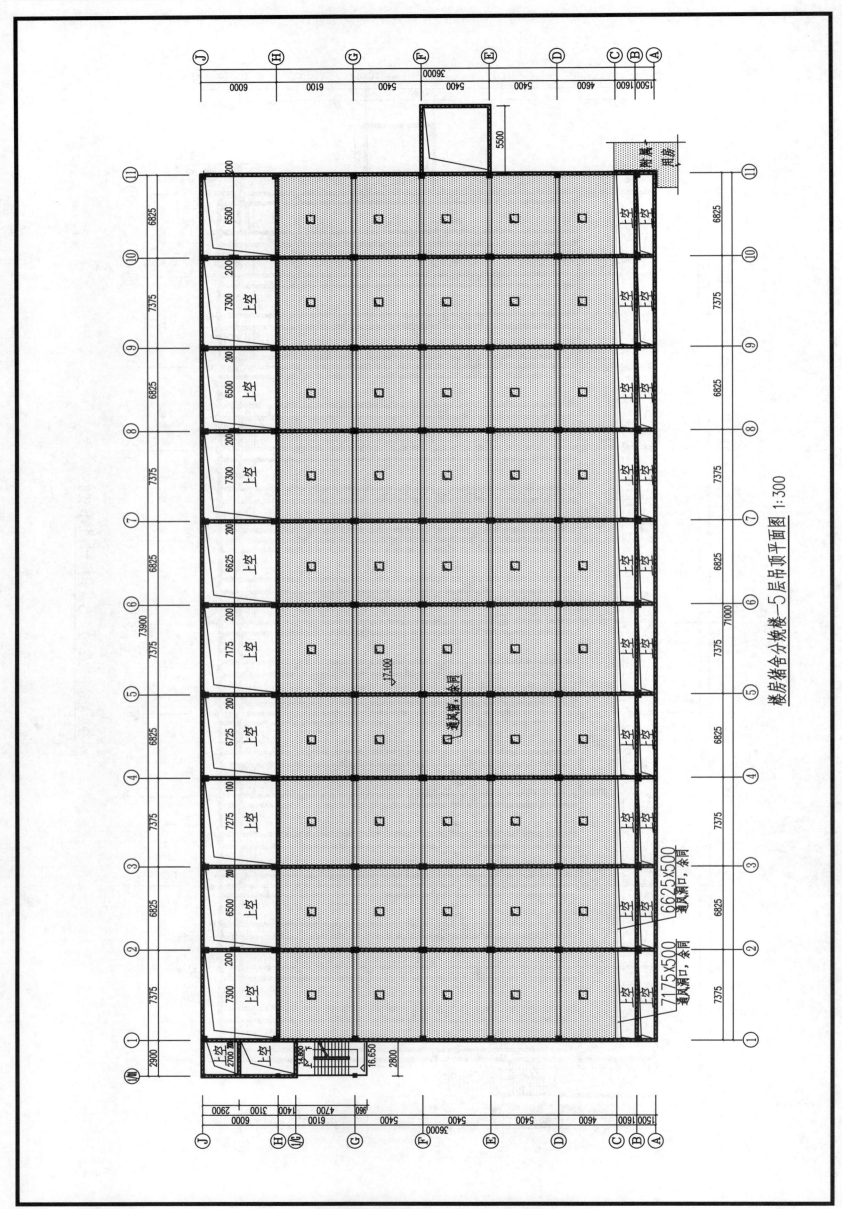

楼房猪舍分娩楼一5层吊顶平面图 1:300

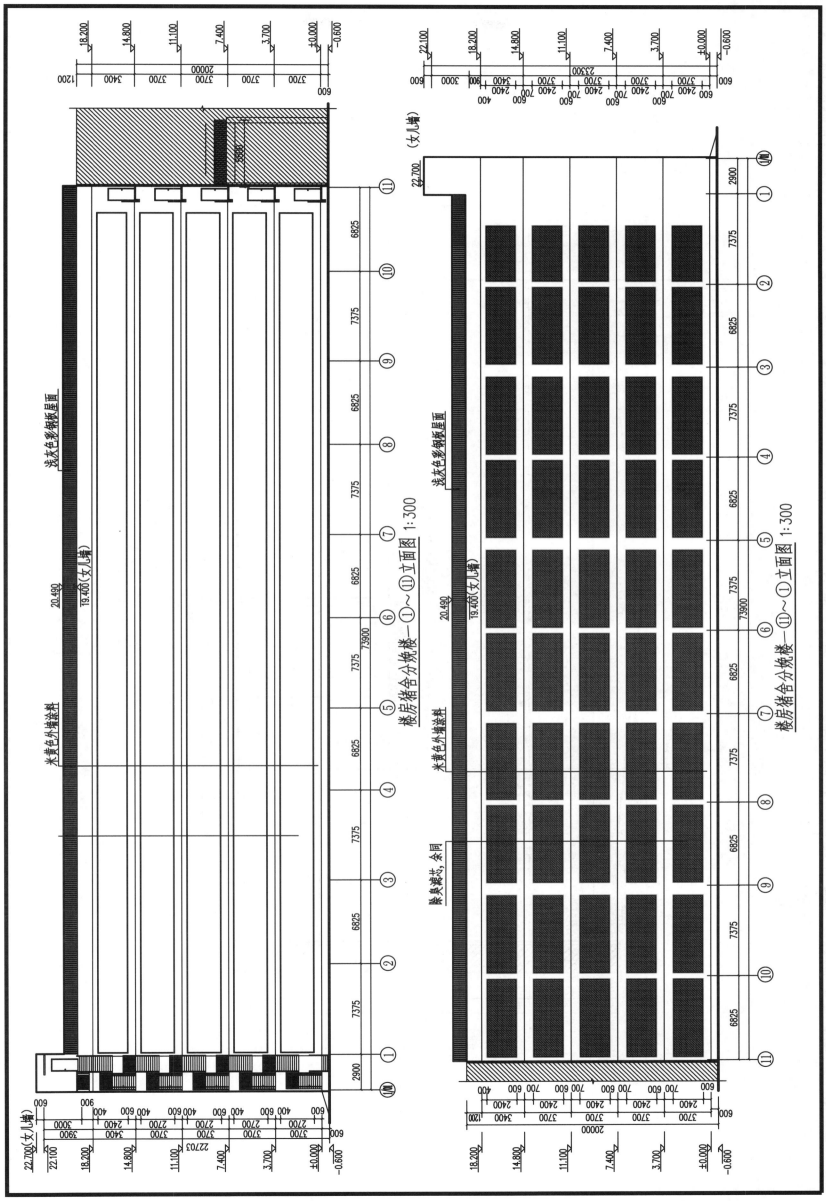

楼房猪舍分娩楼—①～⑪立面图 1:300

楼房猪舍分娩楼—⑪～①立面图 1:300

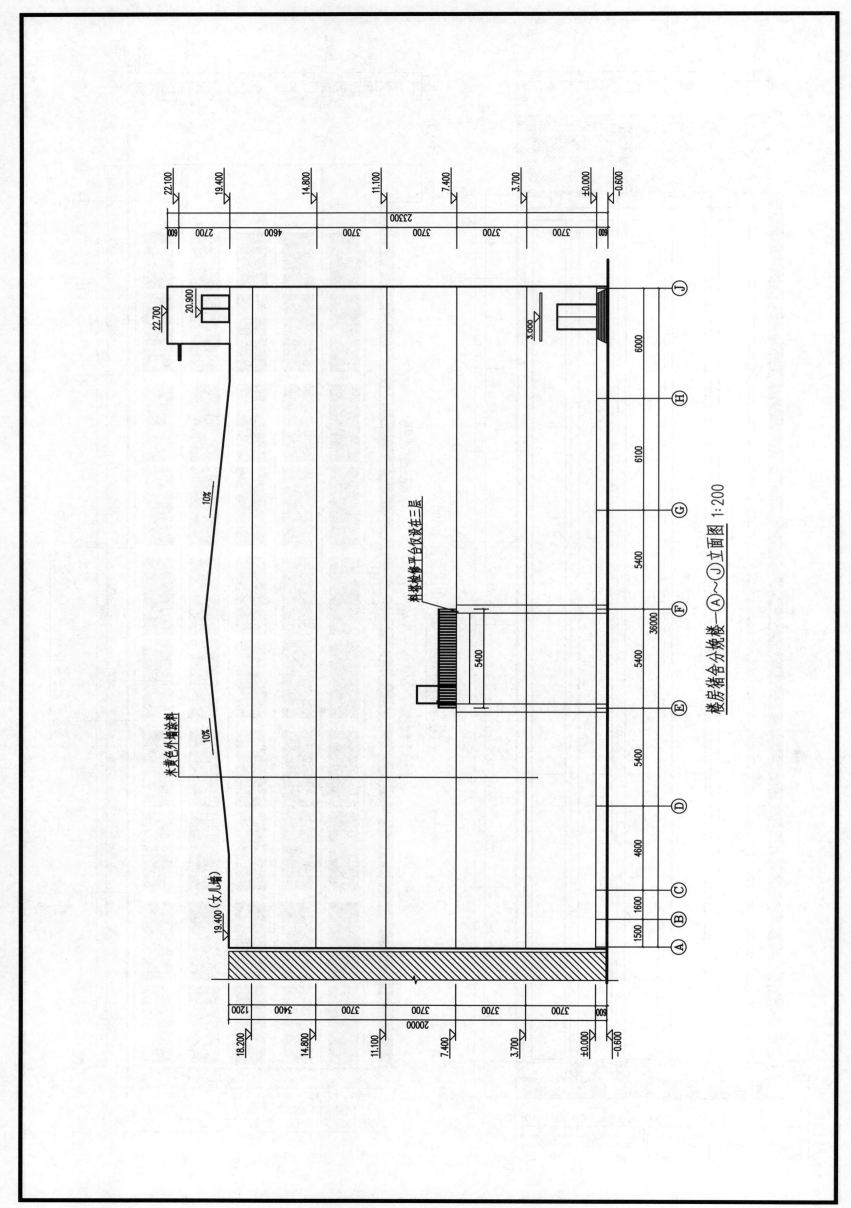

楼房猪舍合分娩楼—Ⓐ～Ⓙ立面图 1:200

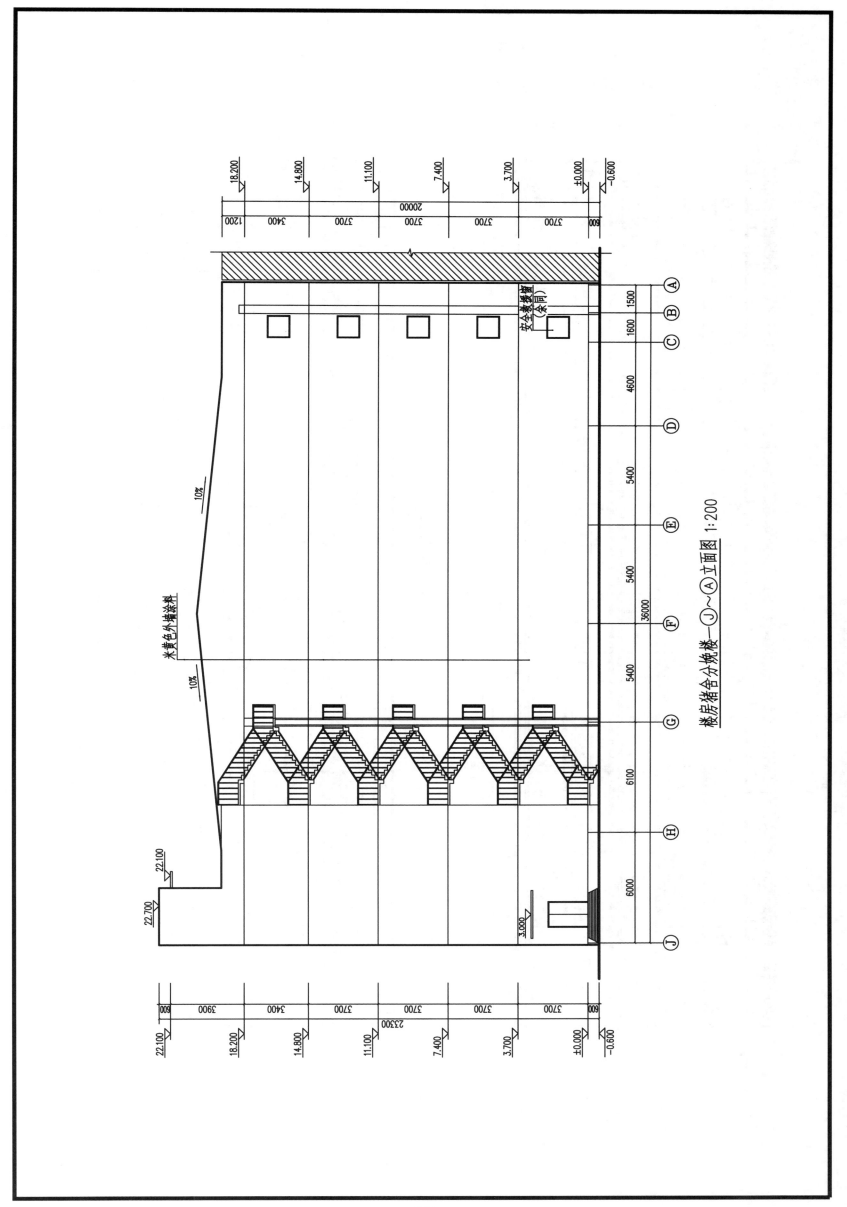

楼房猪舍合分娩楼一○~Ⓐ立面图 1:200

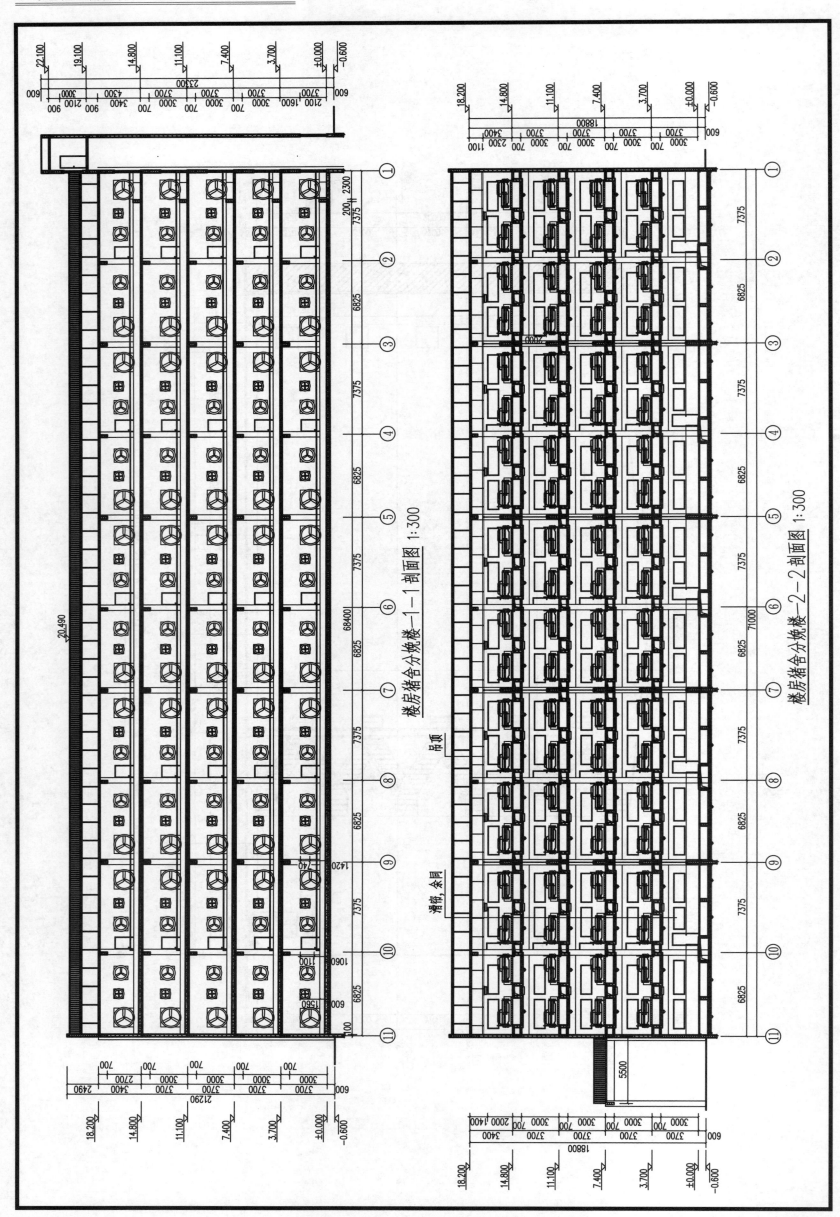

楼房猪舍分娩楼—1—1剖面图 1:300

楼房猪舍分娩楼—2—2剖面图 1:300

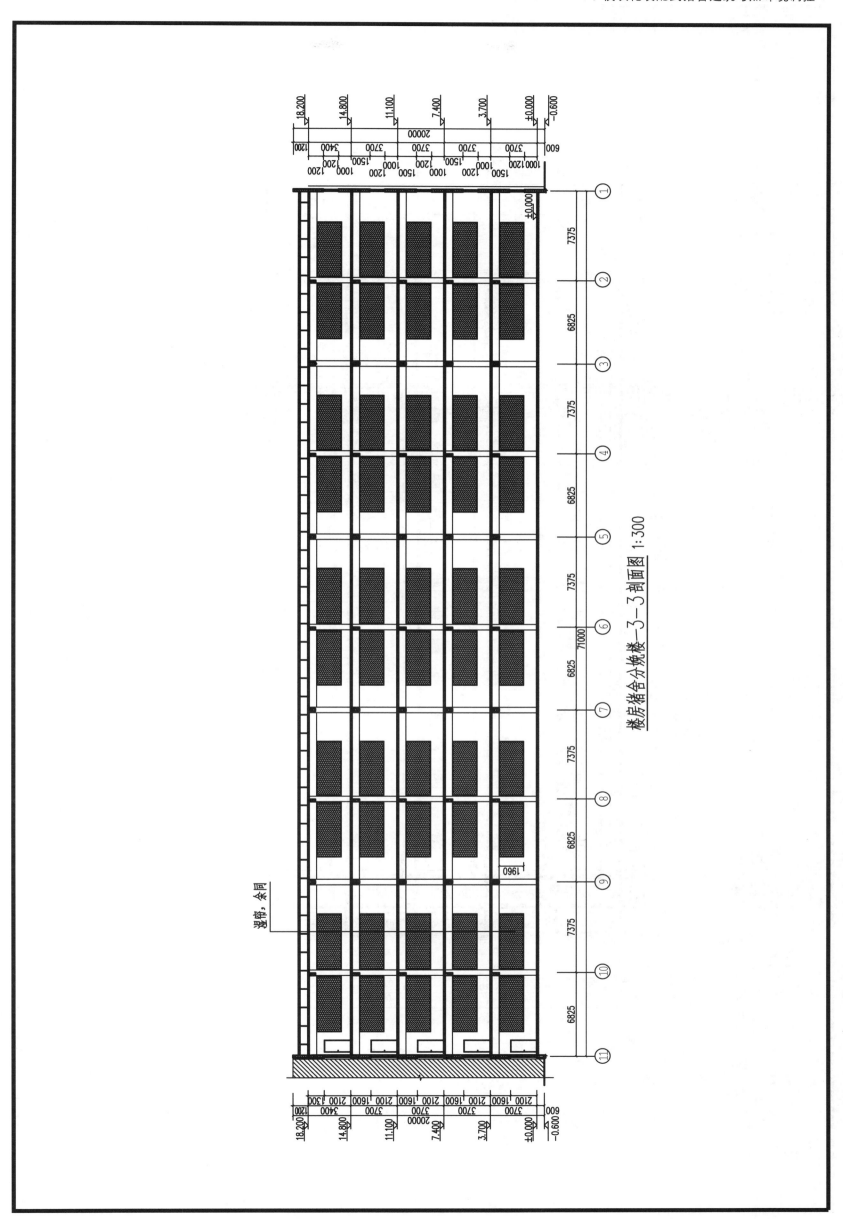

楼房猪舍分娩楼-3-3剖面图 1:300

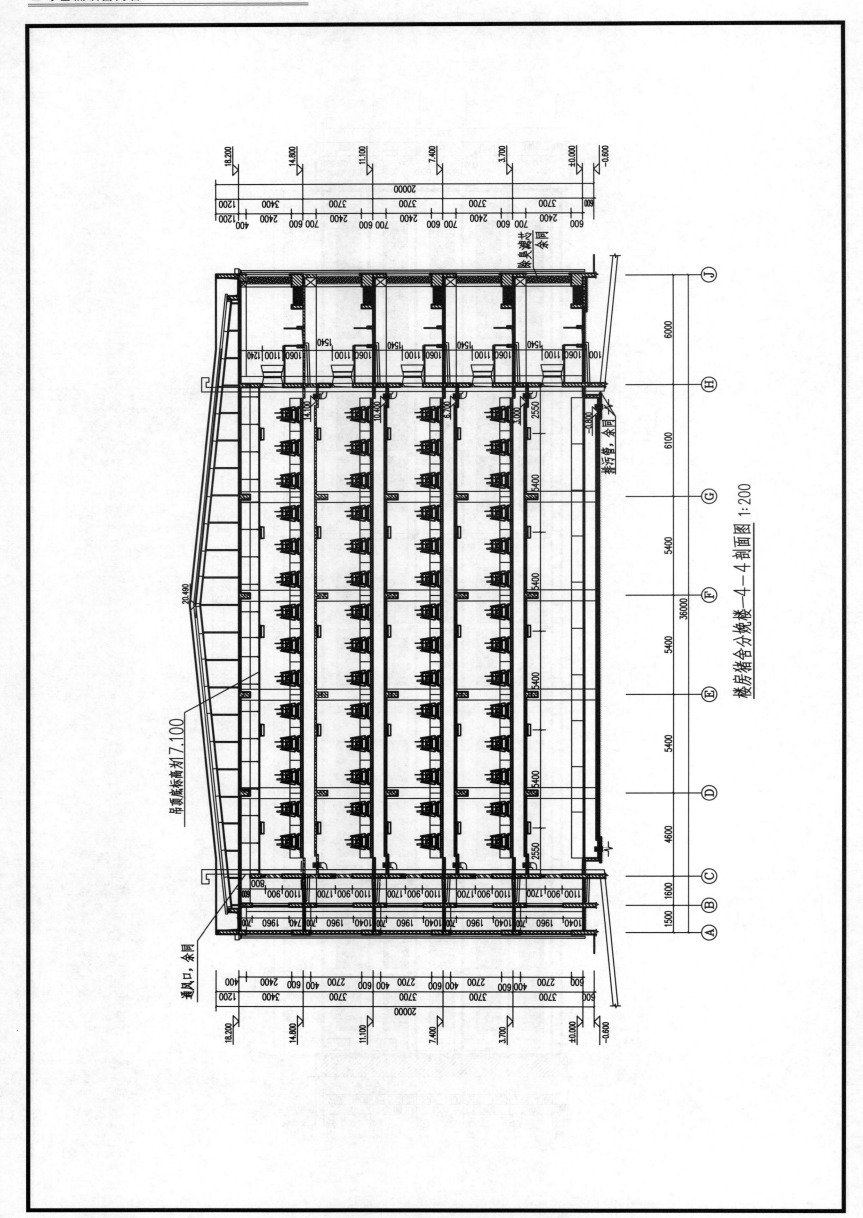

楼房猪舍分娩楼—4—4剖面图 1:200

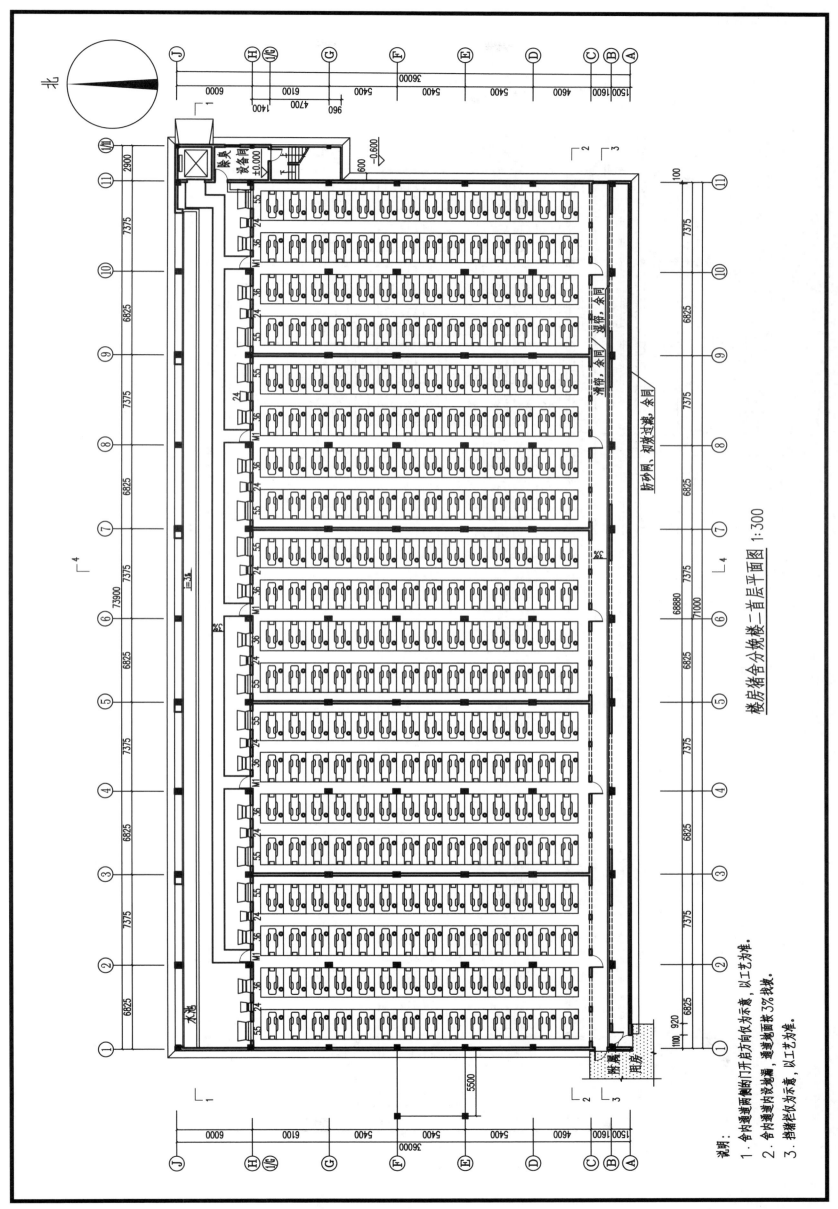

楼房猪舍分娩楼二首层平面图 1:300

说明:
1.舍内通道两侧的门开启方向仅为示意,以工艺为准.
2.舍内通道内找坡地漏,通道地面找3%找坡.
3.挡猪栏仅为示意,以工艺为准.

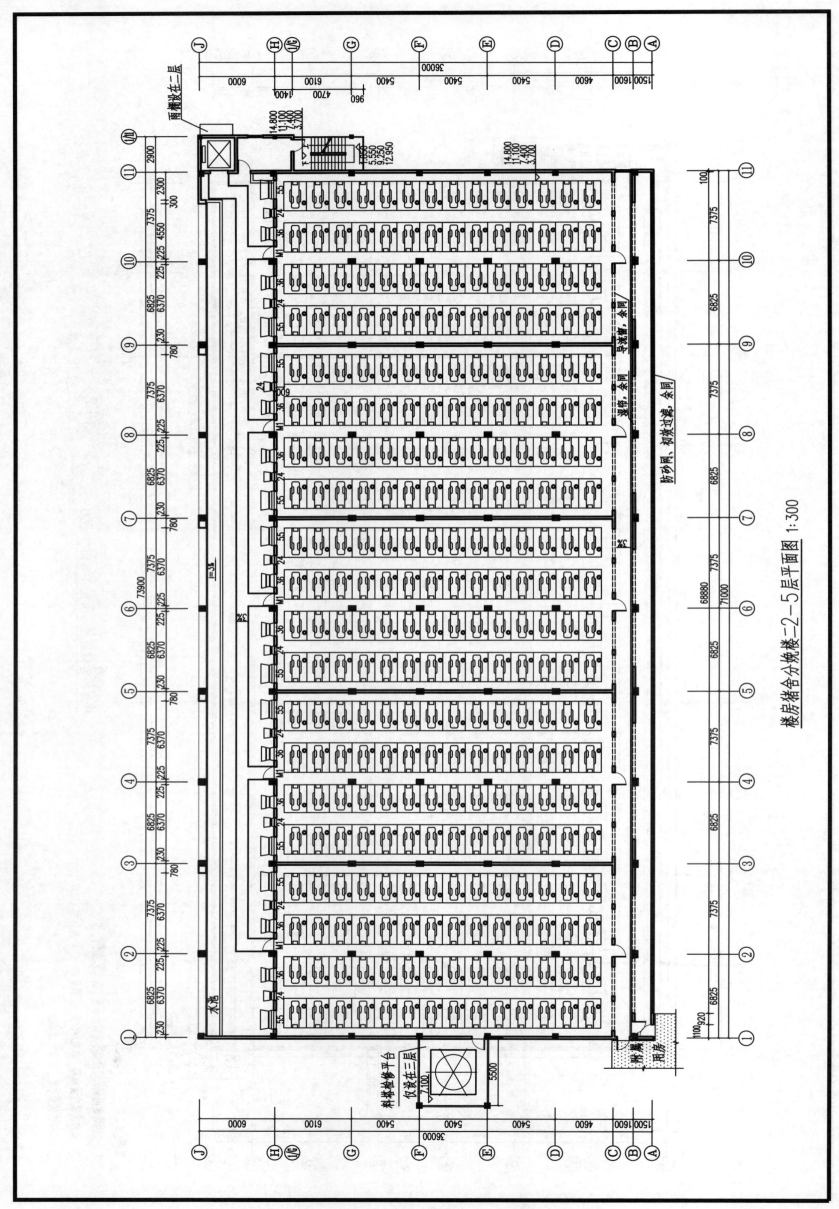

楼房猪舍分娩楼—2-5层平面图 1:300

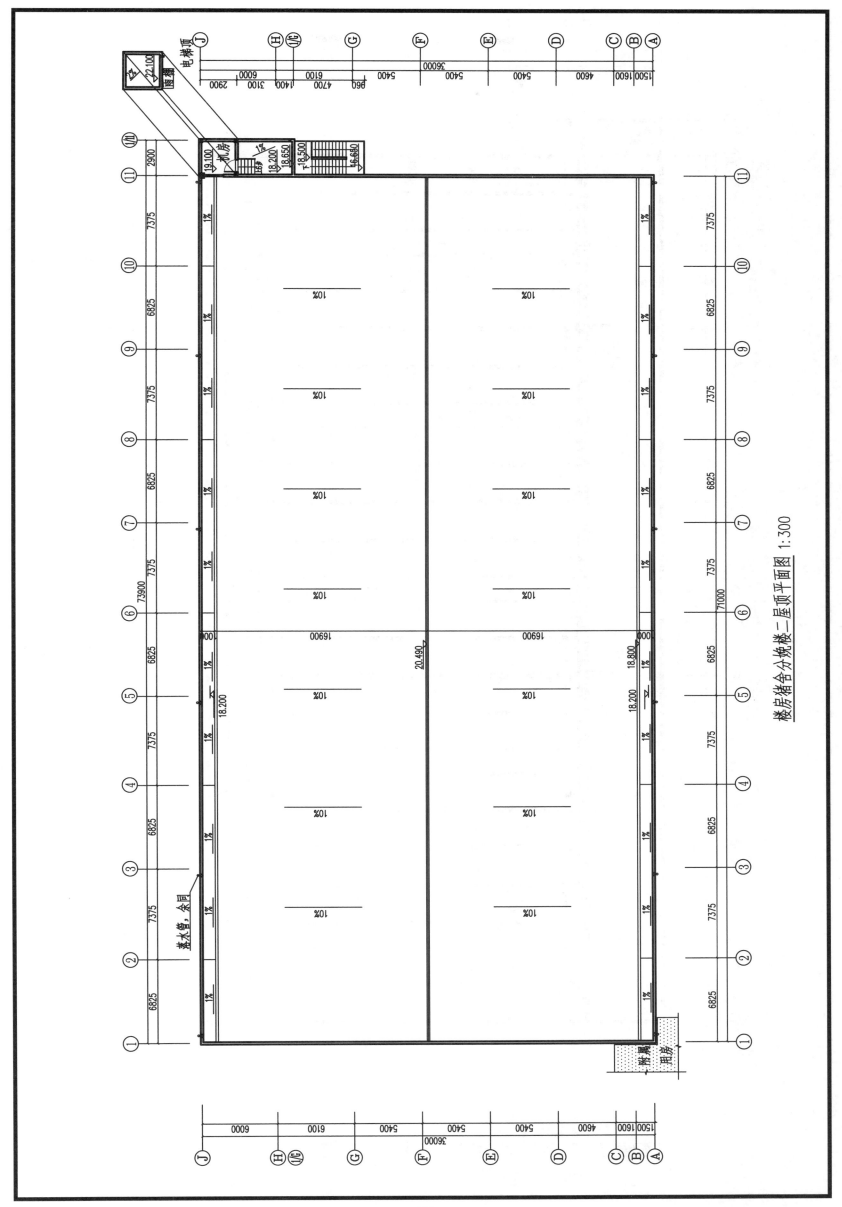

楼房猪舍合分娩楼二层顶平面图 1:300

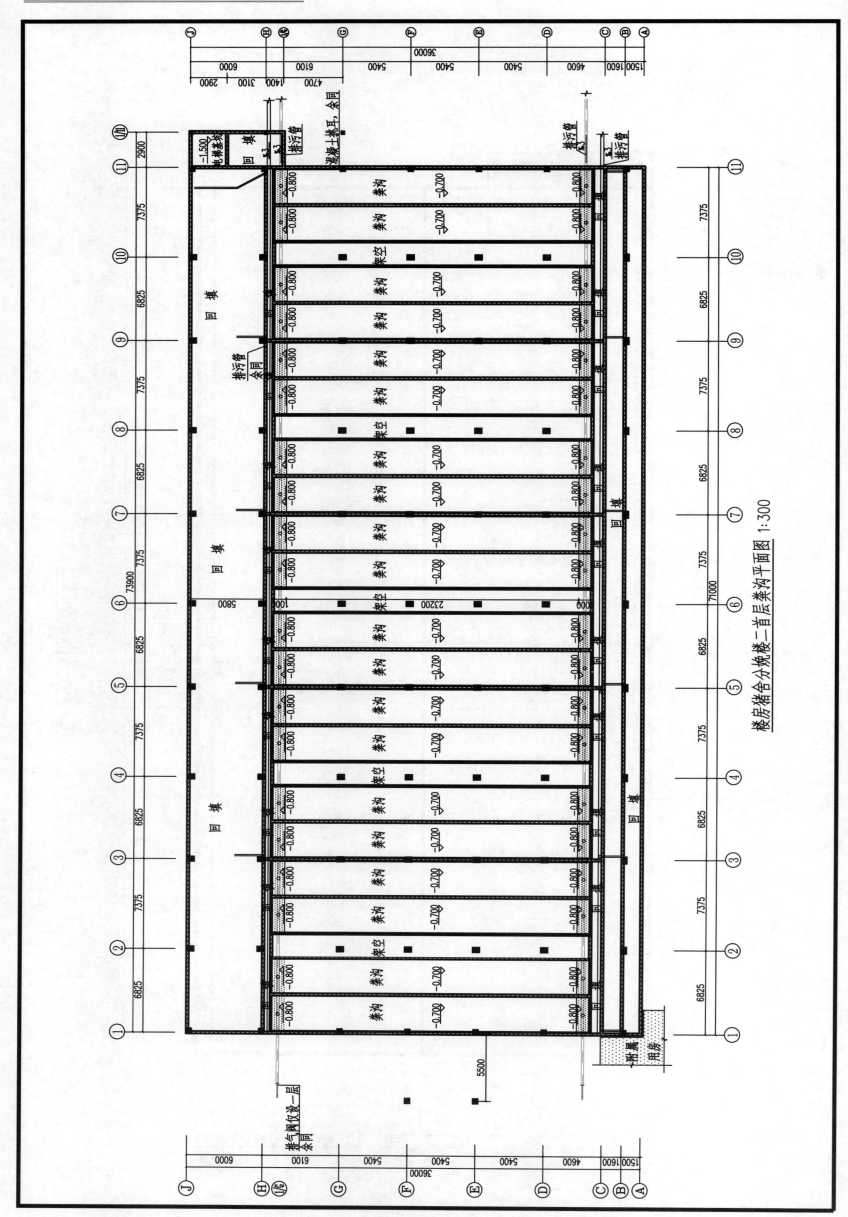

楼房猪舍分娩楼二首层粪沟平面图 1:300

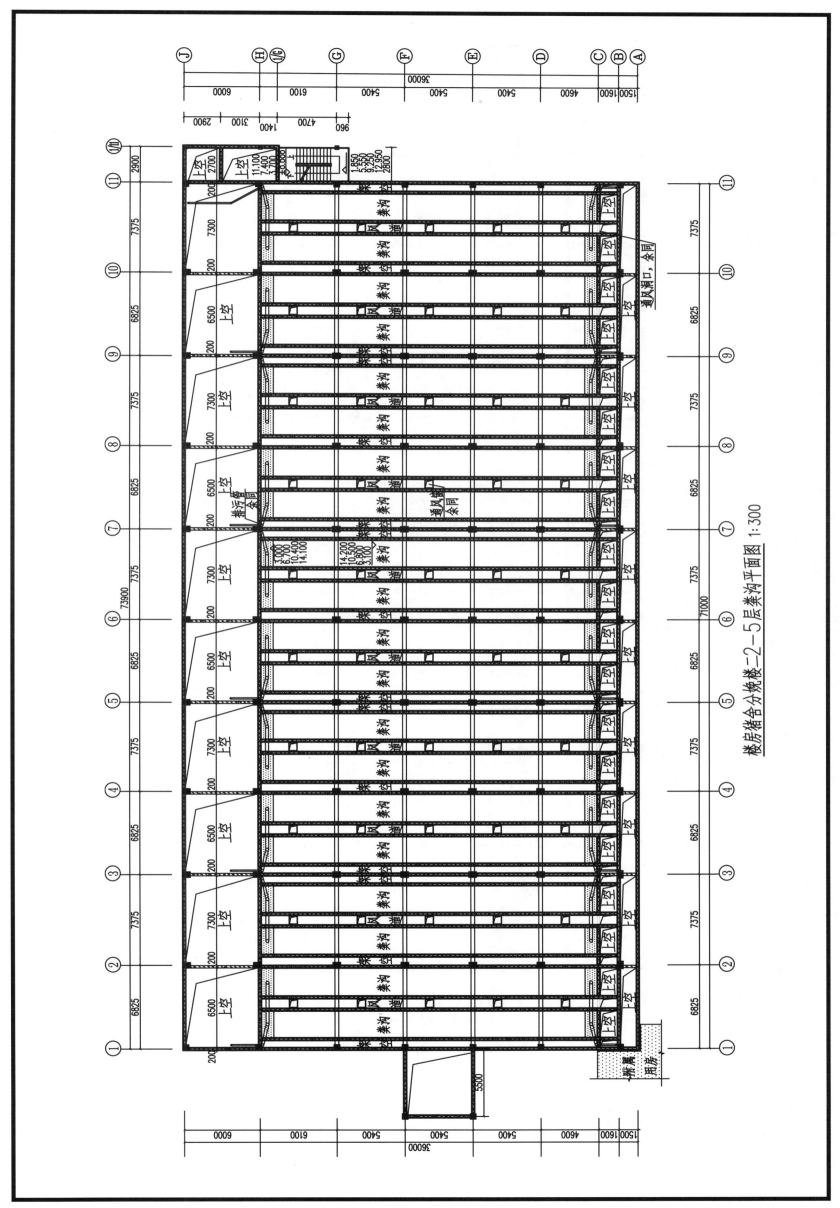

楼房猪舍分娩楼—2-5层粪沟平面图 1:300

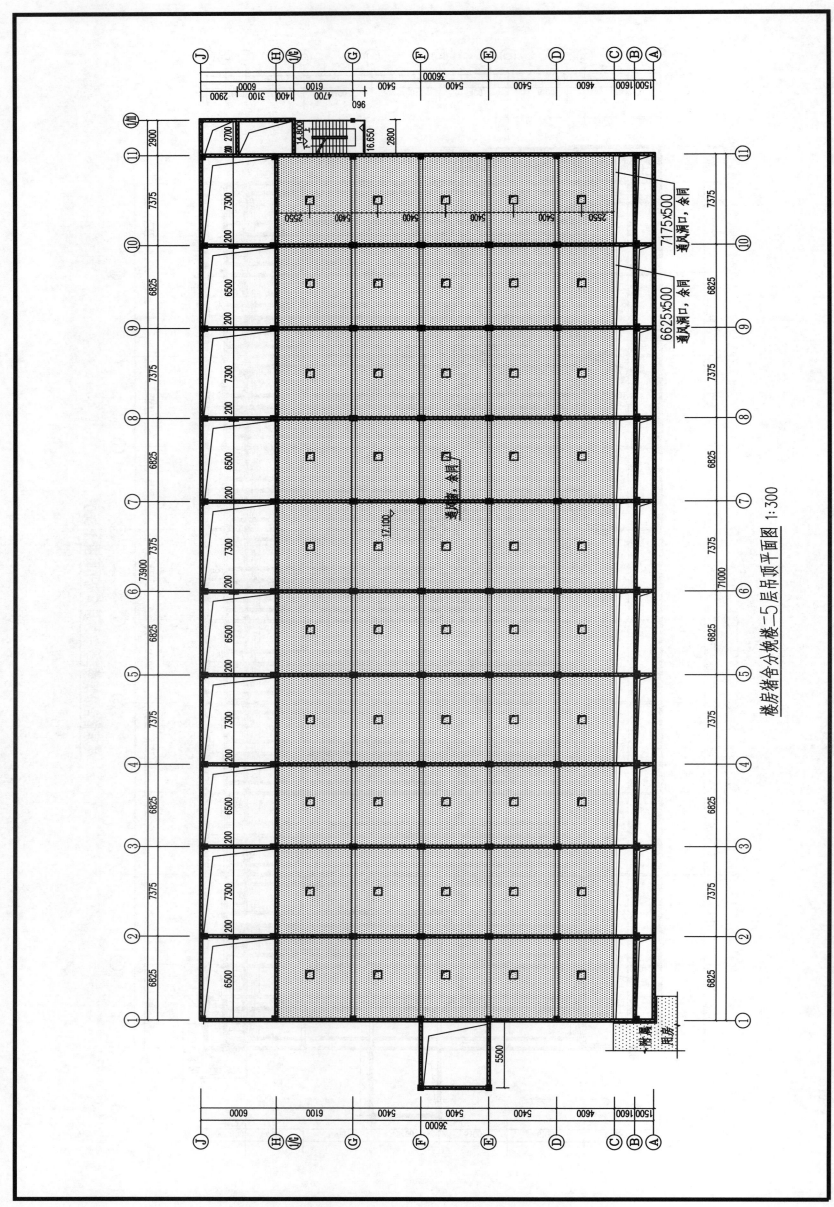

楼房猪舍合分娩楼一5层吊顶平面图 1：300

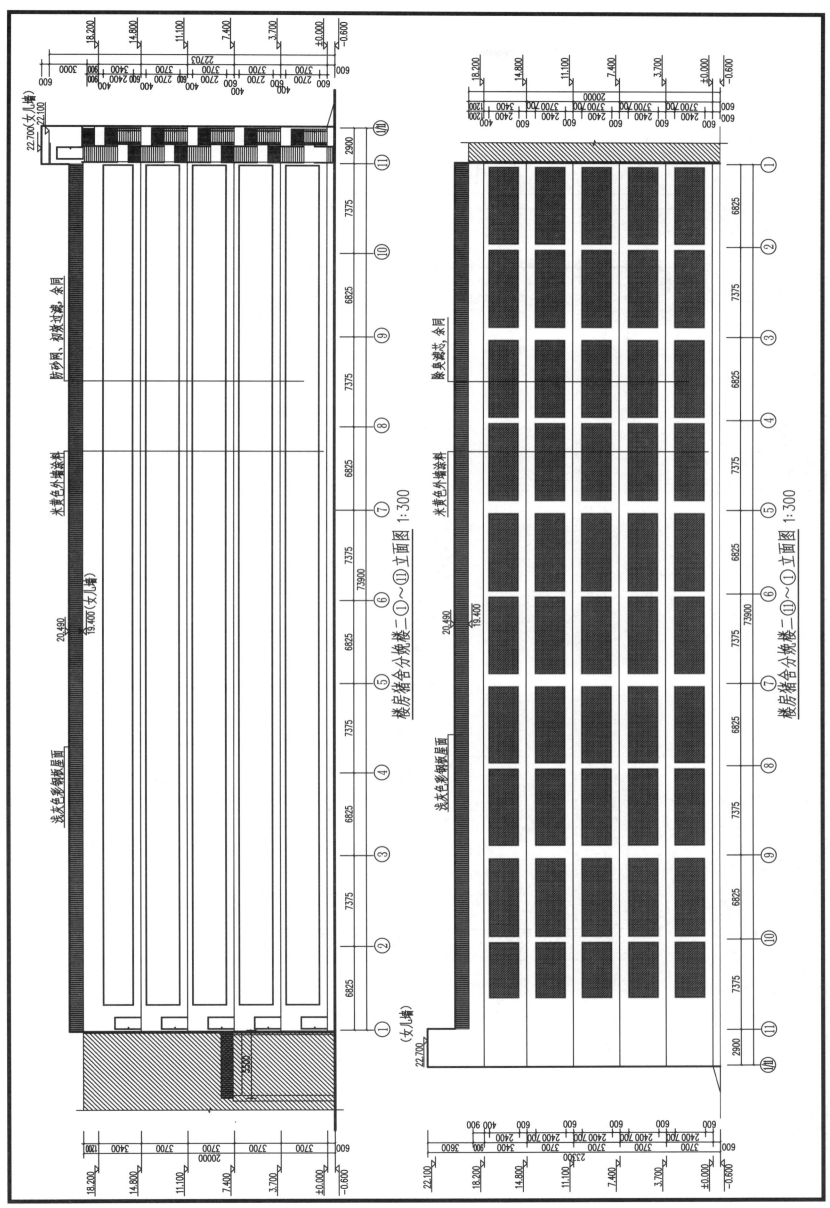

楼房猪舍分娩楼二①～⑪立面图 1:300

楼房猪舍分娩楼二⑪～①立面图 1:300

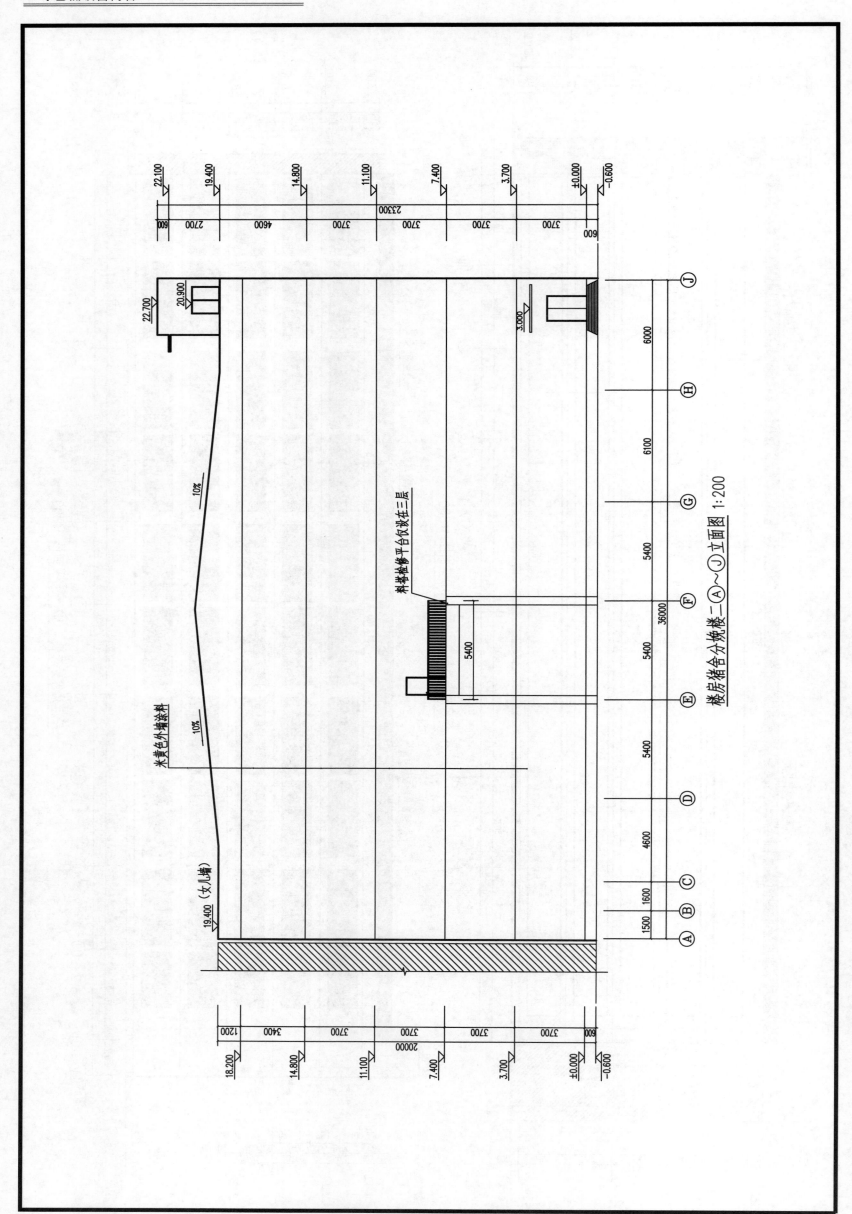

楼房猪舍分娩楼二○A～○J立面图 1:200

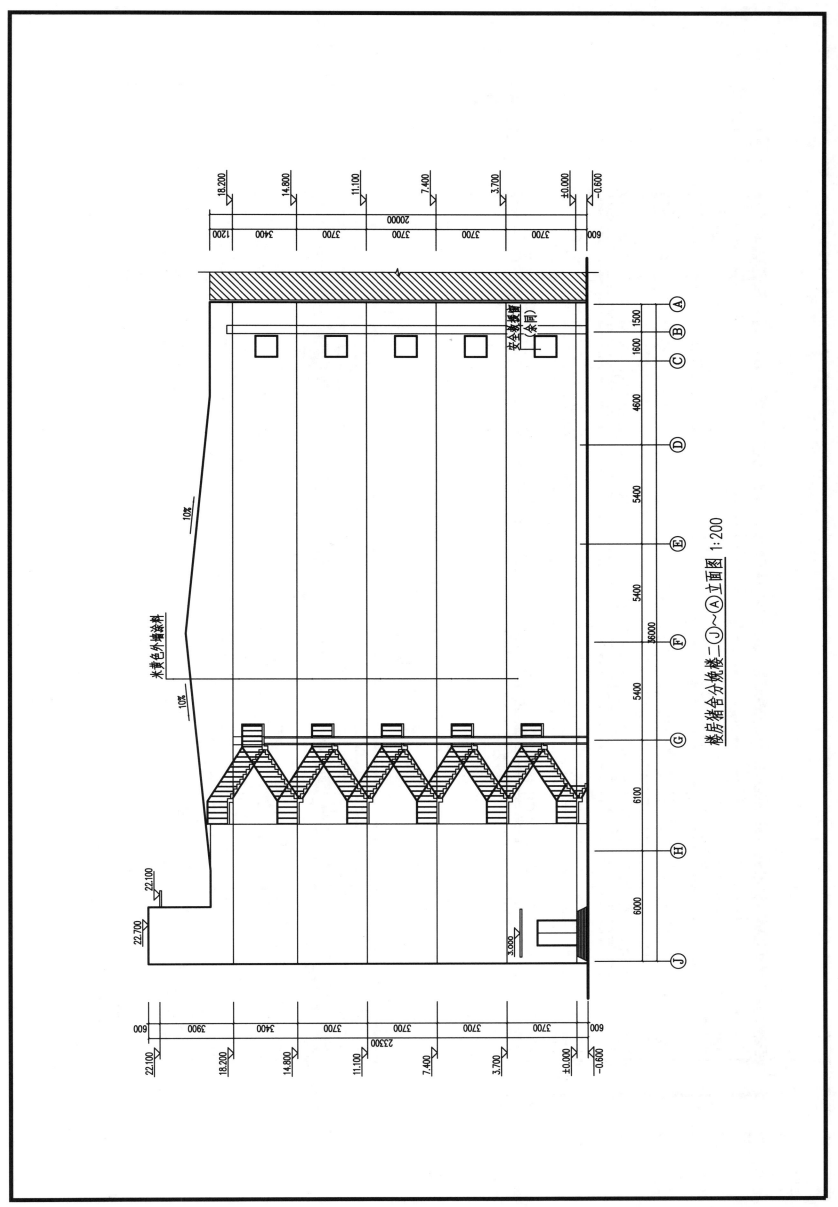

楼房猪舍分娩楼二 J ～ A 立面图 1:200

米黄色外墙涂料

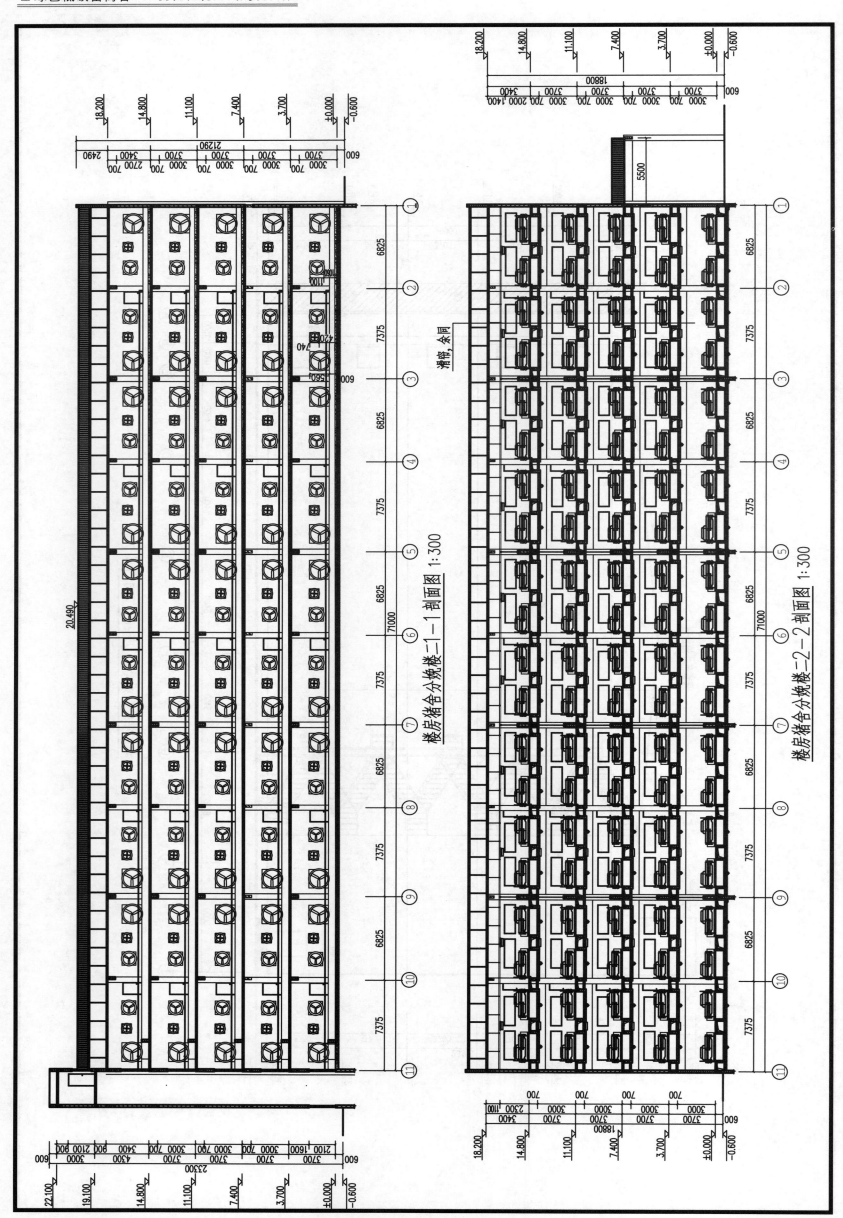

楼房猪舍分娩楼—1—1剖面图 1:300

楼房猪舍分娩楼—2—2剖面图 1:300

滑带,余同

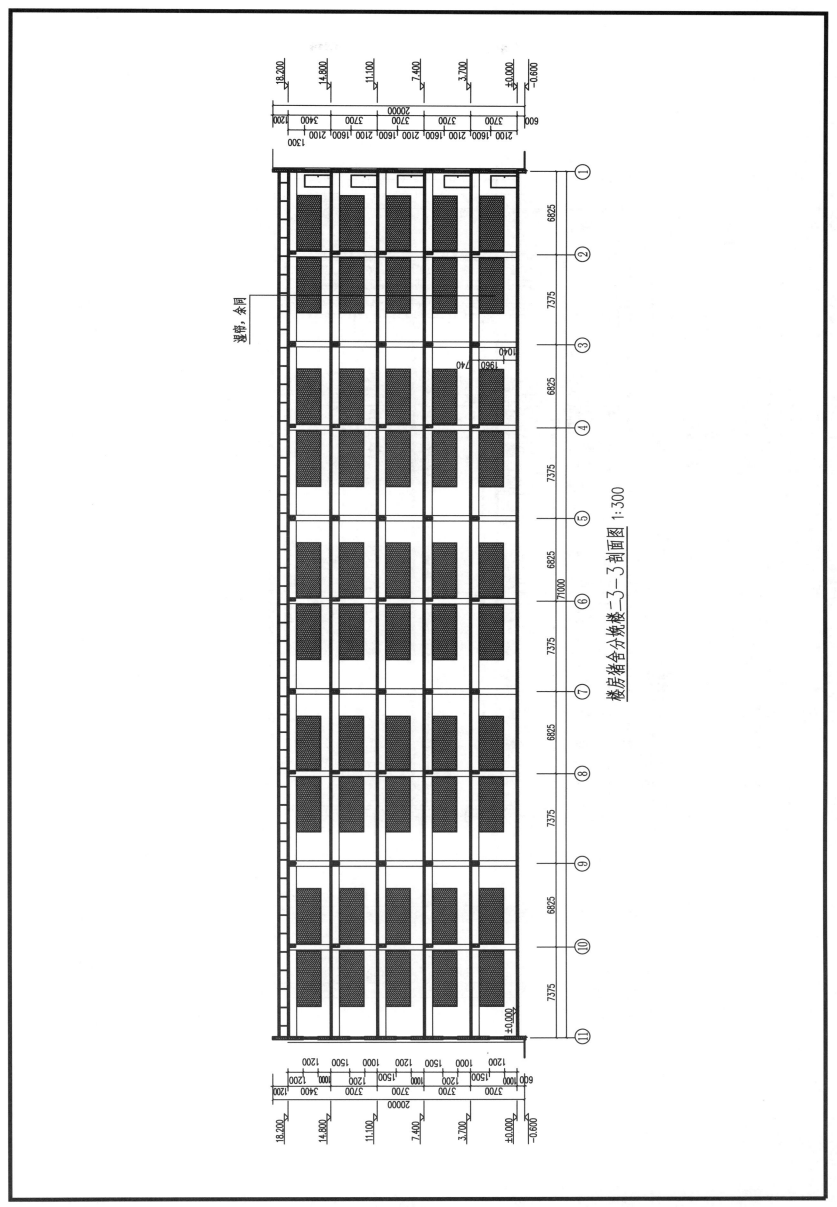

楼房猪舍分娩楼—3—3 剖面图 1:300

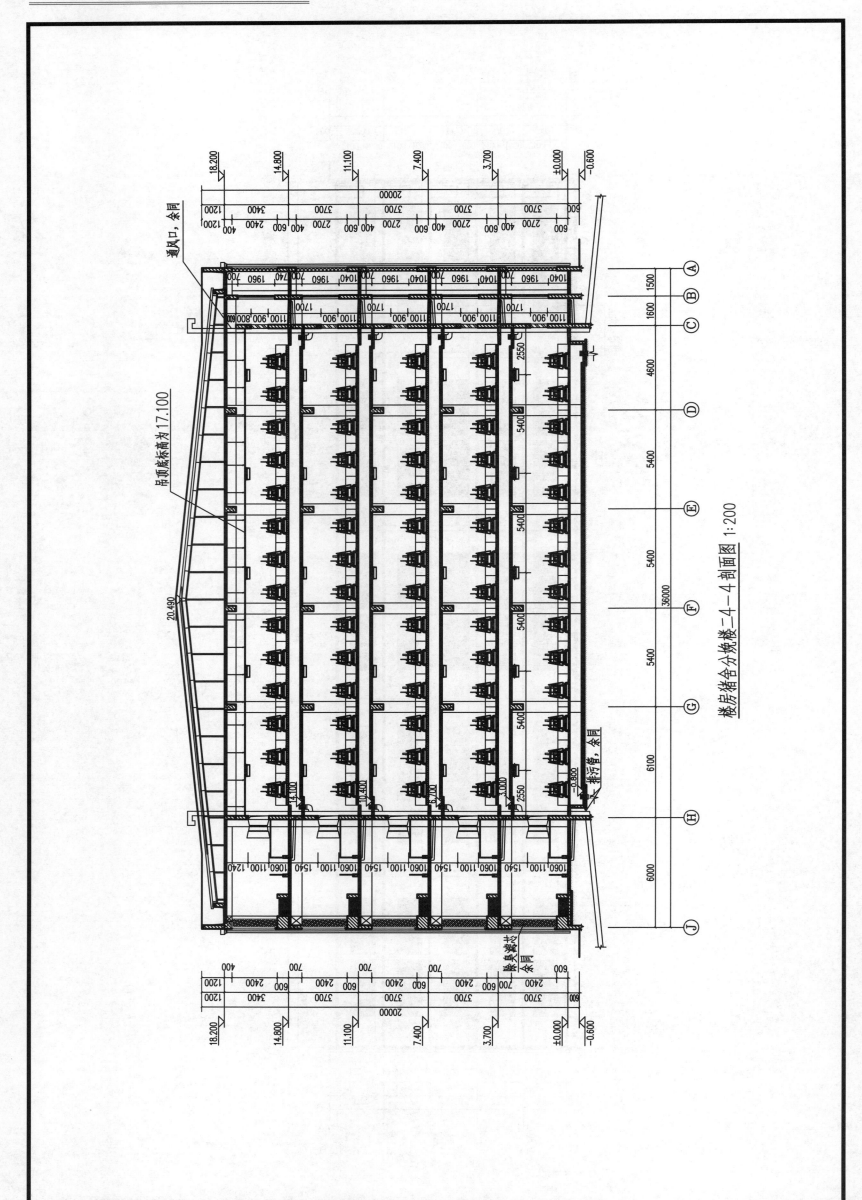

楼房猪舍组合分娩楼二4—4剖面图 1:200

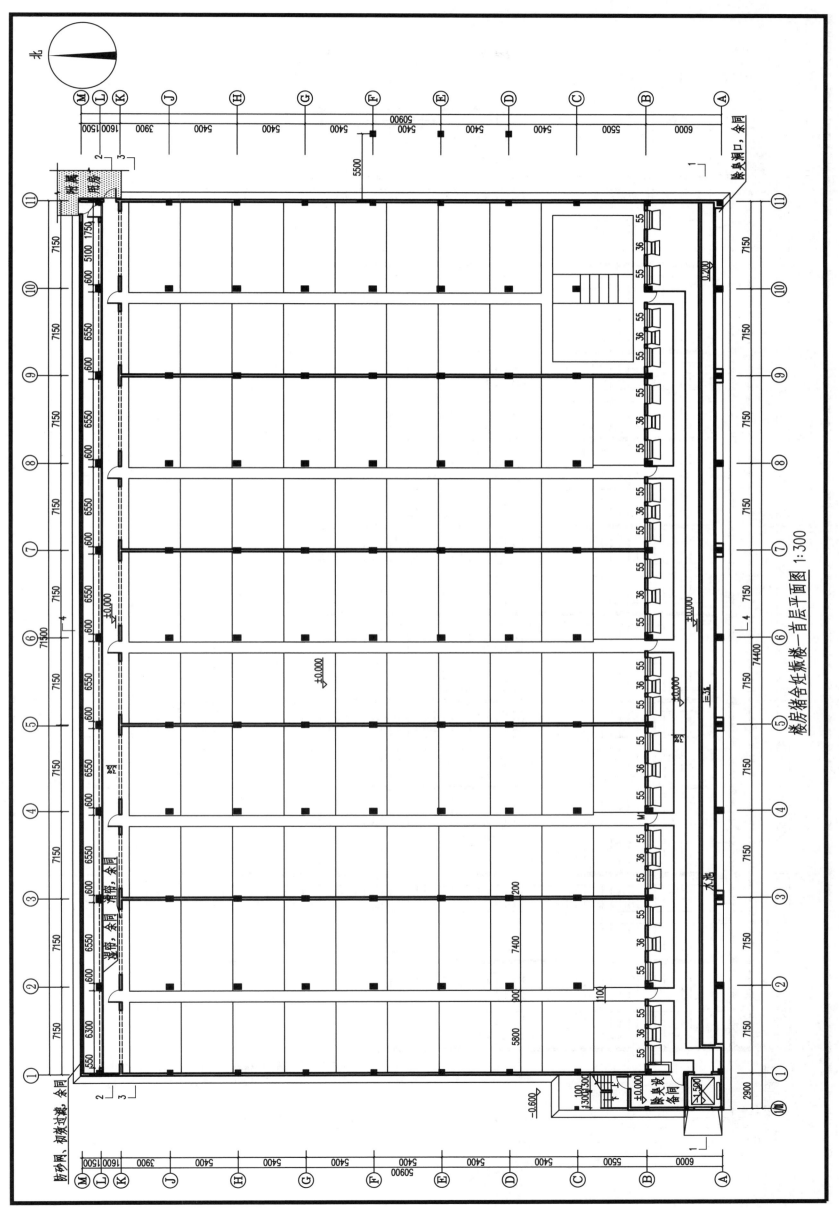

楼房猪舍生猪楼—首层平面图 1:300

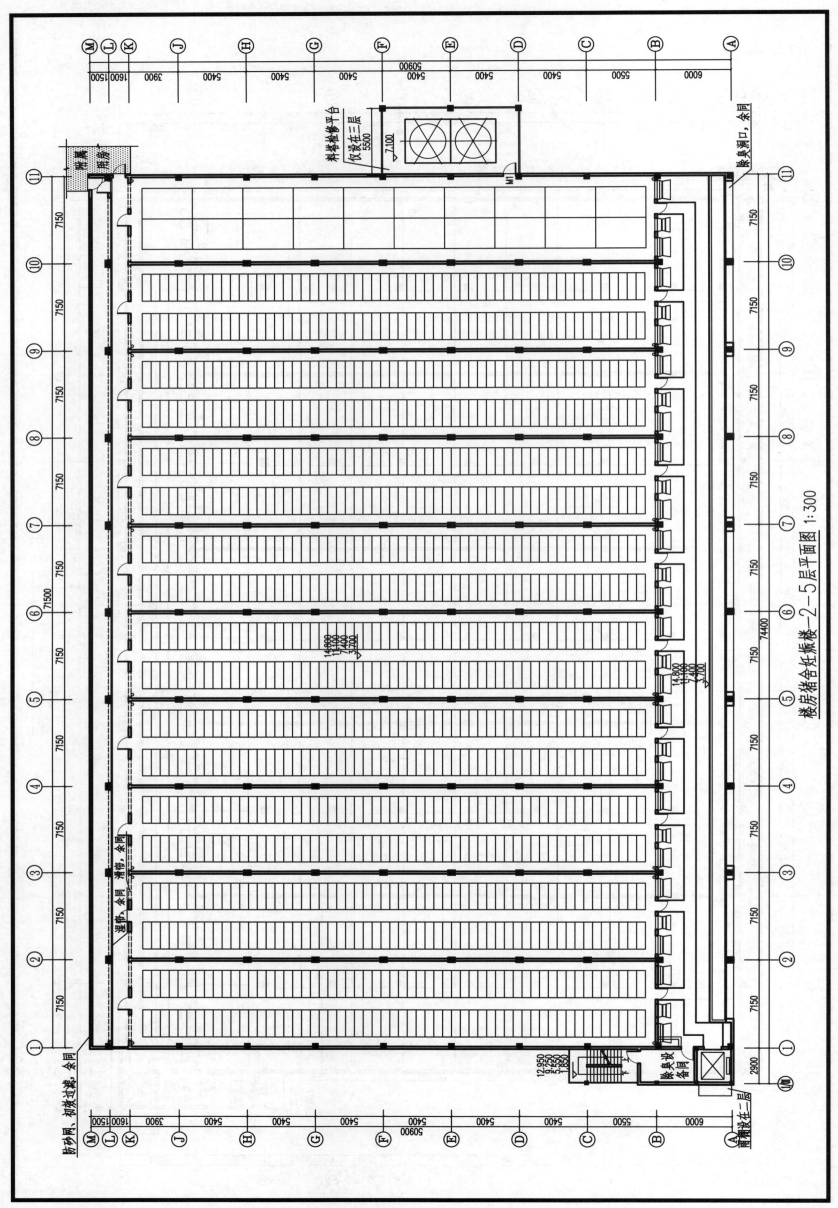

楼房猪舍合式候楼-2-5层平面图 1:300

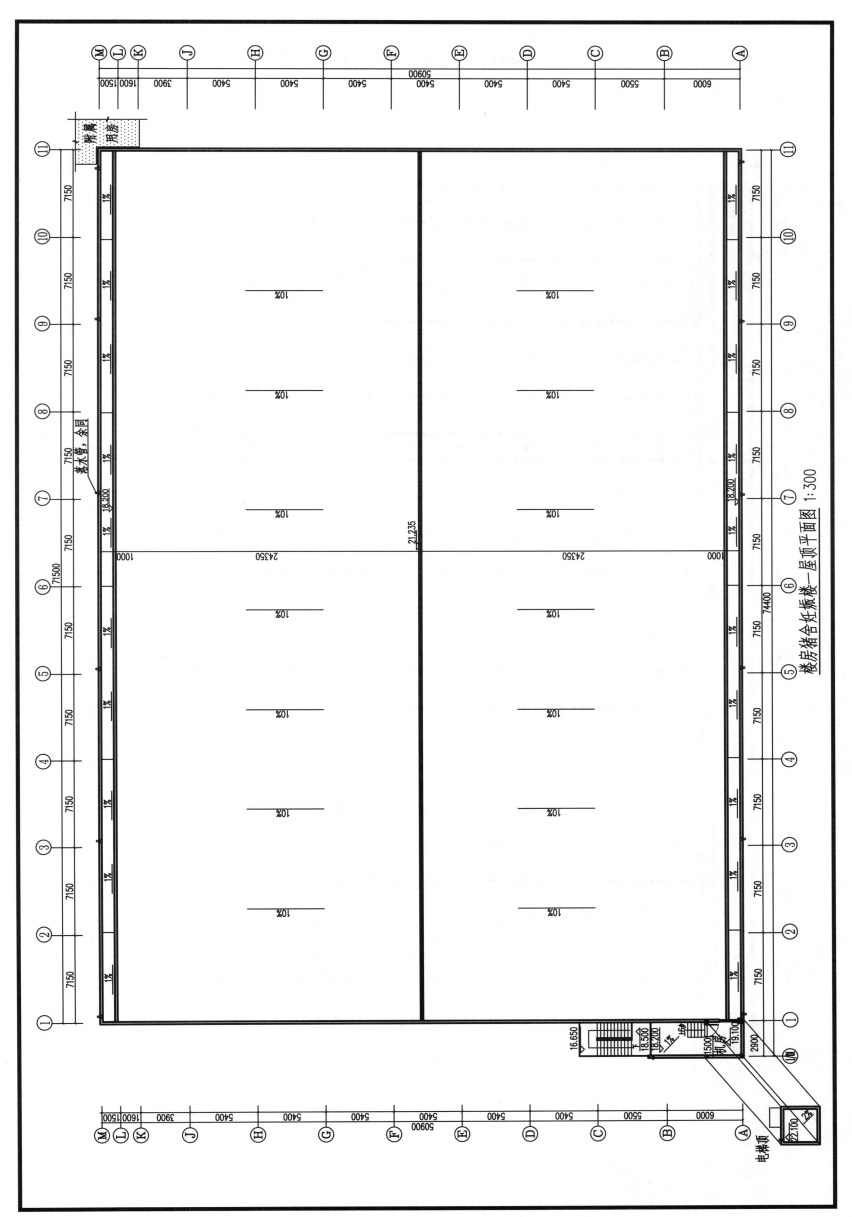

楼房猪舍合柱派楼一屋顶层平面图 1:300

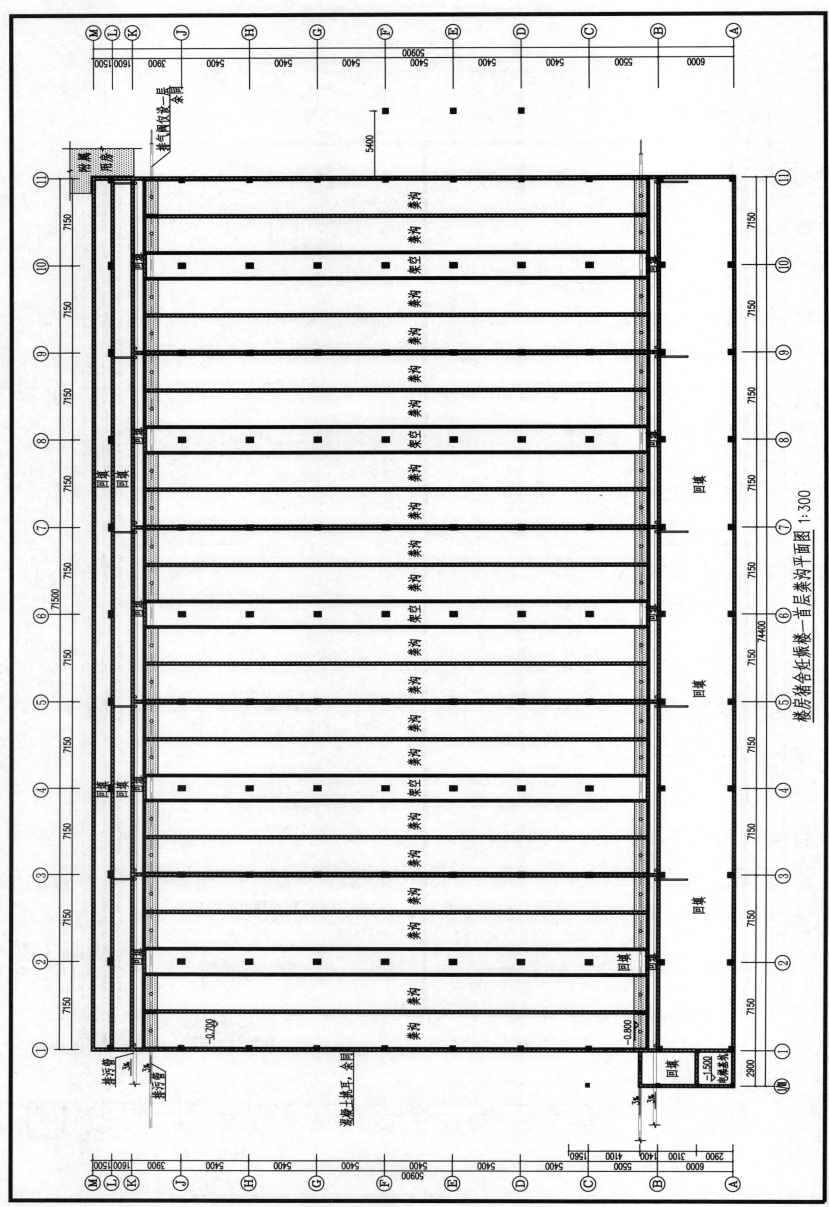

楼房猪舍低层楼—首层粪沟平面图 1:300

绿色低碳畜禽舍——模块化装配式建筑图集

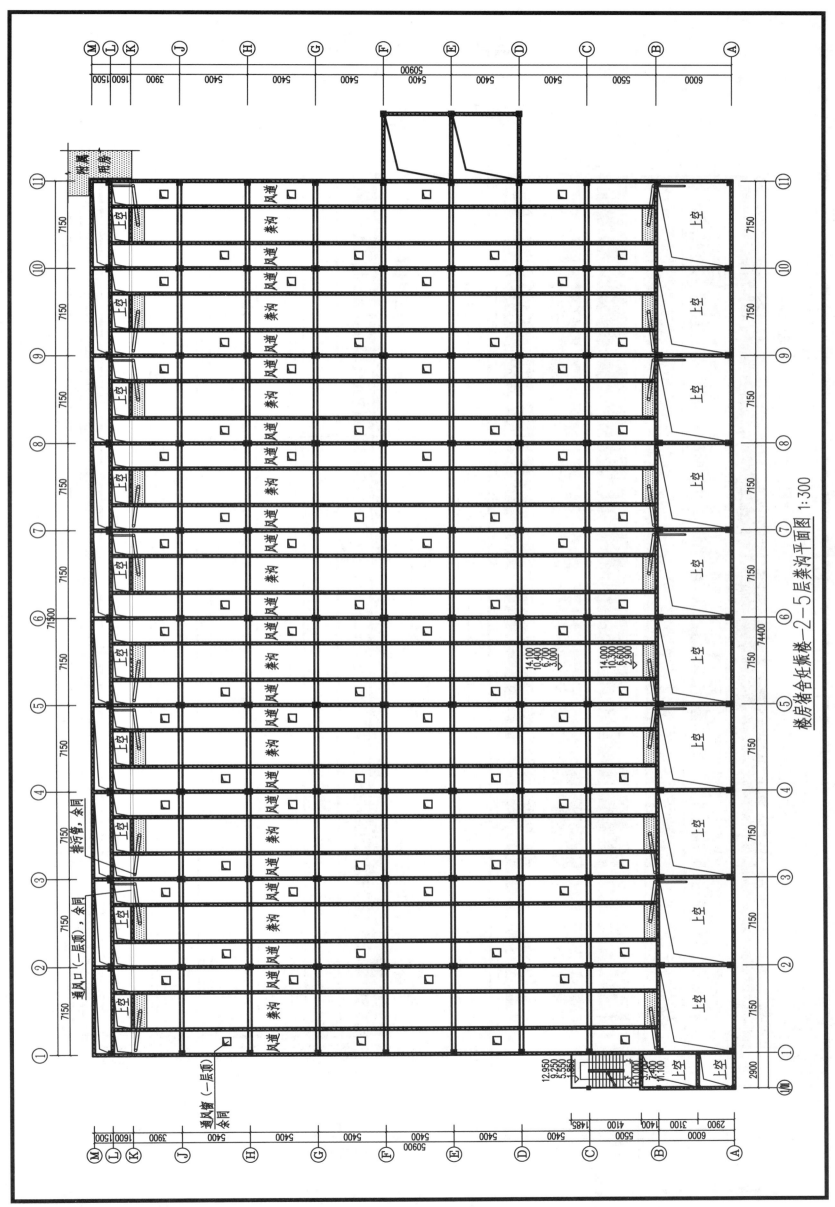

楼房猪舍妊娠楼-2-5层粪沟平面图 1:300

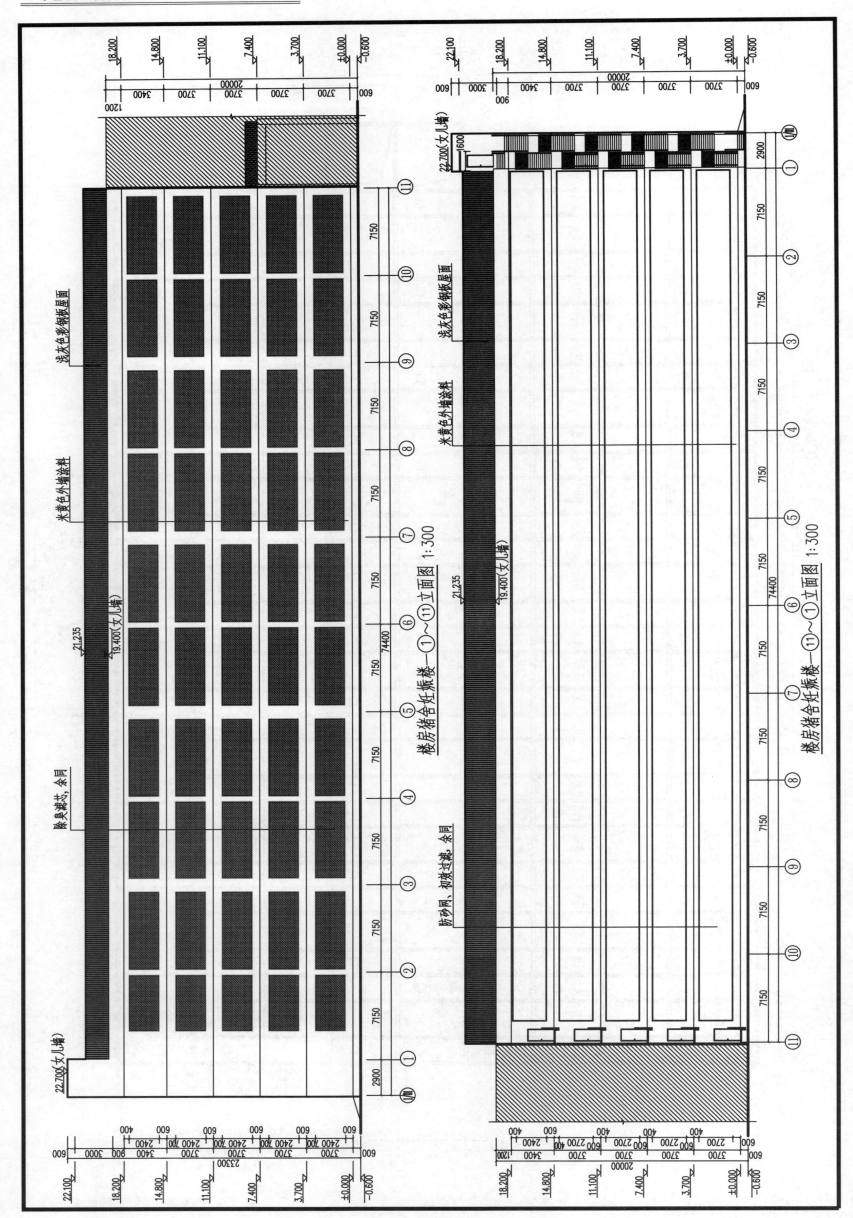

楼房猪舍合栏族楼—①～⑪立面图 1:300

楼房猪舍合栏族楼—⑪～①立面图 1:300

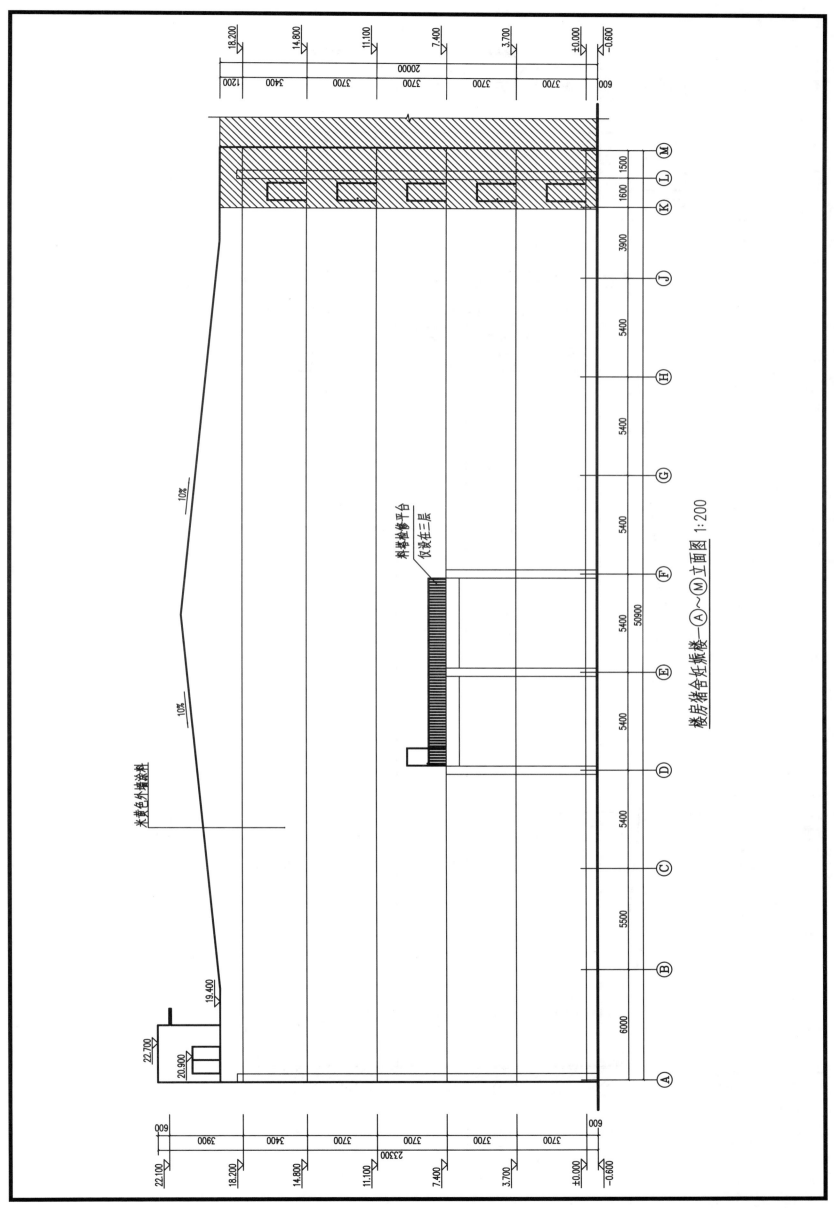

楼房猪舍产仔楼—Ⓐ~Ⓜ立面图 1:200

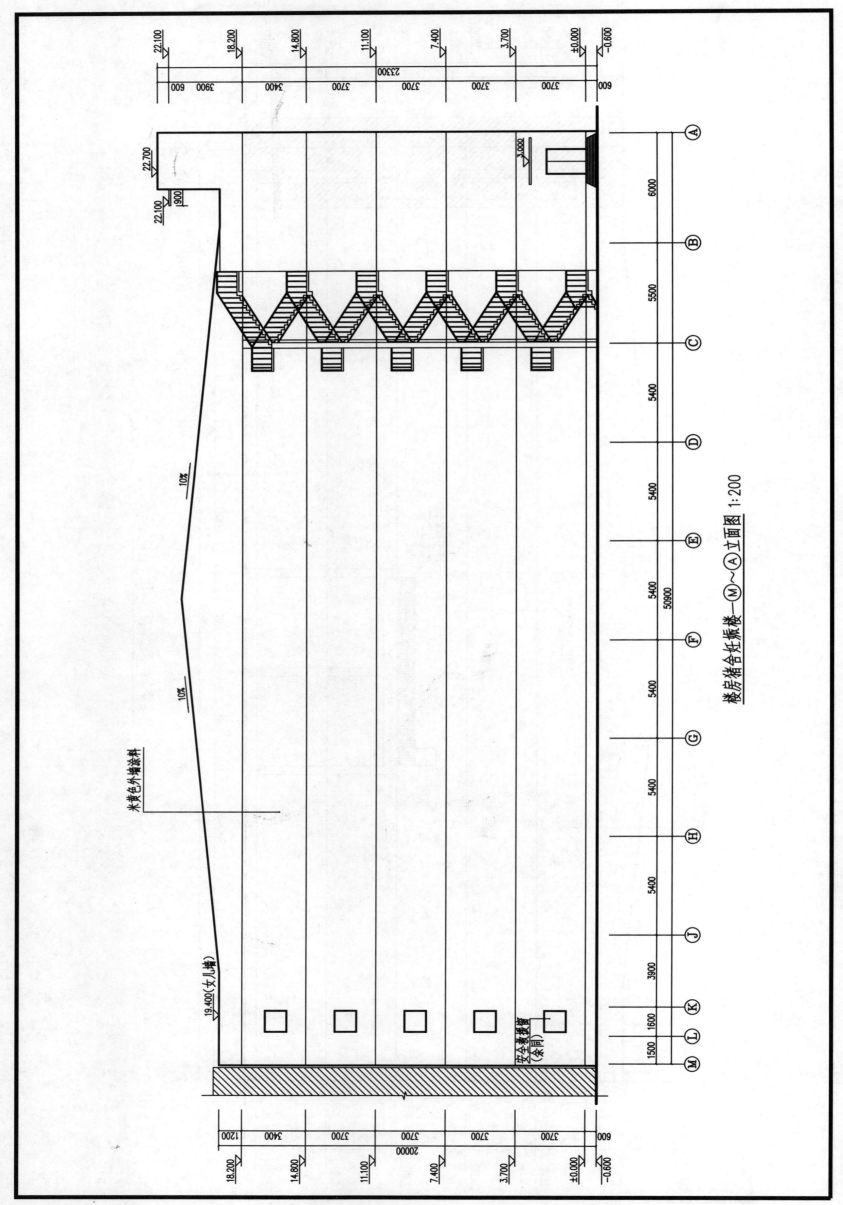

楼房猪舍任脈楼—Ⓜ～Ⓐ立面图 1:200

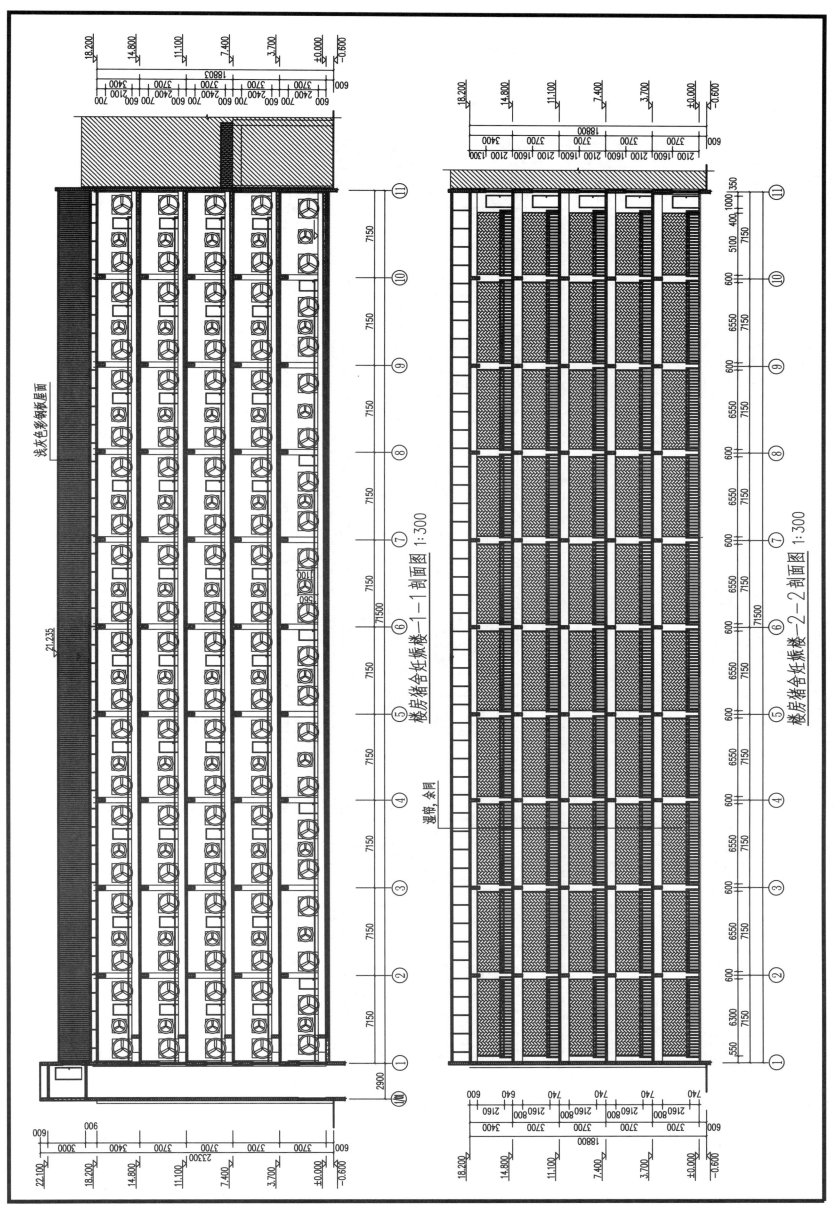

楼房猪舍妊娠楼—1—1 剖面图 1:300

楼房猪舍妊娠楼—2—2 剖面图 1:300

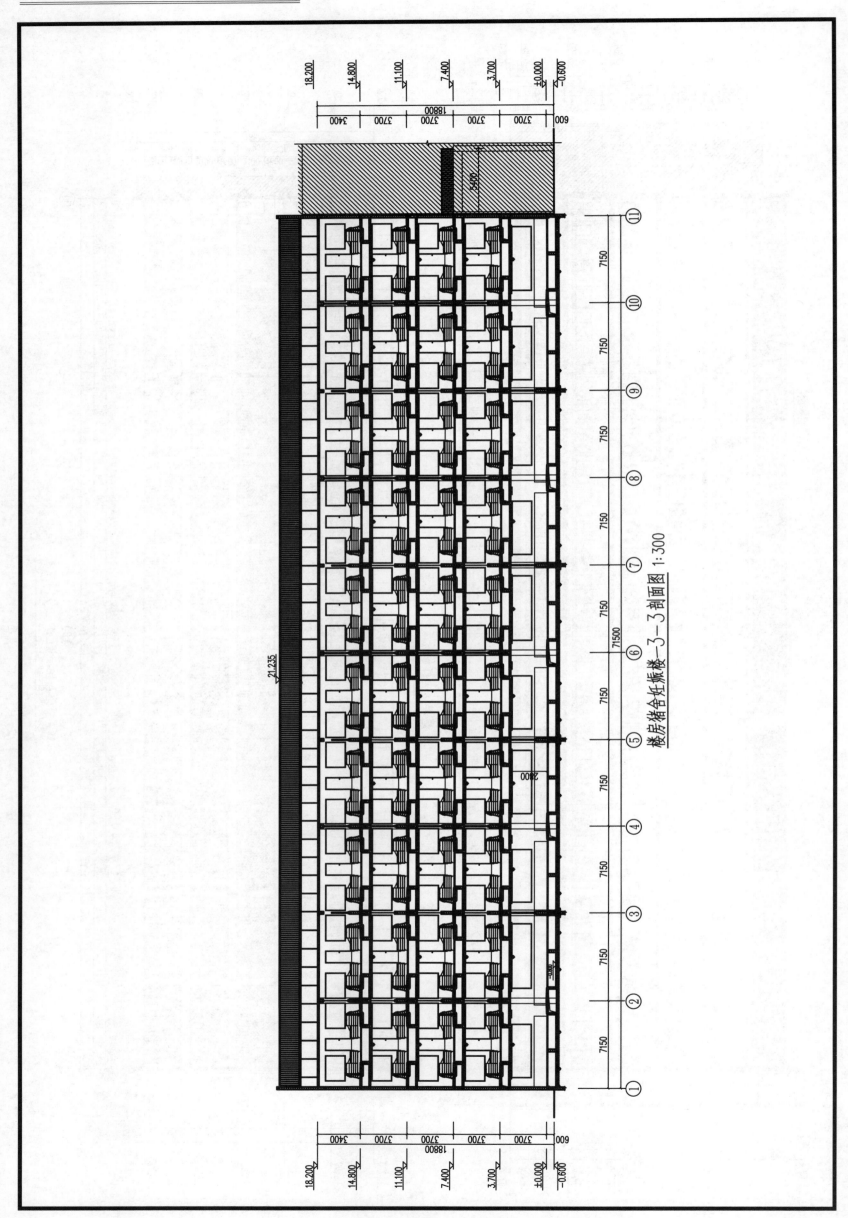

楼房猪舍合妊娠楼—3—3剖面图 1:300

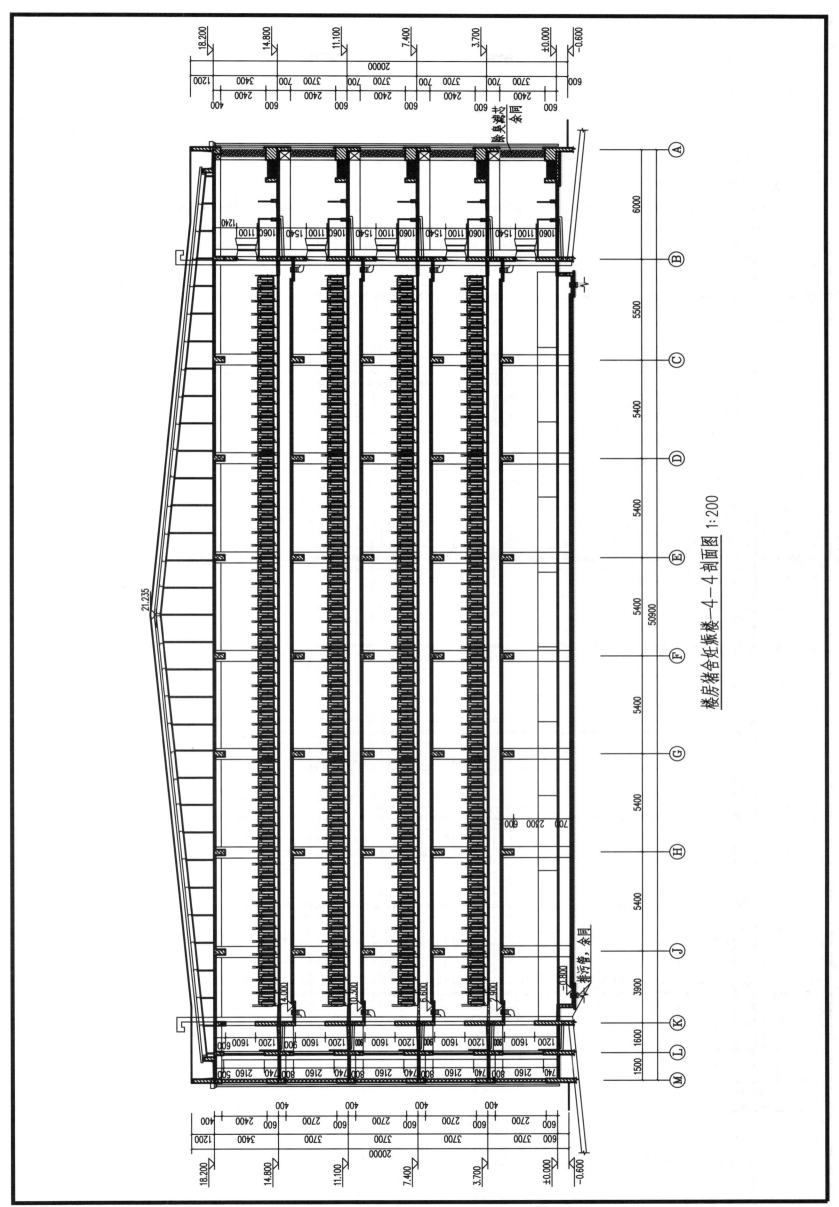

楼房猪舍妊娠楼—4—4剖面图 1:200

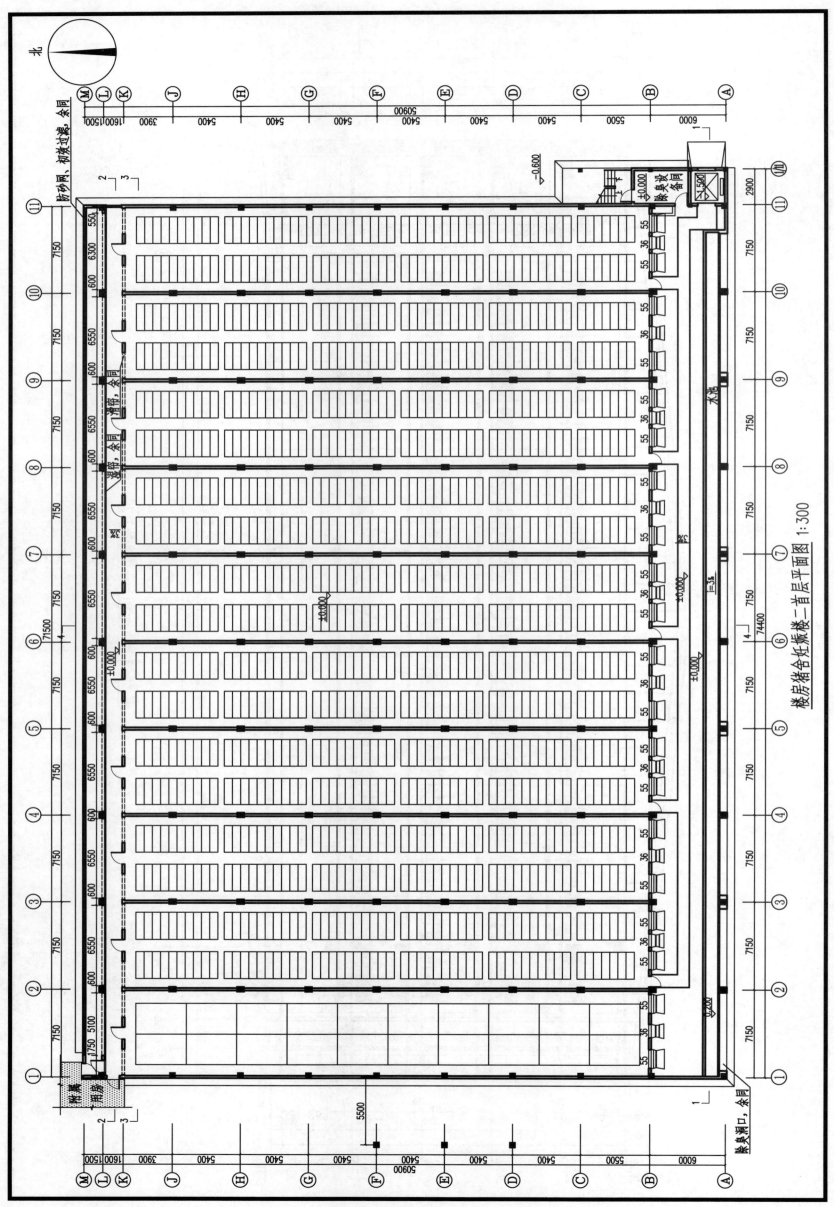

楼房猪舍-低妊娠楼二首层平面图 1:300

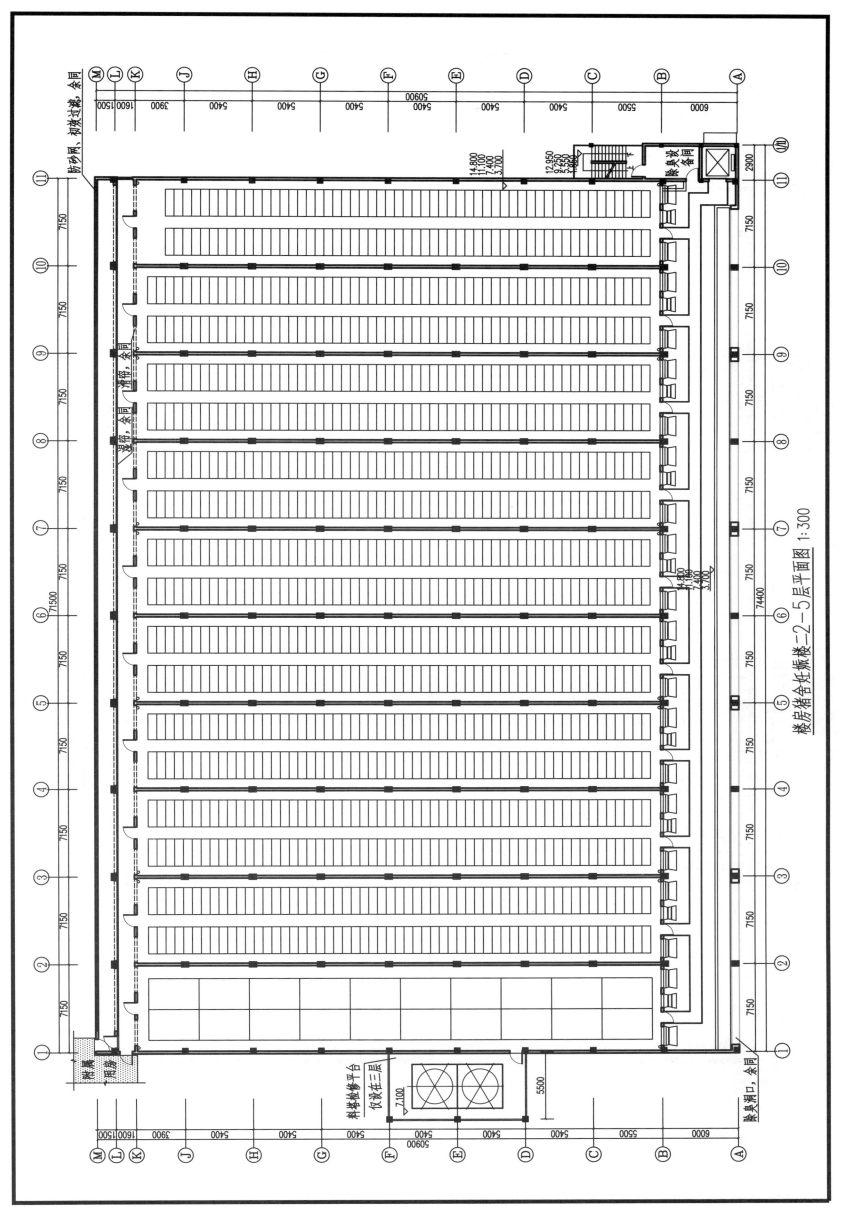

楼房猪舍-托姆楼-2-5层平面图 1:300

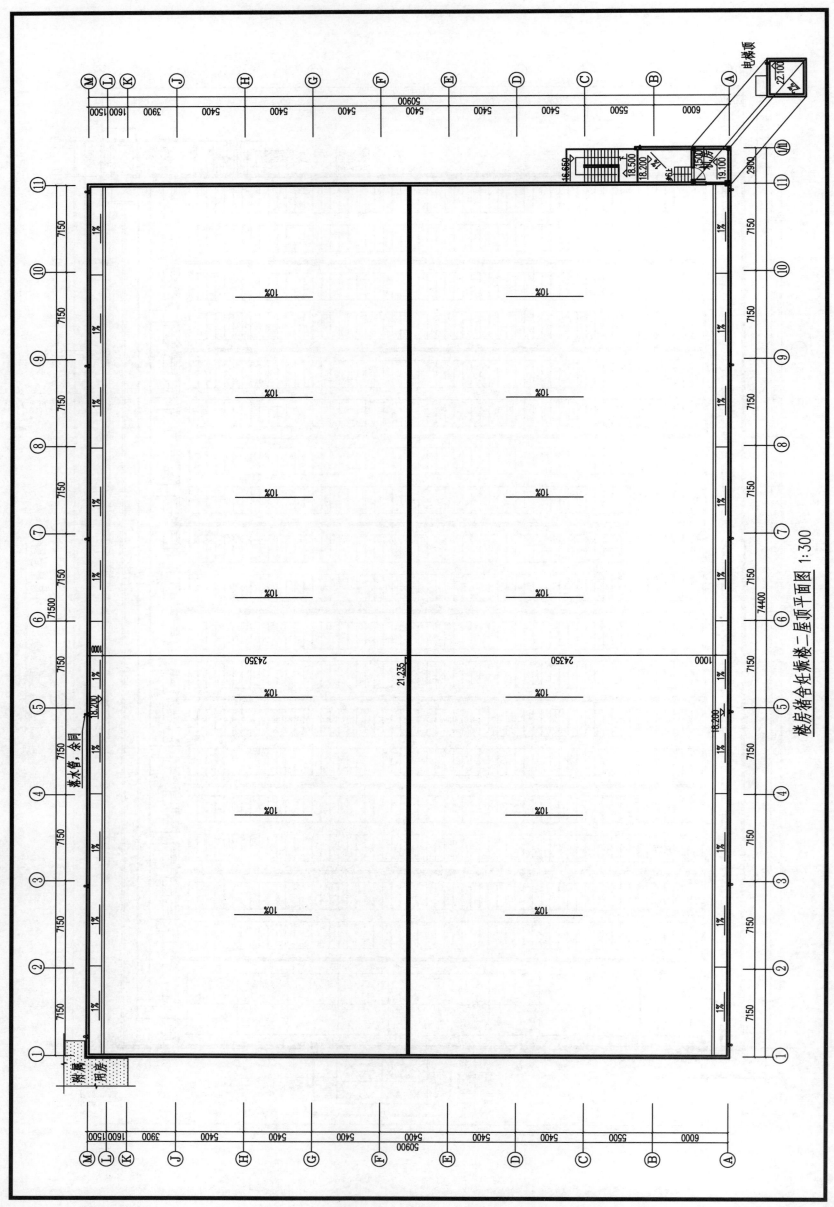

楼房猪舍合生派楼二至顶层顶平面图 1:300

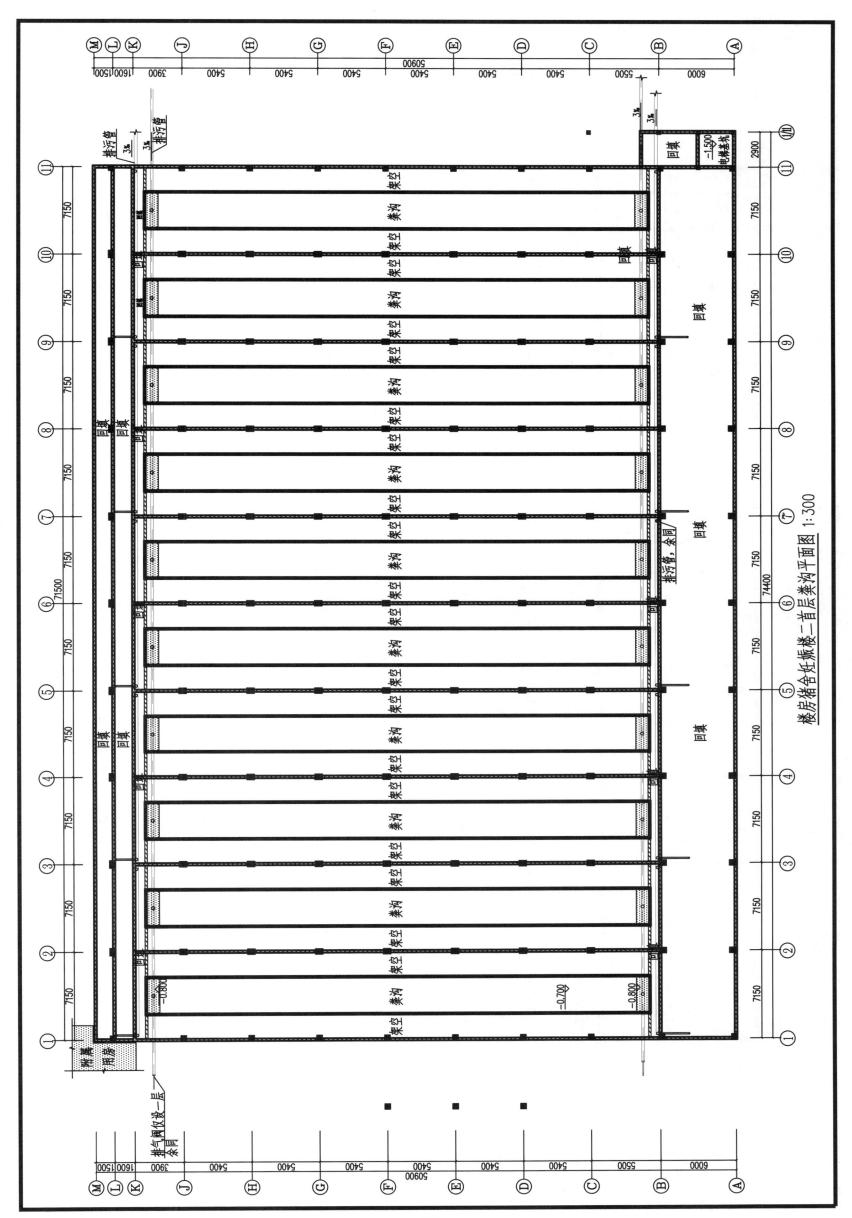

楼房猪舍组团隙栋一首层粪沟平面图 1:300

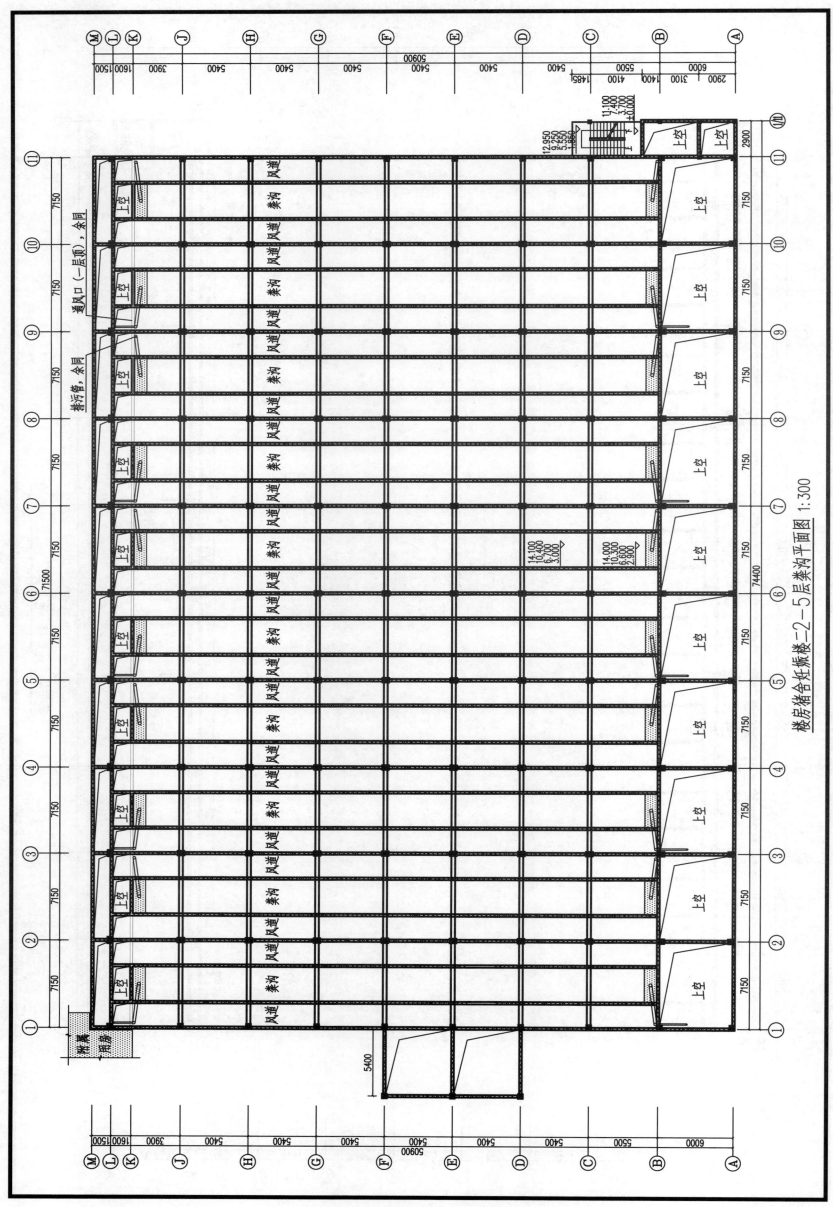

楼房猪舍妊娠楼-2~5层粪沟平面图 1:300

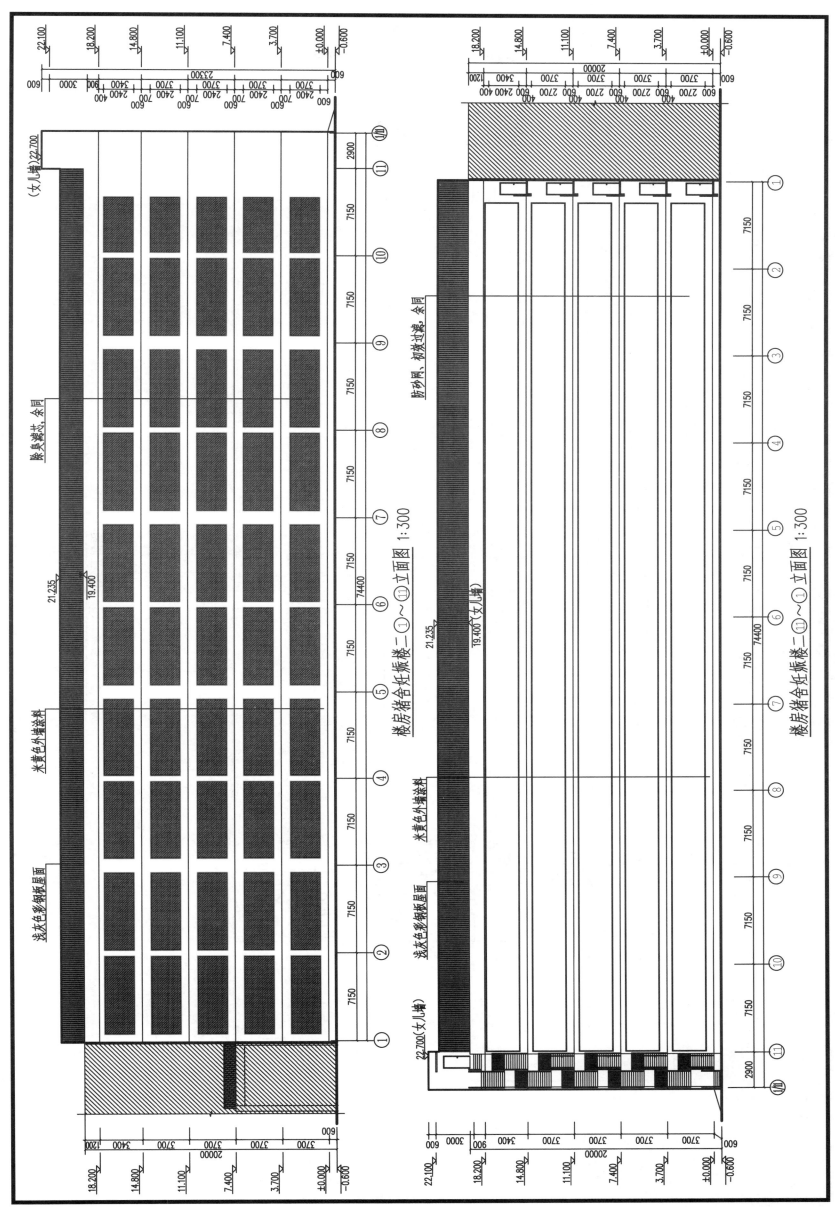

楼房猪舍妊娠楼二①～⑪立面图 1:300

楼房猪舍妊娠楼二⑪～①立面图 1:300

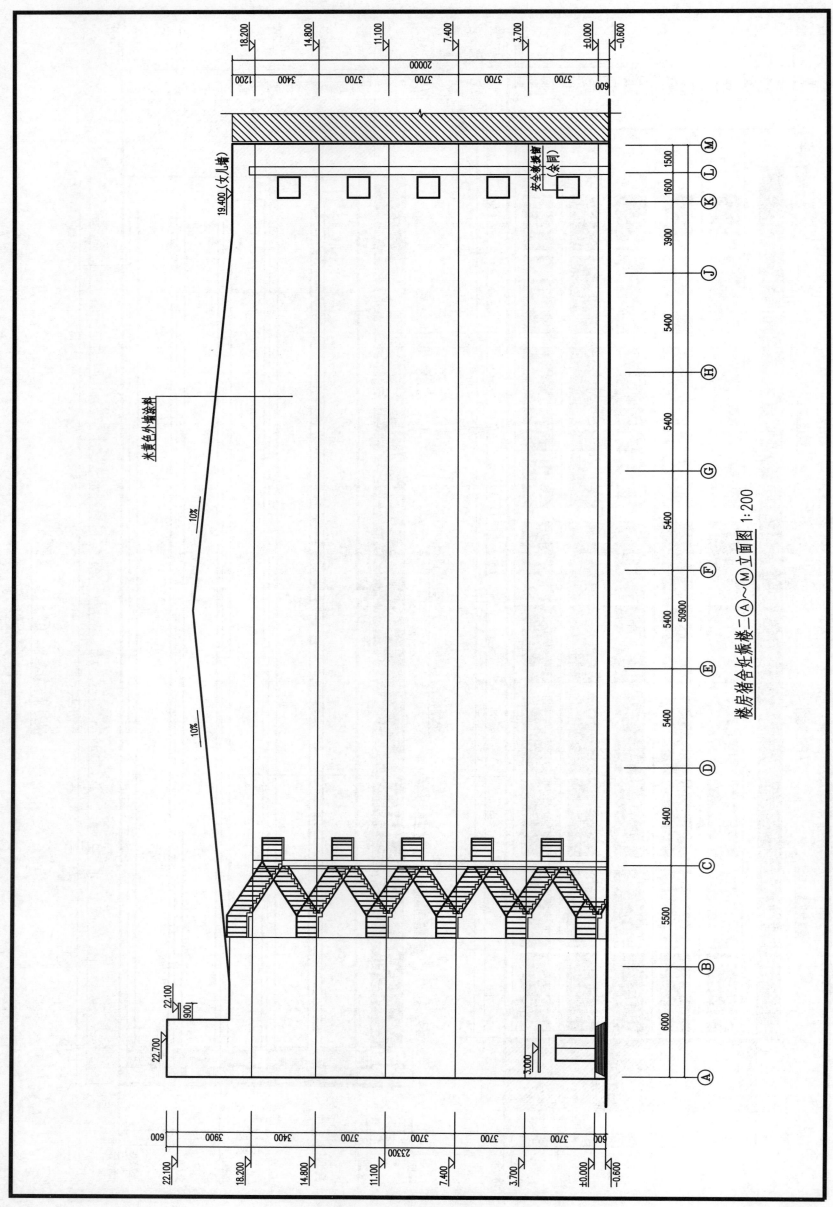

楼房猪舍妊娠楼二Ⓐ～Ⓜ立面图 1:200

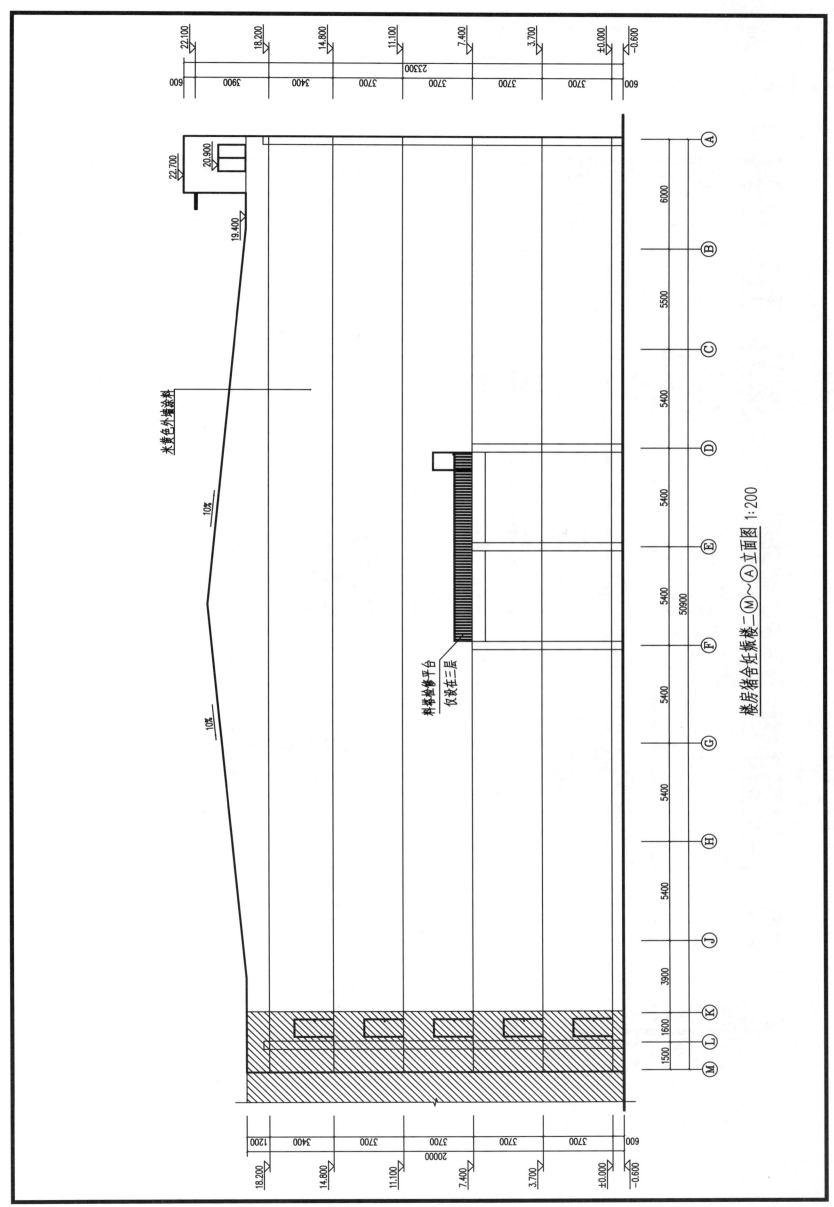

楼房猪舍妊娠楼二⑩～Ⓐ立面图 1:200

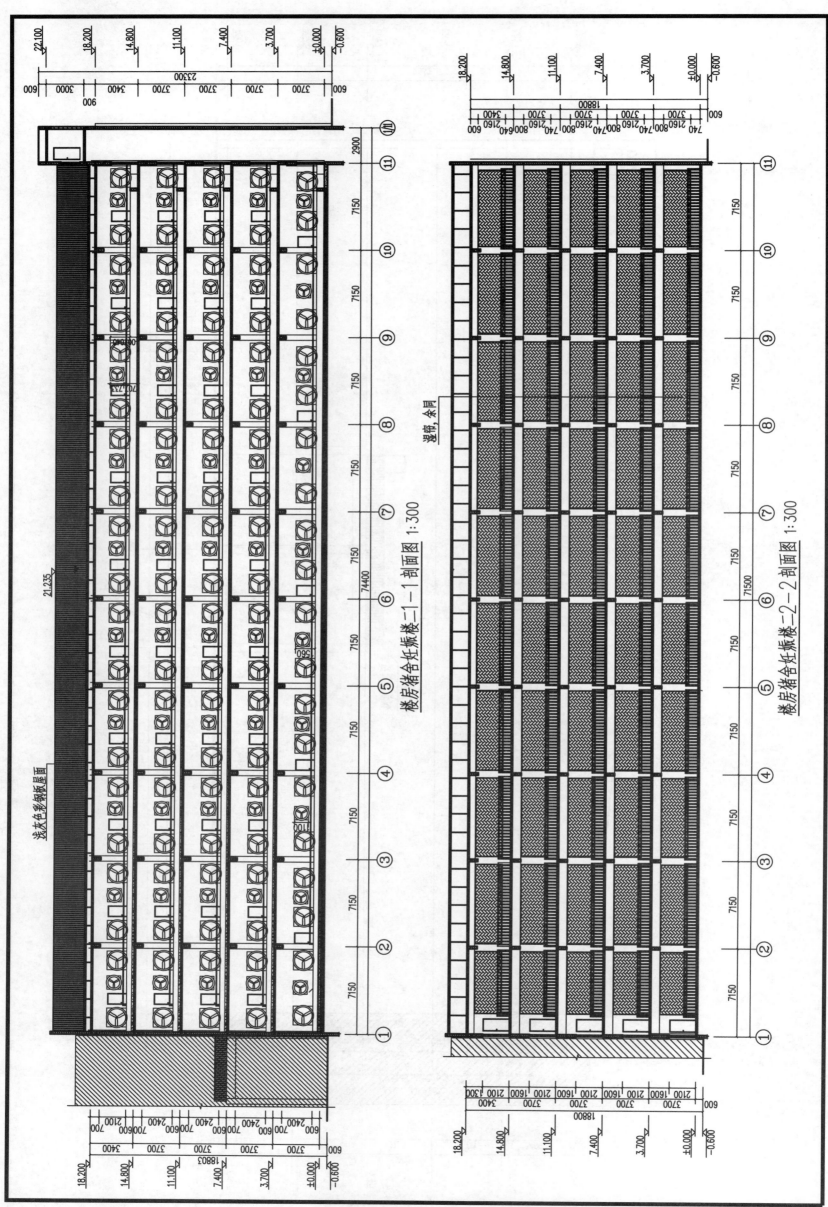

楼房猪舍妊娠楼一1—1剖面图 1:300

楼房猪舍妊娠楼一2—2剖面图 1:300

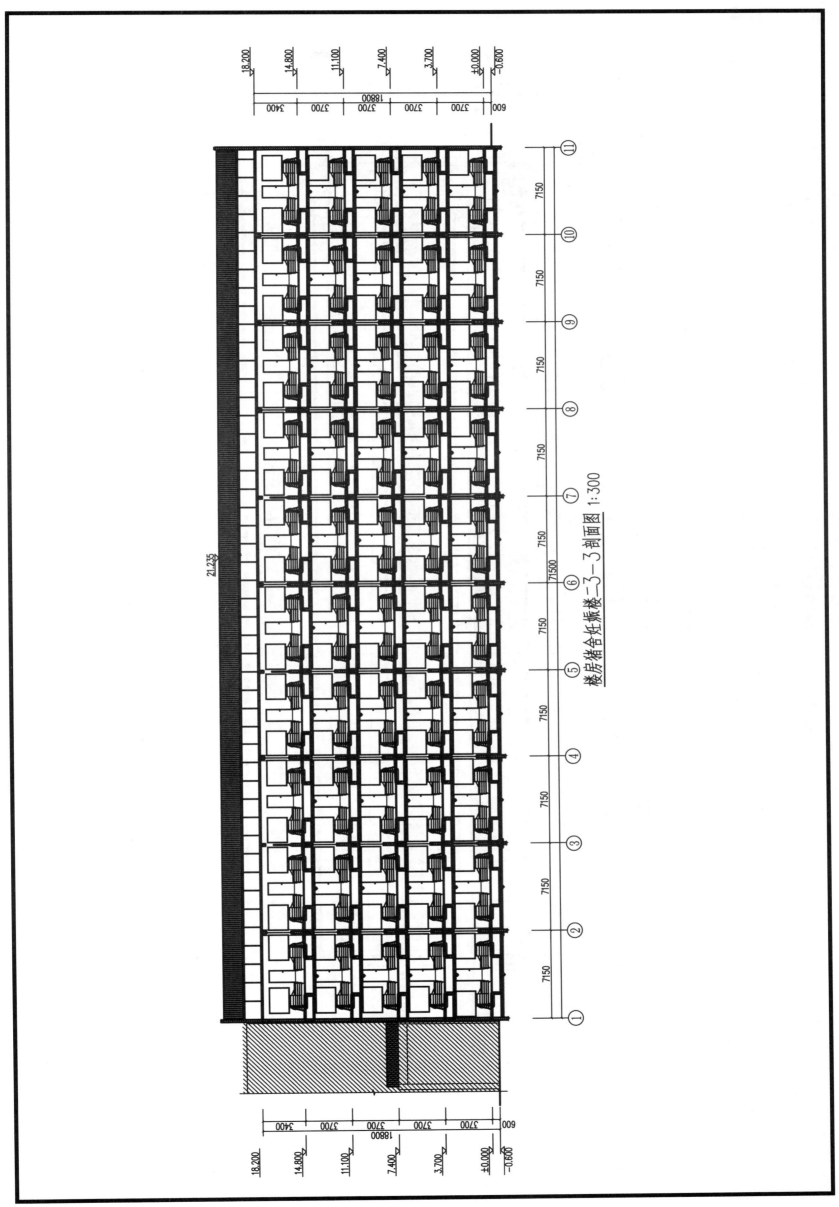

楼房猪舍生长恢楼一3-3剖面图 1:300

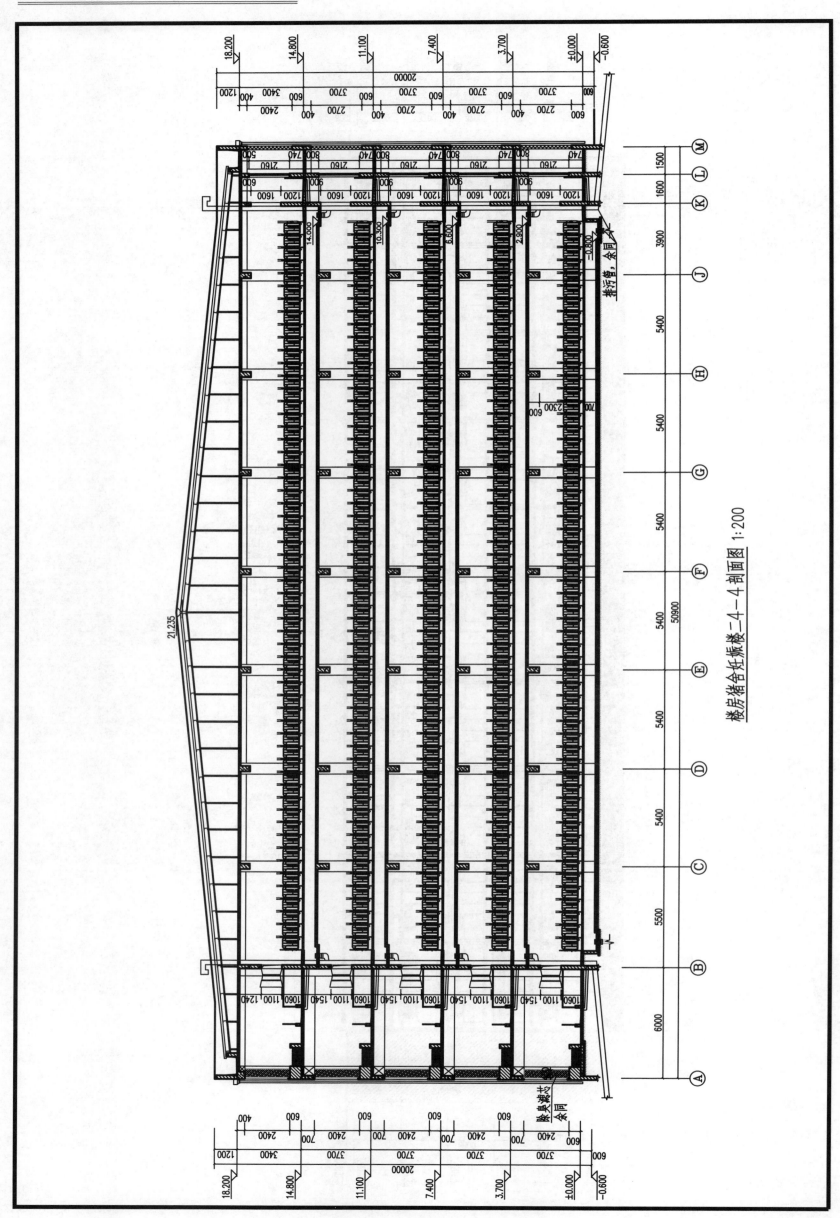

楼房猪舍猪妊娠楼二4—4剖面图 1:200

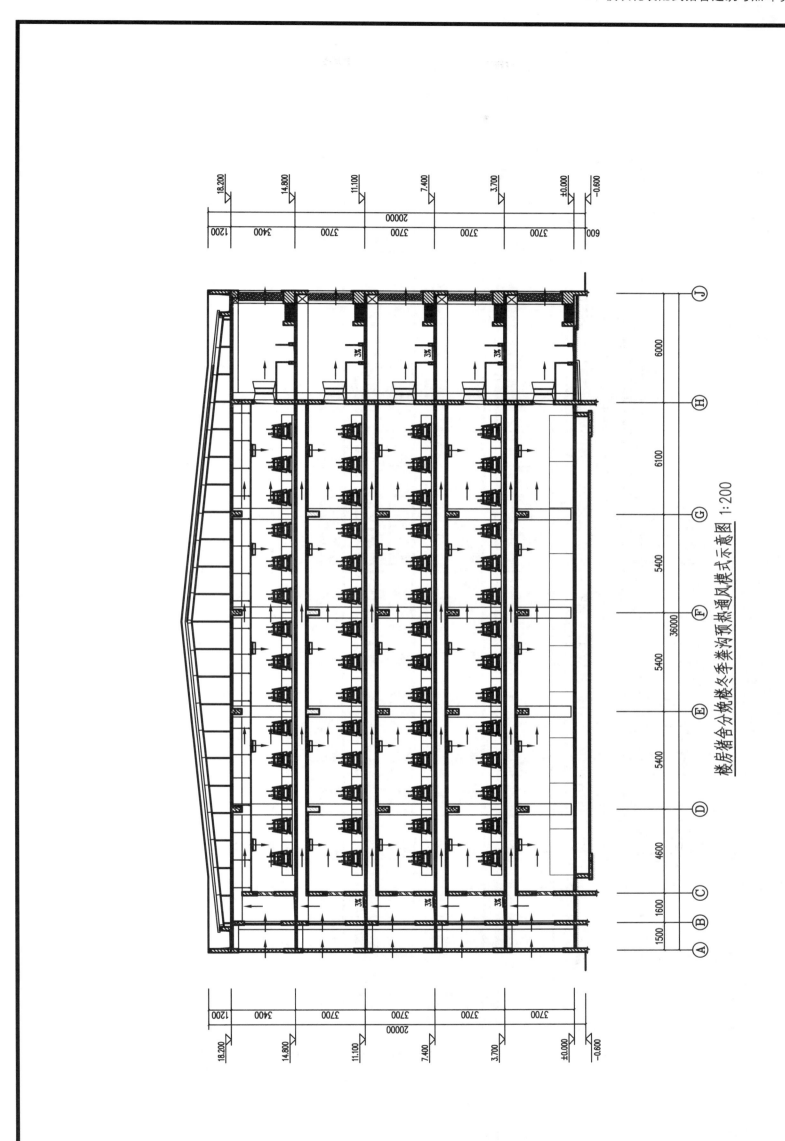

楼房猪舍合分栏楼冬季浅沟预热热通风模式示意图 1:200

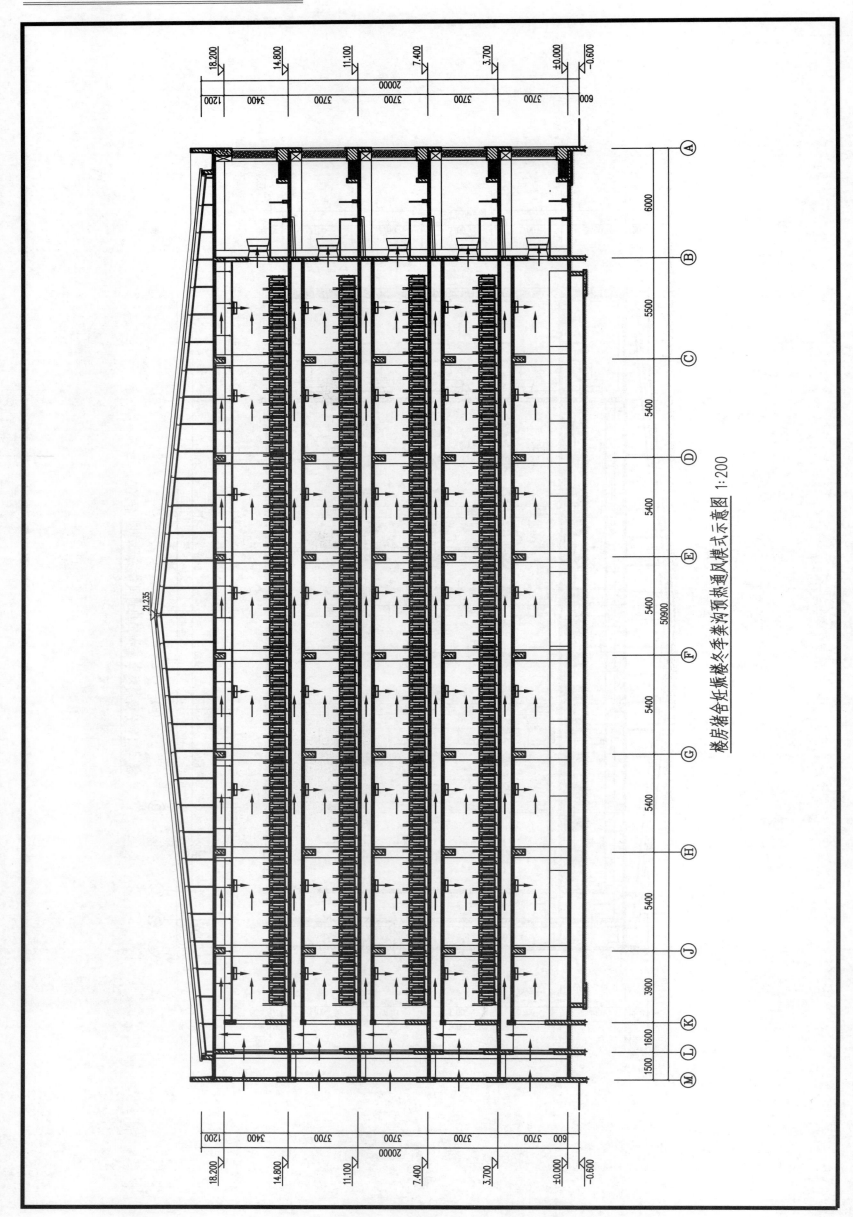

楼房猪舍妊娠楼冬季粪沟预热通风模式示意图 1:200

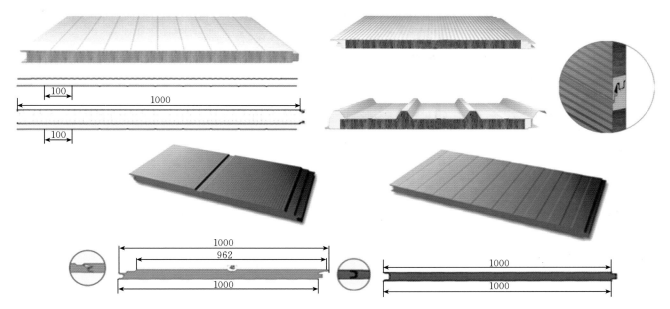

图 2-1-1 禽舍围护结构暗扣隐蔽式搭接（单位：mm）

a. 禽舍外观

b. 缓冲间

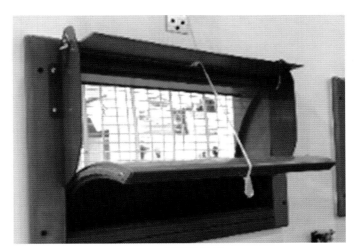

c. 侧墙进风口

图 2-2-1 纵墙湿帘缓冲室山墙排风系统

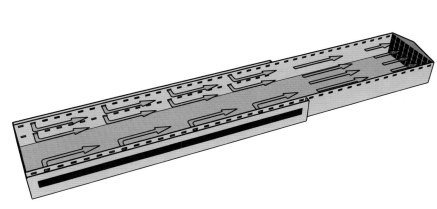

图 2-2-2 禽舍通风示意图

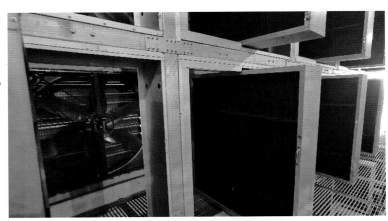

图 2-2-3 可转动遮光墙

图 2-3-1　叠层笼养模式　　　　　　　　图 2-3-2　鸡舍双贮料塔供料系统

图 2-3-3　行车喂料和料槽

图 2-3-4　乳头饮水系统和加药系统

图 2-3-5　门式刚架结构

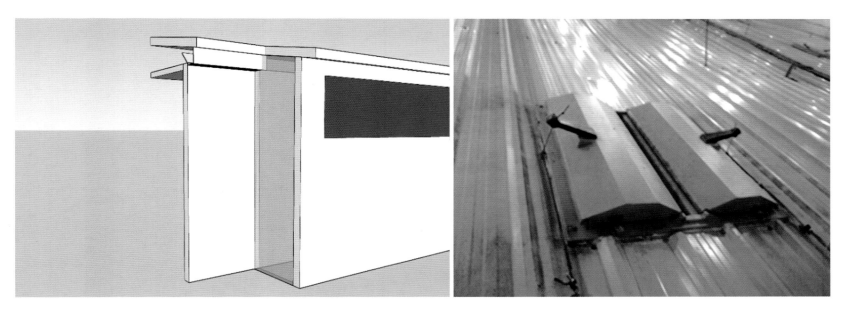

图 2-3-6　湿帘、檐口和顶棚小窗

图 2-3-7　负压风机　　　　　　图 2-3-8　燃气热水锅炉　　　　　　图 2-3-9　扰流风机

图 2-3-10　光照系统

图 2-3-11　纵向、横向清粪带

图 2-4-1　案例蛋鸡舍

图 2-4-2　四层叠层笼养模式

图 2-5-1 八层叠层笼养模式

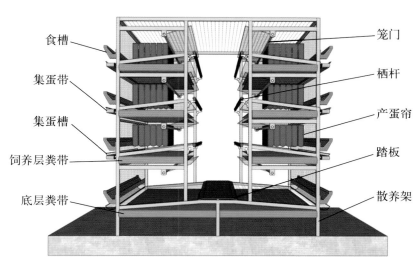

食槽　　　　　　　　　笼门
集蛋带　　　　　　　　栖杆
集蛋槽　　　　　　　　产蛋帘
饲养层粪带　　　　　　踏板
底层粪带　　　　　　　散养架

图 2-6-1 立体散养蛋鸡饲养设备

图 2-7-1 双层立体散养蛋鸡
　　　　　饲养设备

图 2-8-1 叠层笼养模式

图 2-8-2 肉鸡采食料槽

图 2-8-3 乳头饮水系统

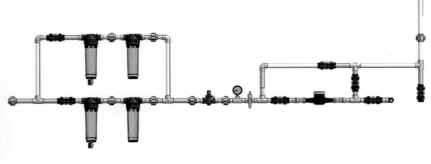

图 2-10-1 乳头饮水系统和加药系统

图 2-10-2 负压风机

图 2-10-3 燃气加热器

图 3-1-1　LPCV 牛舍

图 3-1-2　舍饲散栏饲养模式

图 3-1-3　卧　床

图 3-1-4　饲喂通道、颈枷及矮墙

图 3-1-5　饮水槽

图 3-1-6　导流板

图 3-1-7　舍内刮板清粪系统

图 3-2-1　开放式牛舍

图 3-2-2　舍内风机

图 3-2-3　主动送风系统

图 3-2-4　保温卷帘

图 3-3-1　舍饲散放饲养模式

图 3-3-2　阳光板滑拉窗

图 3-3-3　舍内风机

图 3-4-1　肉羊舍饲散放饲养模式

图 3-5-1　清粪刮板

图4-1-1 产 床

图4-1-2 限位栏

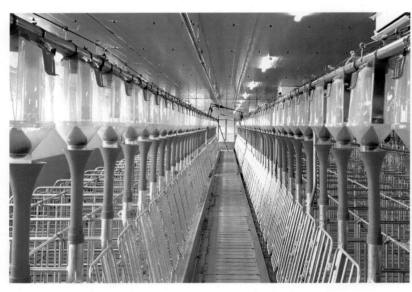

图4-1-3 塞盘料线

图4-1-4 水线前端

图4-1-5 水位控制器

图 4-1-6　母猪圆形饮水碗

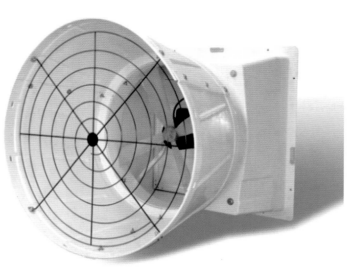

图 4-1-7　玻璃钢百叶风机

图 4-1-8　保温加热设备

图 4-1-9　除臭设备布置图

a.水泡粪

b.刮粪机

图 4-1-10　清粪工艺

图 4-1-11　排粪塞子

图 4-2-1　育肥大栏

图 4-2-2　猪用防漏水圆形饮水器

图 4-3-1　玻璃钢贮塔

图 4-6-1　楼房养猪场